R-플렉스
통계학의 기초와 활용

R-플렉스
통계학의 기초와 활용

양오석 지음 *with* **양윤호** | **우영목**

MEDIA JIPHIL
(주)지필미디어

R-플렉스
통계학의 기초와 활용

발 행 일 2020년 9월 11일
저 자 양오석 with 양윤호, 우영목
발 행 인 김성남
발 행 처 (주)지필미디어

주 소 경기도 파주시 문발로 115 세종벤처타운 404호
전 화 (031) 957-4504
팩 스 (031) 957-4503
이 메 일 jiphil@hanmail.net
홈페이지 www.jiphil.co.kr
등록번호 제 312-1997-000043호 (1997년 07월 16일)

I S B N 979-11-86674-73-4 / 93320
가 격 29,000원

프롤로그

필자가 R이라는 프로그램에 관심을 갖게 된 것은 아들 윤호가 런던으로 대학을 가면서 기술경영(Management Science)을 전공하게 되면서부터이다. 그 전까지 필자는 스타타(Stata)의 매력에 푹 빠져 있던 연구자였다. 필자는 학부생 수준에서 쉽게 다가갈 수 있는 통계책을 집필한 바 있다. 80년대 처음 통계를 접했던 필자는 당시 5.25인치 부채 같은 산화철로 만든 디스크 수십장으로 된 SPSS 패키지를 기억한다. 컴퓨터 기술세대는 겨우 286이었던 시절로, 디스크 드라이브 두 개가 일층과 이층으로 나란히 있고 각 드라이브에는 잠금쇠가 달려 있었다. SPSS 패키지 디스크를 일층과 이층으로 번갈아 오가며 집어 넣고는 통계 패키지를 배웠던 기억이 새롭다.

지금은 4차 산업혁명 시대를 논하는 시점이 되었다. 빅데이터, 인공지능, 블록체인 등등 새롭고 놀라운 주제어들이 주변을 꽉 채우고 있다. 우리 연구자들은 물론 사회생활을 준비하는 학생들에게 어렵고 도전적인 과제를 남겨주는 무섭고 두려운 개념들이다. 그렇다고 그냥 주저 앉아 있어도 된다는 뜻도 아니며, 그럴 수도 없다.

이 책에 사용된 일부 데이터는 저자가 집필한 Stata 사용법 책에서 활용된 데이터이며, 일부 데이터는 인터넷 등에서 제공된 공개 데이터 자료임을 밝혀둔다. 또한 해석이나 설명에 있어서 Stata 사용법 책에서 제시된 내용과 일부 일치함을 밝혀둔다. 이는 동일한 데이터 자료를 사용하여 분석처리를 할 때 도출되는 결과는 동일해야 하며, 단지 사용하는 프로그램이나 패키지에 따라 처리 방식이 다를 뿐임을 확인하기 위함이다. 또한 실제로 저자가 게재한 연구논문에 사용된 데이터 자료를 제공하여 독자들이 연구논문을 작성하는데 필요한 실제 데이터 자료를 처리해 봄으로써 자신의 연구논문을 작성하는데 구체적으로 도움이 되도록 하기 위함이다.

이 책의 원고를 집필하고 데이터를 수집하여 스크립트(코드)를 작성하고 다듬는 과정은 많은 시간을 필요로 했다. 이 시간을 함께 해준 양윤호 군과 우영목 군에게 감사의 말을 전한다. 지금은 이 책의 출판을 돕는 조금은 모양새가 나지 않는 역할을 수행하고 있지만 장차 이 두 사람은 통계 및 빅데이터 분석 분야에서 놀라운 실력을 갖추고 우수한 전문가로 이름을 떨칠 유망한 인재들이다. 지금은 이 책의 조력자로 with 양윤호 · 우영목으로 명기가 되었지만 필자와 함께 곧 나란히 저자로 이름을 올리게 될 동료가 될 것이다.

2020년 여름

안식년의 끝자락에서

필자 **양오석**

목차

목차

Chapter 2.

R찬 통계

Chapter 1. R기 쉬운 기초

1. R 설치

Q. R을 사용할 때 도움이 되는 친구들(추가 프로그램)이 있다고 들었는데요?

R은 RStudio, Java 등 친한 친구들이 몇 있다. R은 이들 친구들과 자주 어울려 논다. RStudio는 R의 부수적인 유틸리티프로그램이다. 친구의 역할이 그렇듯이 RStudio는 R 사용에 편리한 기능을 더해준다.

1) RStudio 설치하기

RStudio를 설치하려면 우선 R 프로그램을 먼저 설치해야 한다. 해당 사이트인 https://ftp.harukasan.org/CRAN/로 들어가서 무료 오픈 소스인 R 최신판을 다운로드 받아 설치하도록 하자. 설치하고 나서 R 프로그램을 실행하면 64비트와 32비트를 선택하도록 되어 있다. 자신의 컴퓨터에 맞게 선택해야 한다. 필자의 경우 64비트 윈도우 버전으로 설치하였다.

① R 설치

[처리결과화면: 1]

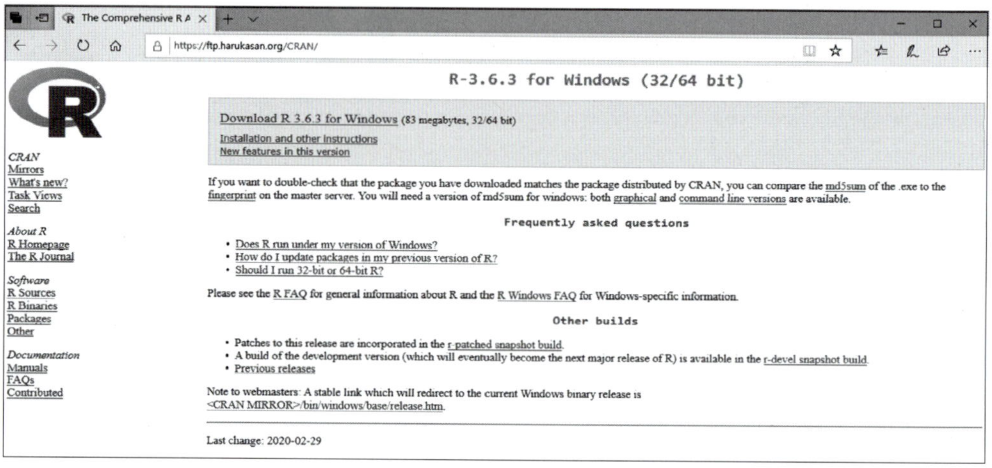

[처리결과화면: 2]

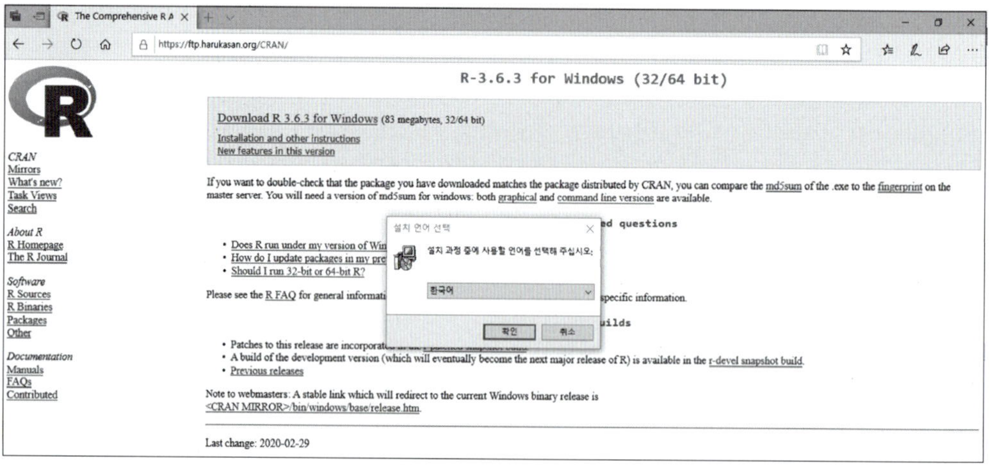

[처리결과화면: 3]

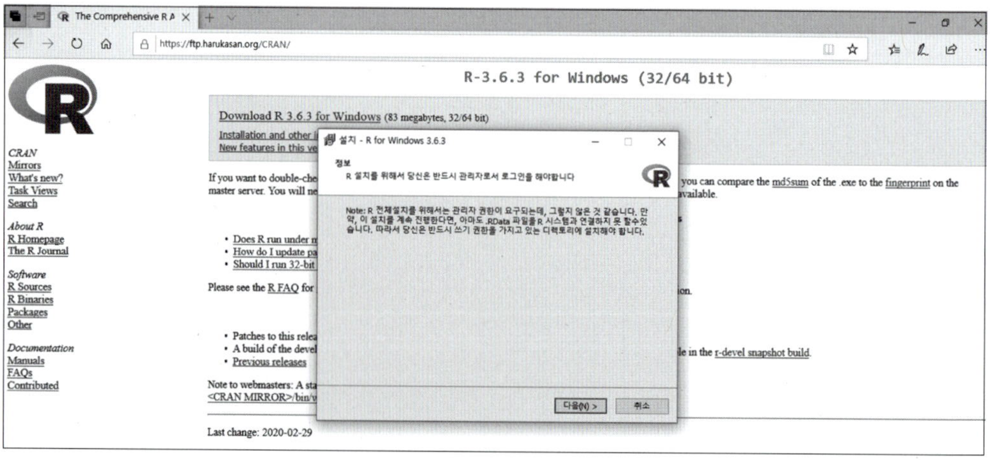

[처리결과화면: 4]

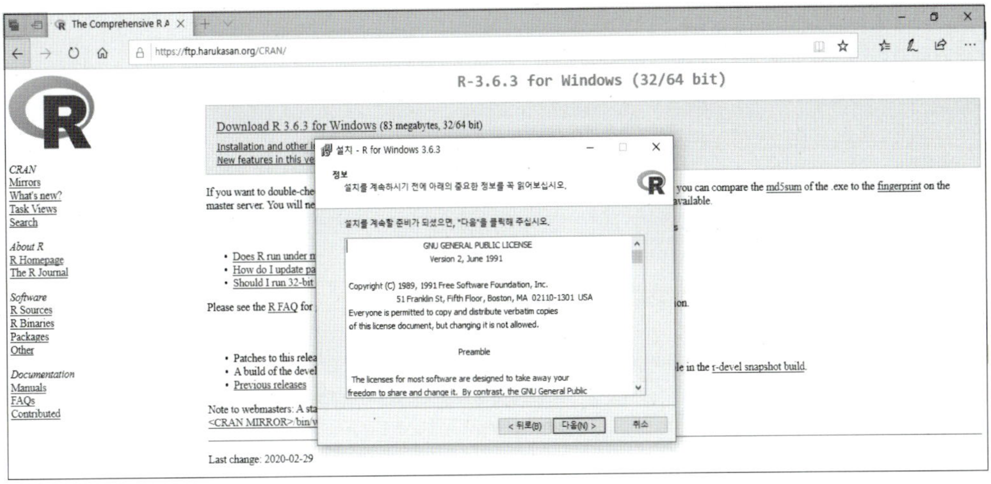

[처리결과화면: 5]

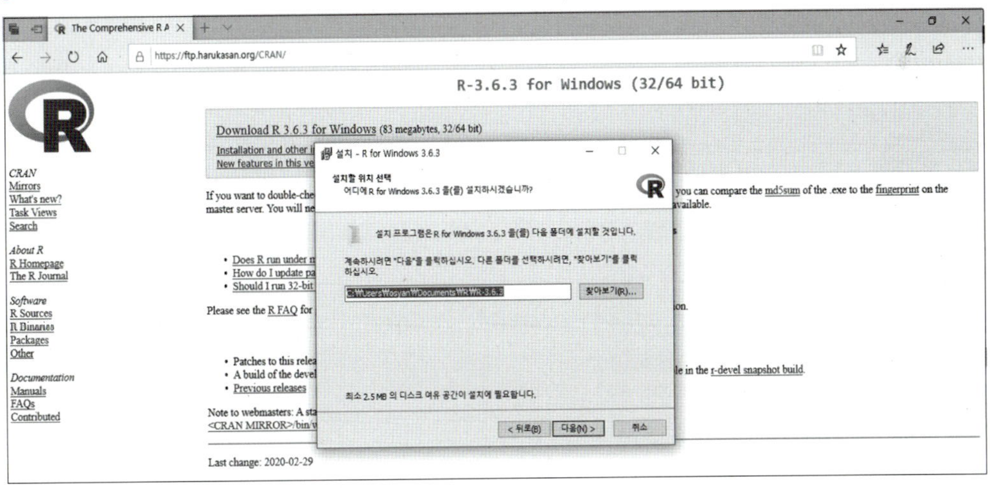

[처리결과화면: 6]

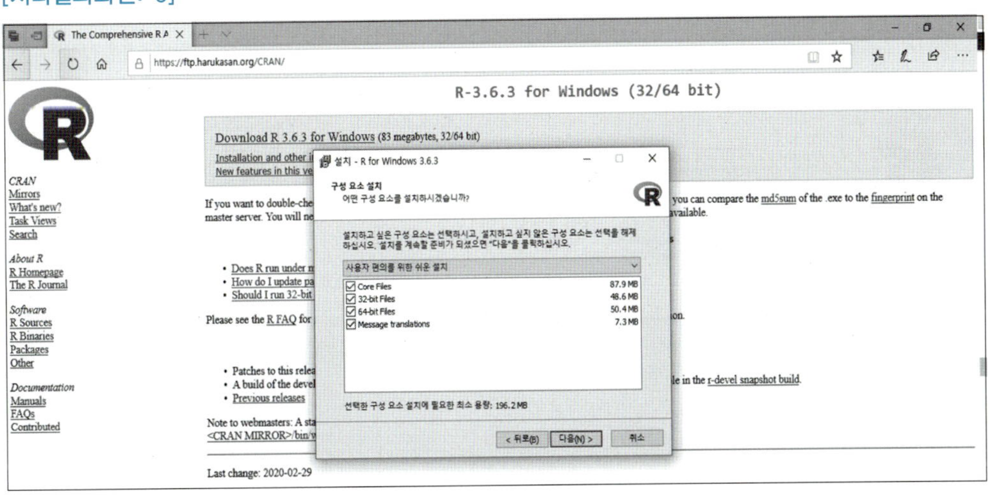

여기서 자신의 컴퓨터에 맞는 버전을 선택해야 한다. 필자는 윈도우 64비트용을 선택하였다.

[처리결과화면: 7]

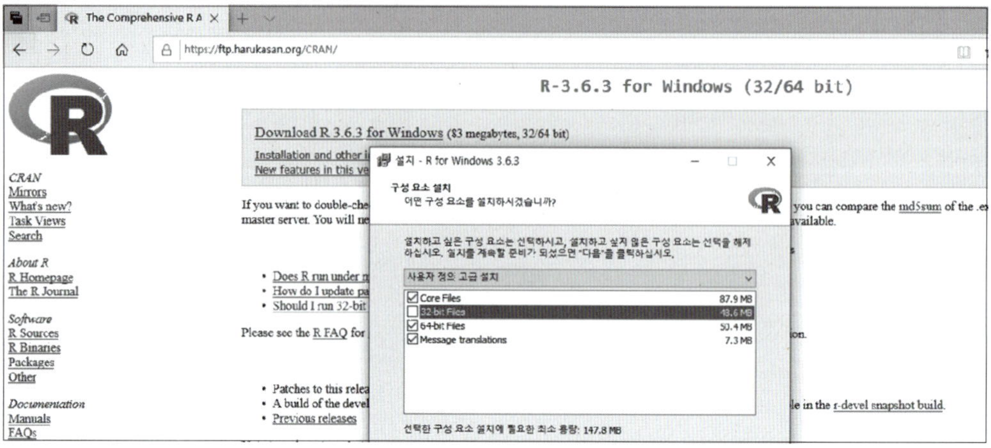

[처리결과화면: 8]

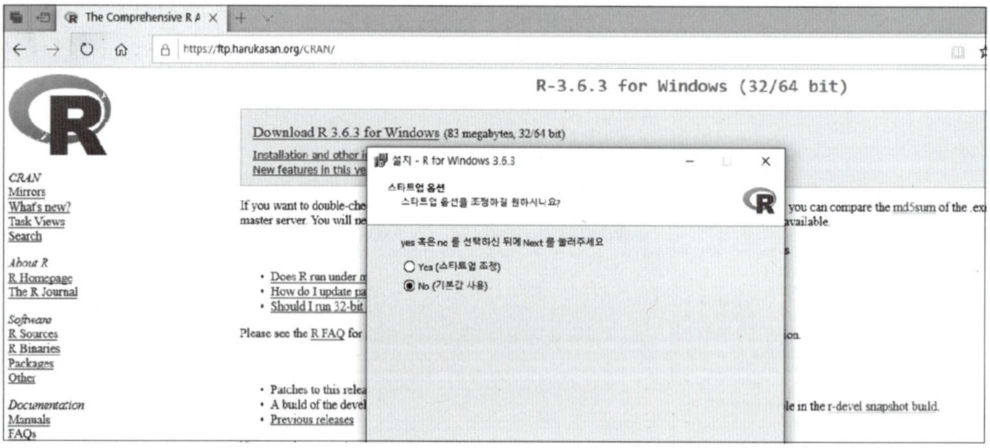

[처리결과화면: 9]

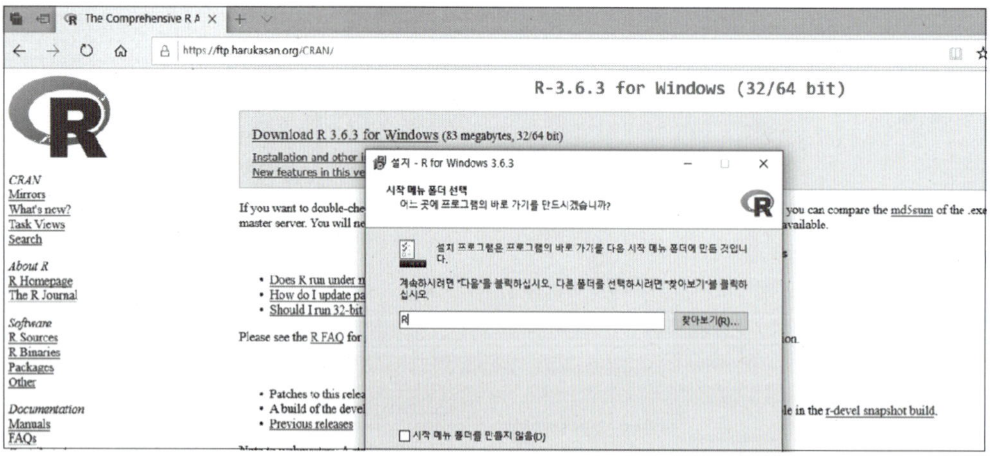

[처리결과화면: 10]

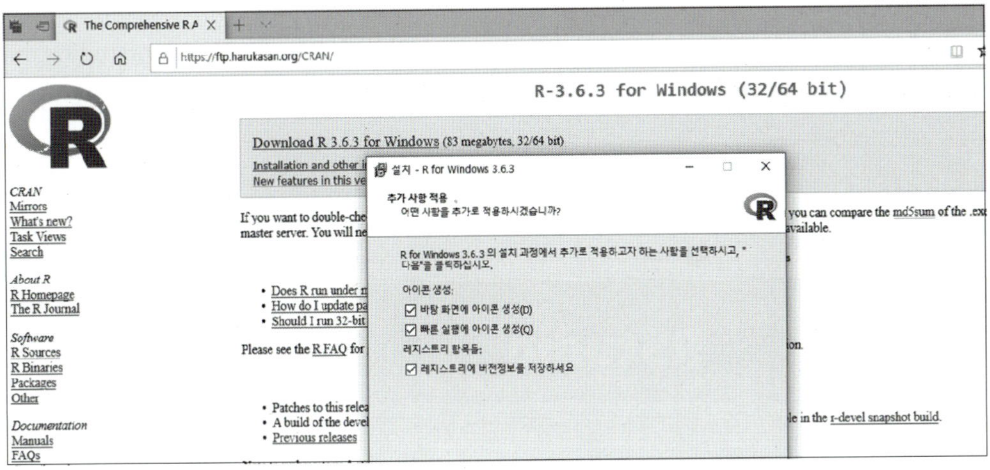

[처리결과화면: 11]

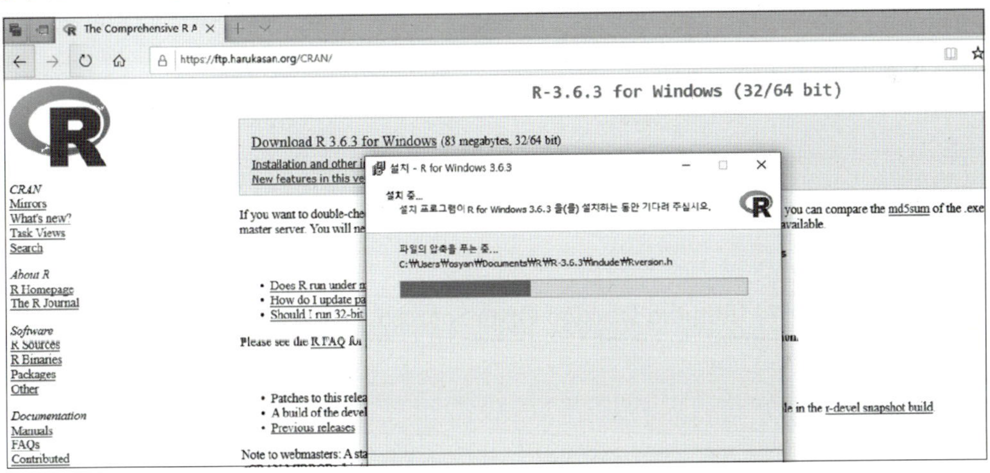

② RStudio 설치

R 패키지를 설치하였으면 다음에는 RStudio를 설치하자. RStudio는 www.rstudio.com에서 무료로 다운로드할 수 있다. 초기 화면이 나오면 "Download RStudio"를 클릭한다.

[처리결과화면]

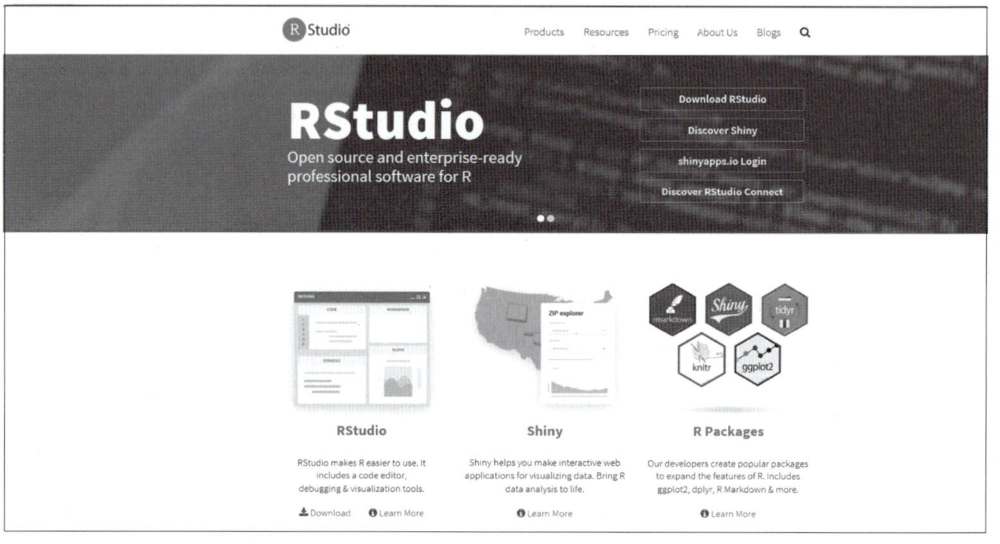

이어지는 화면에서 "RStudio Desktop Open Source License"를 다운로드한다.

[처리결과화면]

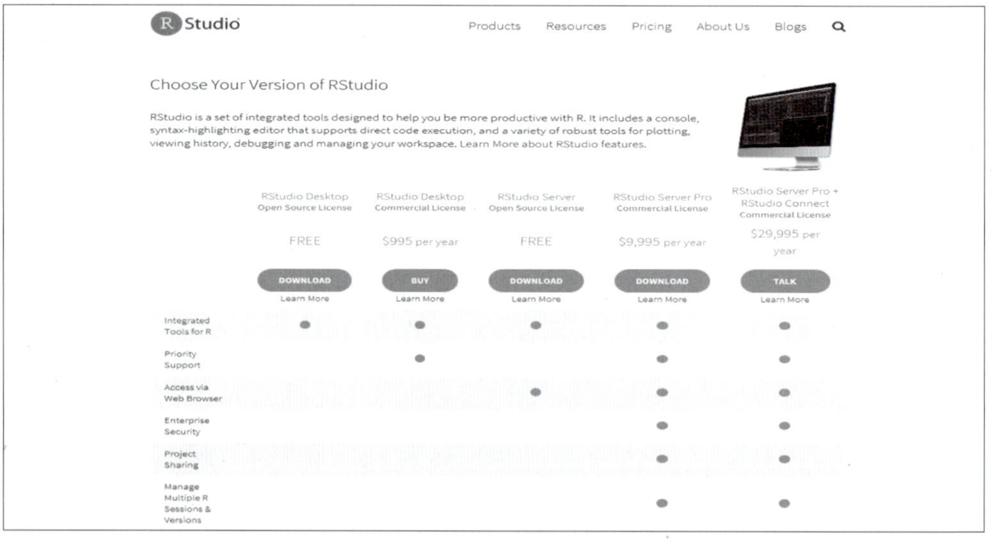

[처리결과화면: 2020년 3월 현재 화면]

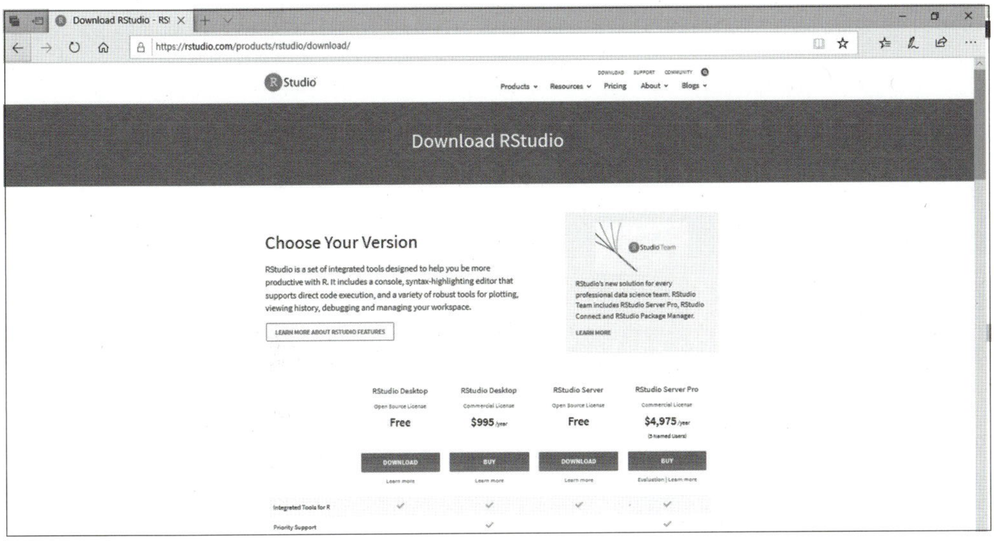

이어지는 화면에서 윈도우 사용자들은 "RStudio 1.1.453-Windows Vista/7/8/10"을 클릭해서 다운로드한다. 혹 사용하는 컴퓨터가 애플이라면 "RStudio 1.1.453-Mac OS X 10.6+(64-bit)"를 클릭해서 다운로드한다.[1]

[처리결과화면]

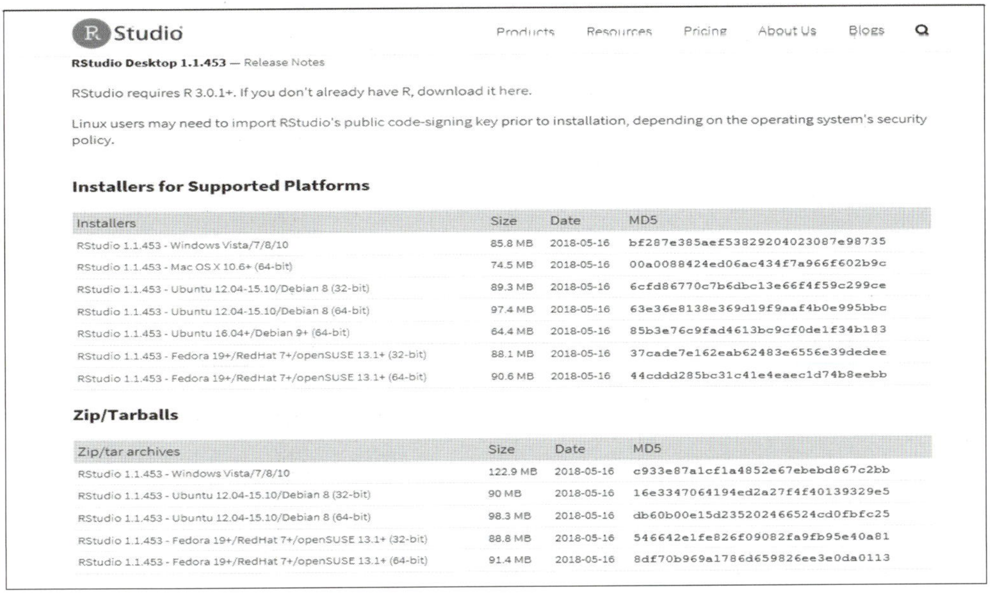

RStudio

Products Resources Pricing About Us Blogs

RStudio Desktop 1.1.453 — Release Notes

RStudio requires R 3.0.1+. If you don't already have R, download it here.

Linux users may need to import RStudio's public code-signing key prior to installation, depending on the operating system's security policy.

Installers for Supported Platforms

Installers	Size	Date	MD5
RStudio 1.1.453 - Windows Vista/7/8/10	85.8 MB	2018-05-16	bf287e385aef53829204023087e98735
RStudio 1.1.453 - Mac OS X 10.6+ (64-bit)	74.5 MB	2018-05-16	00a0088424ed06ac434f7a966f602b9c
RStudio 1.1.453 - Ubuntu 12.04-15.10/Debian 8 (32-bit)	89.3 MB	2018-05-16	6cfd86770c7b6dbc13e66f4f59c299ce
RStudio 1.1.453 - Ubuntu 12.04-15.10/Debian 8 (64-bit)	97.4 MB	2018-05-16	63e36e8138e369d19f9aaf4b0e995bbc
RStudio 1.1.453 - Ubuntu 16.04+/Debian 9+ (64-bit)	64.4 MB	2018-05-16	85b3e76c9fad4613bc9cf0de1f34b183
RStudio 1.1.453 - Fedora 19+/RedHat 7+/openSUSE 13.1+ (32-bit)	88.1 MB	2018-05-16	37cade7e162eab62483e6556e39dedee
RStudio 1.1.453 - Fedora 19+/RedHat 7+/openSUSE 13.1+ (64-bit)	90.6 MB	2018-05-16	44cddd285bc31c41e4eaec1d74b8eebb

Zip/Tarballs

Zip/tar archives	Size	Date	MD5
RStudio 1.1.453 - Windows Vista/7/8/10	122.9 MB	2018-05-16	c933e87a1cf1a4852e67ebebd867c2bb
RStudio 1.1.453 - Ubuntu 12.04-15.10/Debian 8 (32-bit)	90 MB	2018-05-16	16e3347064194ed2a27f4f40139329e5
RStudio 1.1.453 - Ubuntu 12.04-15.10/Debian 8 (64-bit)	98.3 MB	2018-05-16	db60b00e15d235202466524cd0fbfc25
RStudio 1.1.453 - Fedora 19+/RedHat 7+/openSUSE 13.1+ (32-bit)	88.8 MB	2018-05-16	546642e1fe826f09082fa9fb95e40a81
RStudio 1.1.453 - Fedora 19+/RedHat 7+/openSUSE 13.1+ (64-bit)	91.4 MB	2018-05-16	8df70b969a1786d659826ee3e0da0113

1 파일 버전이 계속 업데이트되고 있다. 필자가 확인할 때는 Rstudio 1.1.456-WindowsVista/7/8/10과 RStudio 1.1.456-MacOSX10.6+(64-bit)였다. **또한 2020년 3월 현재 확인할 때는 RStudio-1.2.5033.exe와 RStudio-1.2.5033.dmg였다.**

다시 한번 말하지만 RStudio를 설치할 때는 먼저 R이 설치되어 있어야 한다. 또한 자신의 컴퓨터 버전에 맞는 프로그램을 설치해야 한다. 예를 들어 64비트 컴퓨터용에는 64비트용 프로그램을 설치해야 한다.

이제 다운로드받은 설치파일을 사용하여 RStudio를 설치해보자. 파일을 클릭하면 다음 화면으로 시작된다.

[처리결과화면: 1]

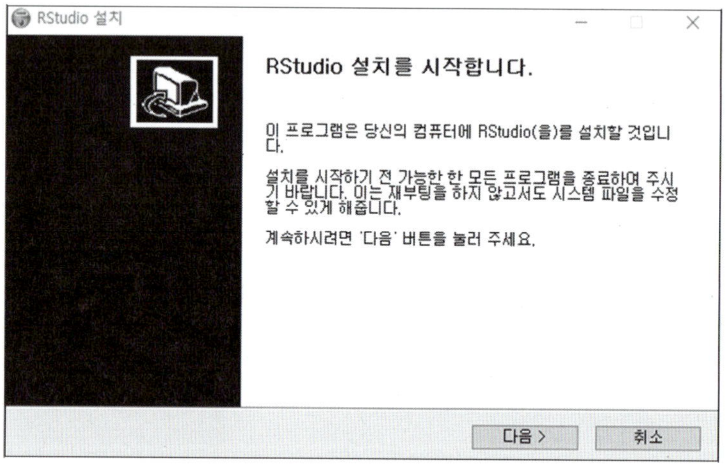

[처리결과화면: 2]

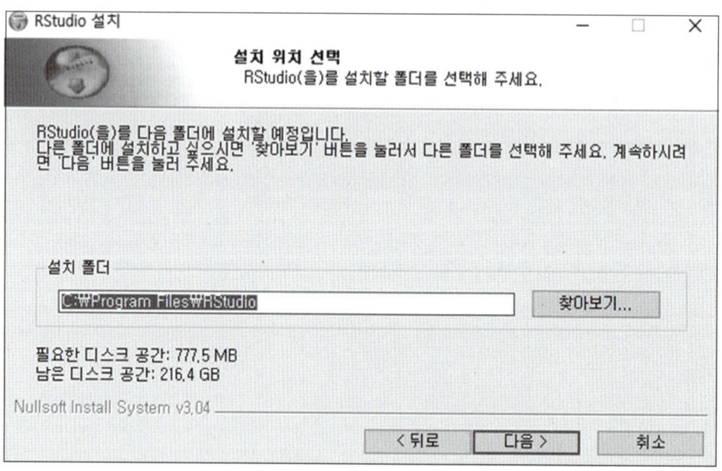

[처리결과화면: 3]

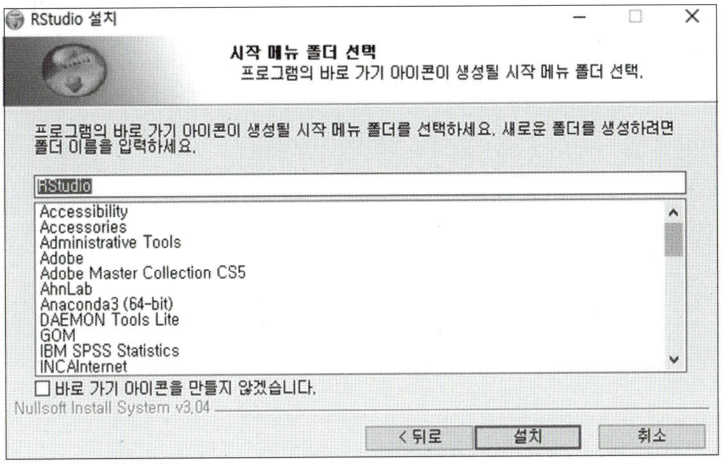

[처리결과화면: 4]

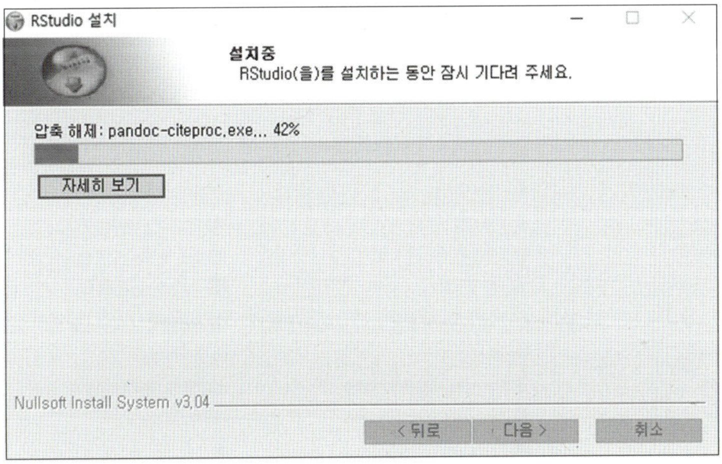

[처리결과화면: 5]

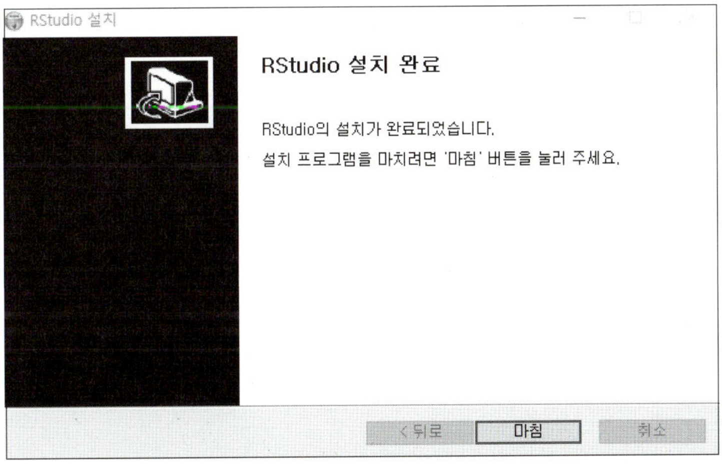

RStudio는 설치과정에서 버전을 별도로 물어보지 않는다.

③ RStudio 설치가 실패할 때

한편 RStudio가 설치되지 않는 경우도 발생한다. 설치는 되었지만 막상 프로그램을 시작하려고 들어가면 프로그램이 작동하지 않는 경우가 있다. 이 문제는 프로그램 설치 과정에서 경로(path)에서 에러가 발생하였기 때문이다(또는 사용자 계정이 영어가 아닌 다른 언어로 되어 있어 프로그램이 경로를 읽지 못하는 경우도 포함). 이 경우 경로(path)를 수정해서 다시 프로그램을 설치해야 한다. 이를 위해 우선 제어판으로 들어가도록 하자.

[처리결과화면]

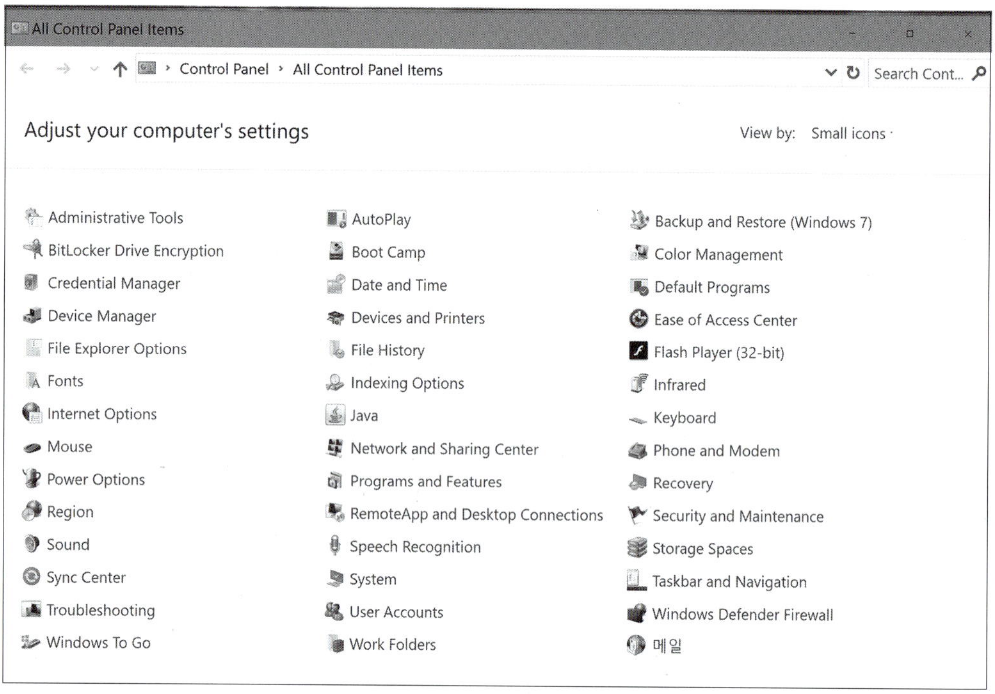

제어판 화면에서 사용자 계정(User Accounts)으로 들어간다. 이후 “Change my environment variables”로 들어간다.

[처리결과화면]

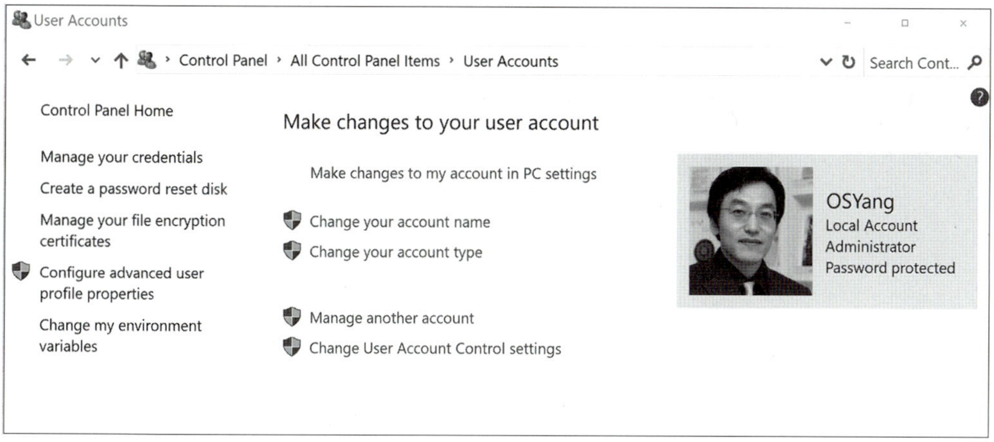

이어서 나타나는 작업창에는 Variable, OneDrive, Path, TEMP, TMP 등이 들어 있음을 볼 수 있다. 이 가운데 TMP를 기존 형식에서 C:\Users\Temp로 모두 바꾸어주자(즉 "Edit" 버튼을 클릭하고 나서 C:\Users\OSYang\AppData\Local\Temp => C:\Temp로 직접 입력해서 수정). 이렇게 바꾸어 준 후 RStudio를 새로 설치하면 프로그램이 안정적으로 설치되고 사용이 가능해진다.

[처리결과화면]

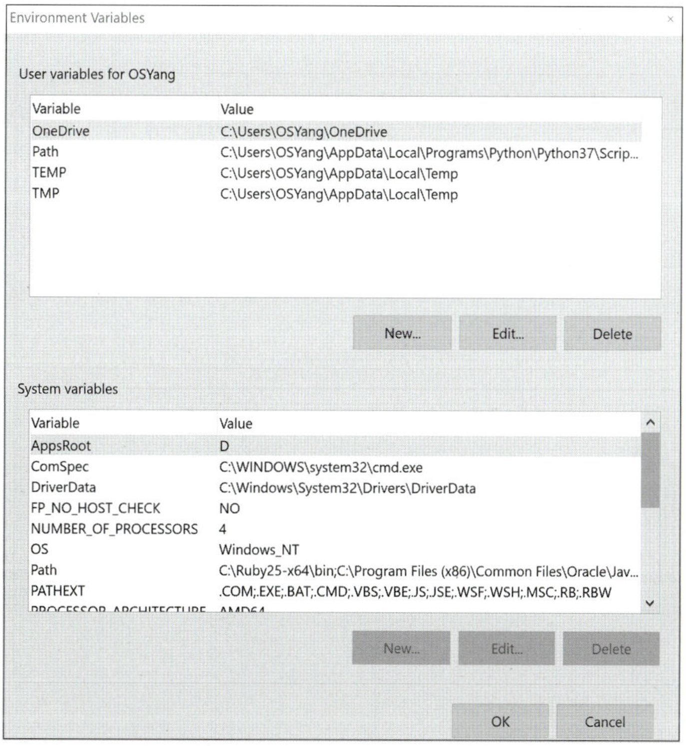

[처리결과화면]

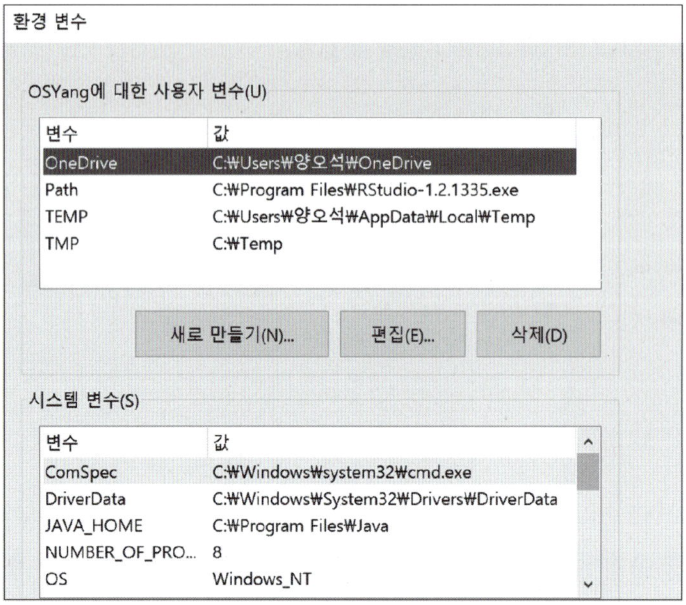

이제 환경변수에 '새로만들기'를 클릭하고, '변수 이름' 칸에 "JAVA_HOME"을 타이핑하고, '변수 값'에 "C:/Program Files/Java"라고 입력하자. 그리고 확인 버튼을 클릭한다.

[처리결과화면]

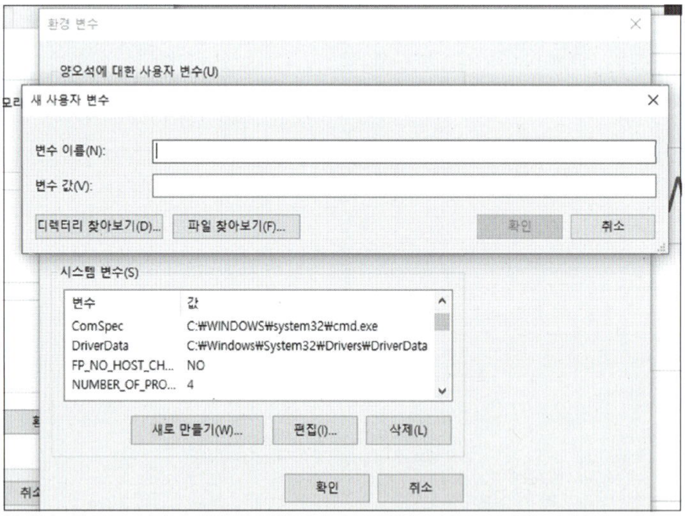

[처리결과화면]

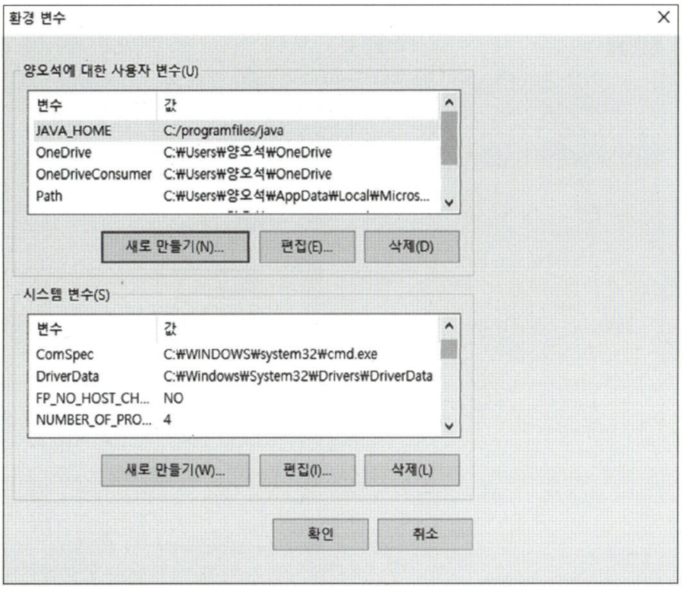

2) 자바(Java) 설치하기

Java는 패키지 rJava를 사용하기 위해 먼저 컴퓨터에 설치되어 있어야 한다. 설치 방법은 여러 가지가 있다. 그 중에 필자의 경우 64비트 맥 컴퓨터를 윈도우와 분할해서 사용하고 있으며 발생한 설치 문제를 소개하고자 한다. Java를 설치하기 위해 Java 홈페이지에 가서 무료로 다운받을 수 있는 설치 실행 파일을 다운로드하자. 필자의 경우 64비트용 윈도우 버전(jre-8u231-windows-x64.exe)으로 다운로드하였다. 자 이제 다운로드 받은 해당 파일을 64비트 실행 파일을 저장해두어야 하는 컴퓨터 프로그램 폴더(BOOTCAMP (C:) 아래에 있는 Program Files)에 저장해두자.[2] 이렇게 저장해 둔 Java 설치 실행 파일을 클릭해서 해당 폴더(Program Files)에 설치한다.

2 32비트 컴퓨터의 경우 폴더명은 BOOTCAMP (C:) 아래에 있는 Program Files (x86)이다.

[처리결과화면]

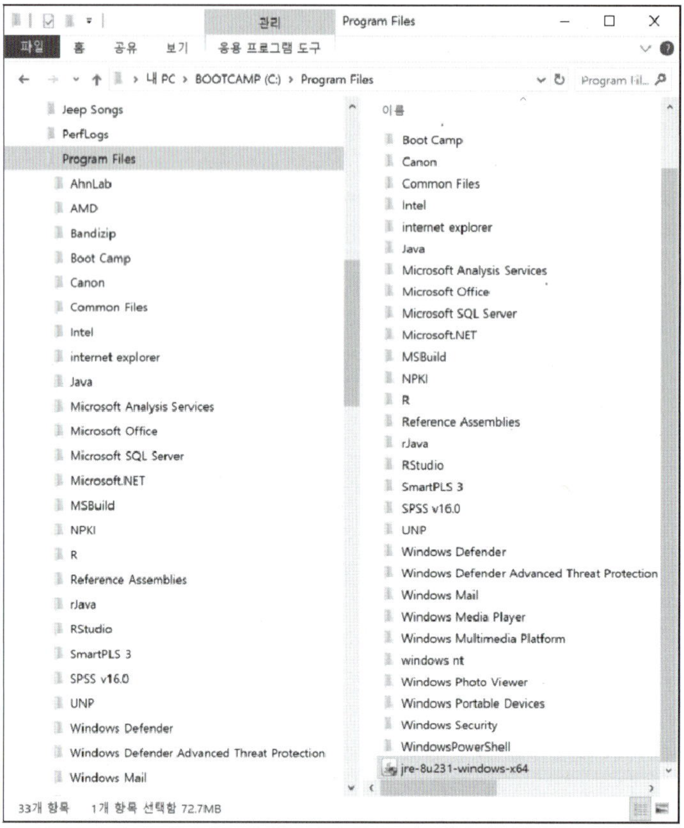

Java를 Bootcamp 아래 Program Files(64비트의 경우)에 설치하였으면, 이제 패키지 rJava를 설치하고 불러와 보자. 명령어는 다음과 같다.

명령어

```
> install.packages("rJava")
> library(rJava)
```

```
> install.packages("rJava")
WARNING: Rtools is required to build R packages but is not currently installe
d. Please download and install the appropriate version of Rtools before proc
eeding:
https://cran.rstudio.com/bin/windows/Rtools/
Installing package into 'C:/Users/yangohsuk/Documents/R/win-library/3.5'
(as 'lib' is unspecified)
```

```
trying URL 'https://cran.rstudio.com/bin/windows/contrib/3.5/rJava_0.9-11.zip'
Content type 'application/zip' length 828770 bytes (809 KB)
downloaded 809 KB
package 'rJava' successfully unpacked and MD5 sums checked
The downloaded binary packages are in
      C:\Users\yangohsuk\AppData\Local\Temp\RtmpKMNgzI\downloaded_
packages
> library(rJava)
```

해석

처리화면을 보면, Java를 Bootcamp 아래 Program Files(64비트의 경우)에 설치하고 나서 패키지 rJava를 설치하고 library 명령어로 rJava를 잘 불러왔음을 알 수 있다. 제대로 설치되지 않은 경우에는 다양한 에러 메시지가 뜬다. 현 처리화면에서도 install.packages 명령어에서는 빨간색으로 된 경고 메시지로 시작하는 것을 볼 수 있다. 이 경우 library 명령어로 rJava를 불러들여보면 제대로 되었는지 여부를 확인할 수 있다. rJava를 library 명령어로 불러 들였을 때 에러 메시지가 뜬다면 다시 Java 설치 작업을 해야 한다. 그리고 추가적으로 처리해야 하는 내용들이 다양하게 존재한다(이는 각 경우마다 다르니 모두 소개할 수 없고, 인터넷 상에서의 정보를 적극 활용하기를 바란다). 여기서는 몇 가지만 소개하기로 하자.

```
#문제해결 1
> if (Sys.getenv("JAVA_HOME")!="")
+   Sys.setenv(JAVA_HOME="")
> library(rJava)

#문제해결 2
> options(java.home="C:\\Program Files\\Java\\jre1.8.0_91\\")
> library(rJava)

#문제해결 3
> Sys.setenv(JAVA_HOME='C:\\Program Files\\Java\\jre7') # for 64-bit
  version
> library(rJava)
```

#문제해결 4(2020년 3월 현재)

2020년 3월 새 컴퓨터를 구매해서 rJava를 설치할 때 일어난 일을 여기에 추가로 소개한다. 핵심은 Java 버전에 따라 자신의 컴퓨터에서 정확한 정보를 확인해서 설치해야 한다는 것이다. 이번에는 jre7이 아니라 jre1.8.0_241인 경우이다. 먼저 필자의 경우 64비트용 윈도우 버전(jre-8u241-windows-x64.exe)으로 다운로드하여 설치하였다.

[처리결과화면]

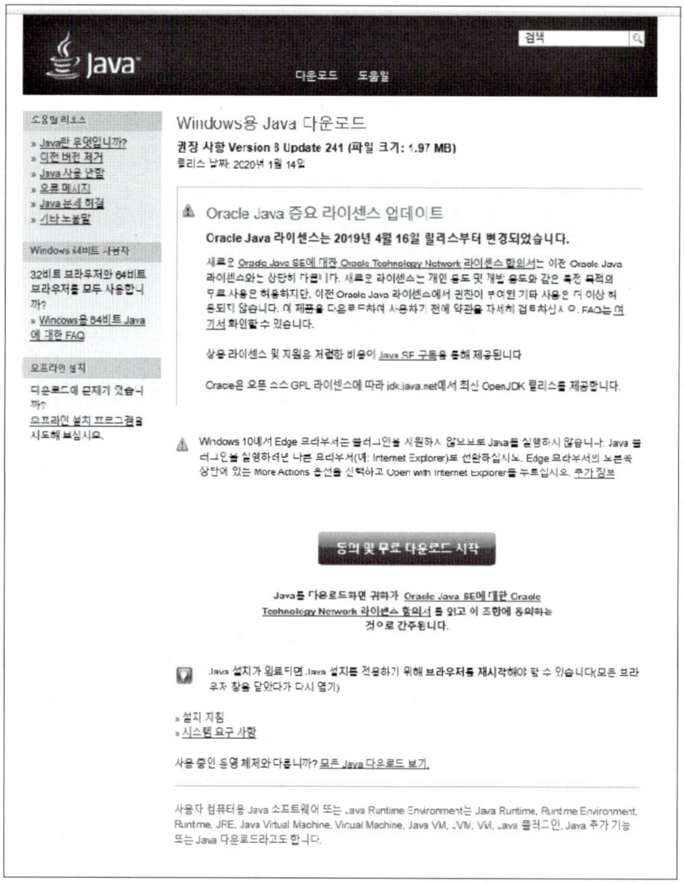

이후 "내 PC -> 고급시스템 설정 -> 환경변수"로 가서 자바홈을 직접 추가생성시켰다. "내 PC" 아이콘이 바탕화면에 없으면 윈도우 화면 왼쪽 아래에 있는 전체 프로그램으로 클릭해서 들어가서 "Windows 시스템"으로 들어가면 아래 항목에서 "내 PC"를 찾을 수 있다. 이를 클릭해서 들어가자.

[처리결과화면]

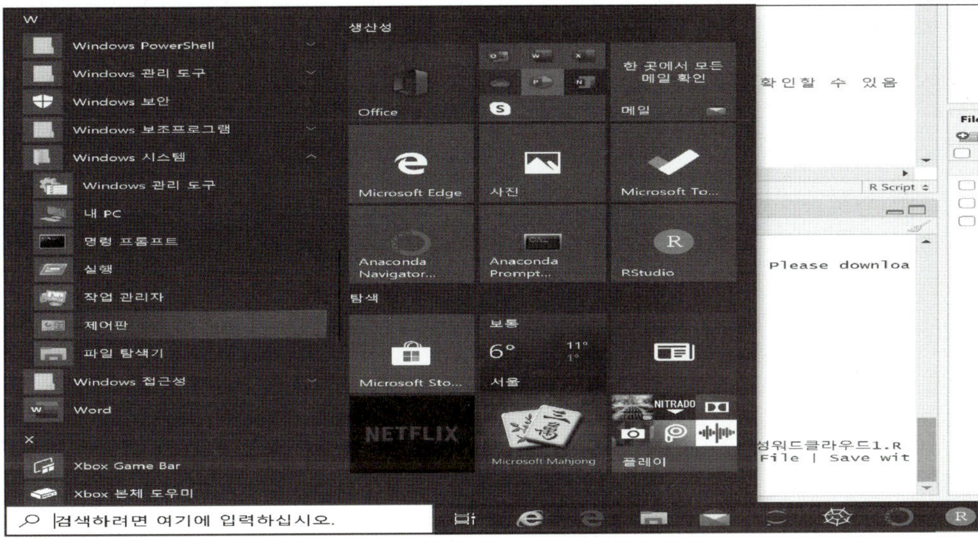

이후 생성된 화면창에서 오른쪽에 있는 "시스템 속성"을 클릭한다.

[처리결과화면]

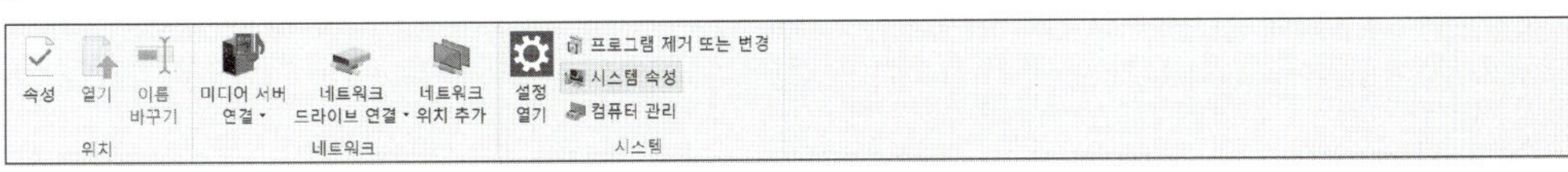

[처리결과화면]

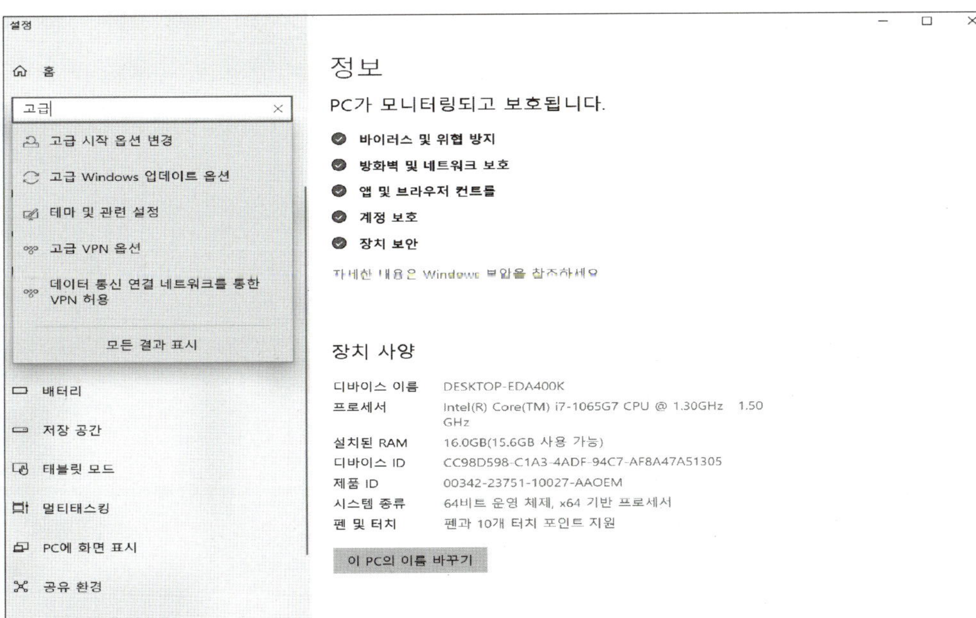

여기서 새로 생성된 화면 창에 나와 있는 검색창에 "고급"이라는 검색어를 입력하고 엔터를 누르면, 여러 항목을 보여주는데 그 가운데 아래쪽에 있는 "고급 시스템 설정 보기"를 클릭해서 들어간다.

[처리결과화면]

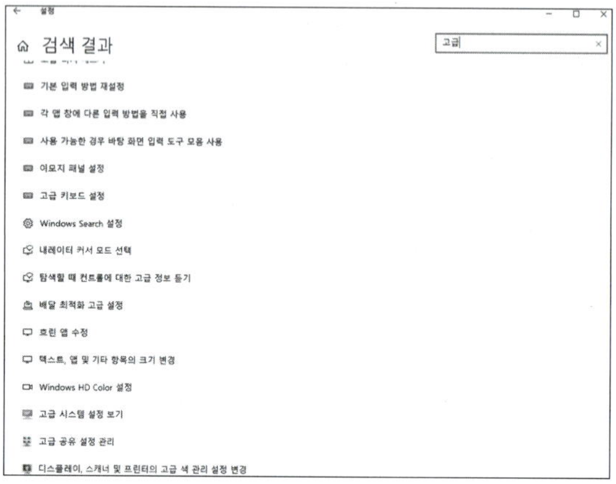

이후 다음과 같은 검색창이 나오면 아래쪽에 있는 "환경변수"를 클릭해서 들어간다.

[처리결과화면]

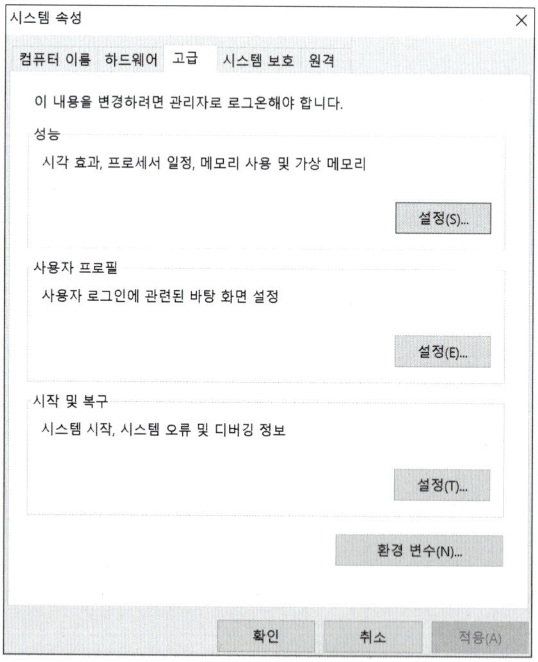

환경변수 창이 열리면, 여기서 위쪽에 있는 "새로 만들기"를 클릭한다.

[처리결과화면]

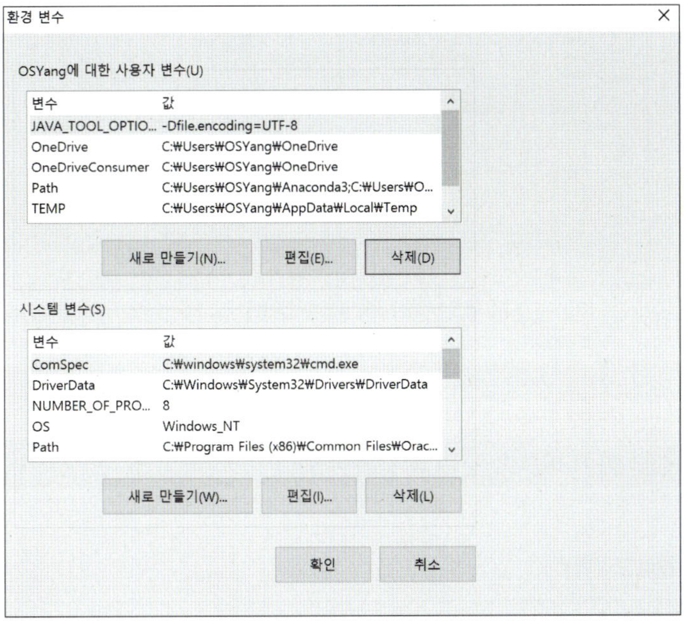

클릭이후 나타난 "새 사용자" 창에서, 변수이름 란에 "JAVA_HOME"이라고 기입하고, 변수 값 란에 해당되는 자바 위치를 적어준다(필자의 경우: C:/Program Files/Java/jre1.8.0_241).

[처리결과화면]

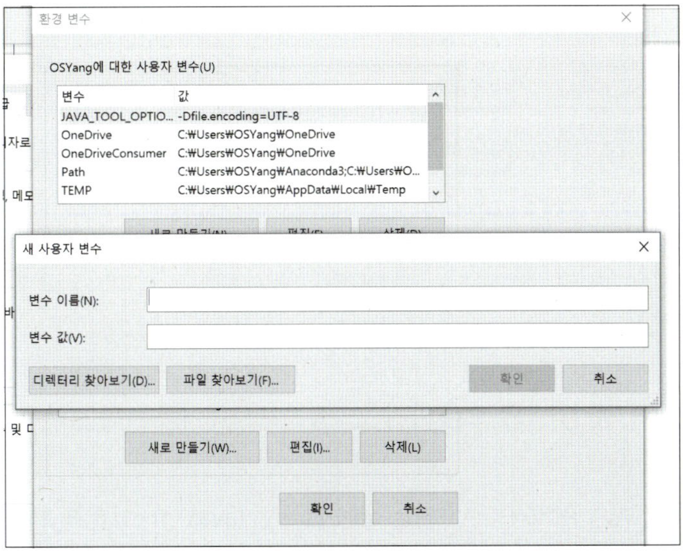

[처리결과화면]

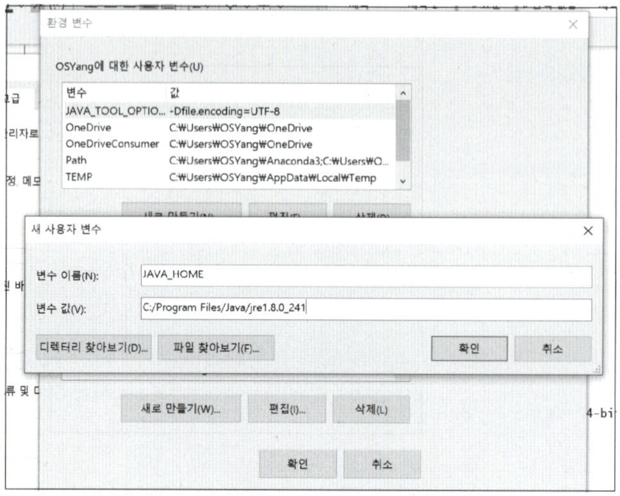

이제 마지막으로 확인 버튼을 눌러 저장하면 된다.

[처리결과화면]

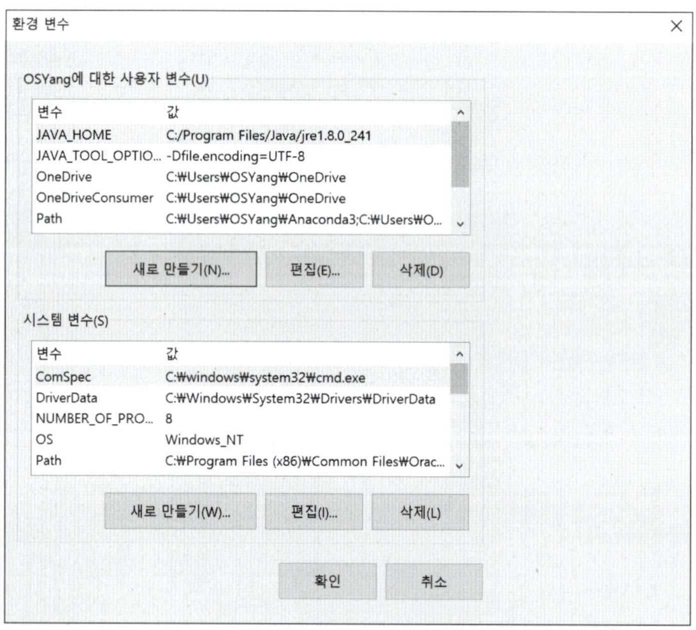

이제 하드웨어적 처리가 되었으니 마지막으로 소프트웨어적 처리를 마무리하도록 하자.

```
> Sys.setenv(JAVA_HOME='C:\\Program Files\\Java\\jre1.8.0_241')
> library(rJava) #성공
```

2. R의 속성

Q. R이 갖고 있는 속일 수 없는 핏줄 속성이 있을텐데요?

네, 맞아요. 모든 프로그램이 그렇듯이 R도 자기만의 속일 수 없는 타고난 속성이 있어요.

1) 열네가지 속성

우선 첫째, Stata 통계 프로그램이 소속 데이터는 모두 "OOO.dta"로 저장되듯이, R은 "OOO.RData"로 저장이 되요.

둘째, 아직 R은 외국어를 몰라요. 그러니 한국어 사용은 삼가해 주세요. 영어로 표기해주는 것이 맞아요.

셋째, R은 보수적인 권위주의자에요. 늘 "관리자 권한으로 실행" 하세요. 일반모드로 실행하면 돌아가지 않는 것들이 있어요.

넷째, R은 똑똑해요. 함수를 갖고 있어서 간단하게 인식하고 임무를 수행할 수 있어요. 예를 들어 9*8*7*6*5*4*3*2*1과 같은 연산식을 factorial(9)라고만 간단히 적어주면 같은 연산식을 처리할 줄 알아요.

다섯째, 요즘 젊은이들처럼 단어를 짤라서 말해요. 예를 들어 "위하여"를 다섯 번 말하라는 명령어로 replicate라는 긴 단어를 다 쓰는 것이 아니라 rep라고 짧게 말한답니다. 같은 뜻인데도 오히려 길게 말하면 못 알아들어요.

```
> replicate(x="위하여", times=5)라고 명령어를 처리하면 오히려 작동하지 않고,
> rep(x="위하여", times=5)라고 명령어를 처리해야 작동해요.
```

여섯째, 그림 솜씨가 장난 아니죠. 사생대회에서 상 좀 탔을 거에요. 그래픽이 훌륭해요.

일곱째, 일반 워드작업에서 쓰는 큰따옴표가 R에서는 받아들여지지 않아요. 반드시 " "을 사용해야 한다. 자기가 쓰고 싶은 심벌이 분명하다는 점, 잊지 마세요. 명령어가 틀린게 아니라 큰따옴표가 틀려서 작동하지 않는 경우가 많아요.

여덟째, 자신만의 언어가 있어요. 다른 통계 패키지에서는 "변수"라고 부르는 것을 R은 "객체"라고 부른다. R은 객체의 이름을 부른 뒤 그 안에 수치 값을 채워 넣는다. 이때 "<-"를 기호로 사용한다. 예를 들어, new1, new2라는 객체를 생성시킨 뒤 그 안에 각각 0과 1 값을

넣고 싶을 때, 다음과 같은 명령어를 사용하게 된다:

명령어

```
> new1 <- 0
> new2 <- 1
```

[처리결과화면]

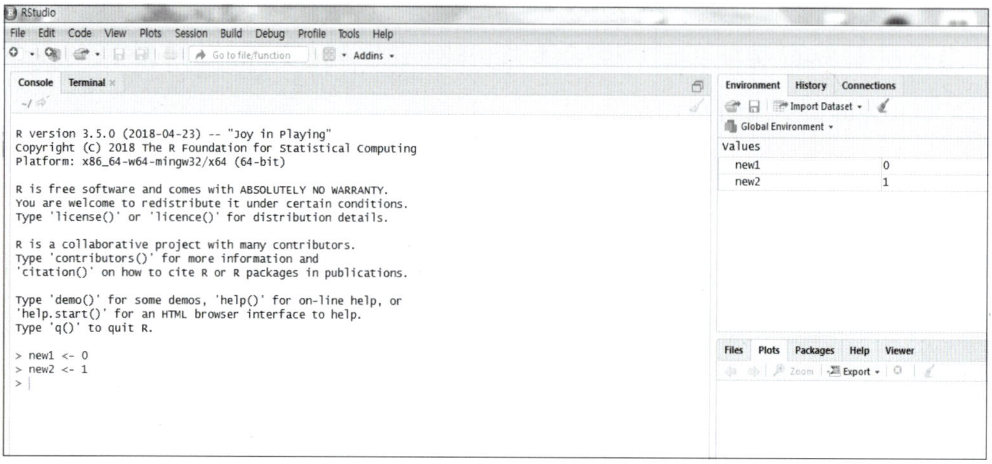

해석

명령어를 처리한 후 도출된 화면을 보면, new1과 new2라는 새로운 객체(즉 변수)가 오른쪽 상단에 나타났고, 그 안에는 각각 0과 1값이 저장되어 있음을 볼 수 있다.

아홉째, R은 양반이라 데이터 처리만 할 뿐 데이터 입력/수정과 같은 잡무를 하지 않는다. R에게 분석하라고 하면 잘 하지만, 기초 데이터를 만지라고 하면 정말 싫어한다. 아흐, 고급져... 정말!

열번째, R은 포용력과 적응력이 대단하다. 심지어 다른 패키지를 연결시켜서 필요한 작업을 같이 진행할 수도 있다. 3D 그래프를 그릴 수 있는 rgl 패키지를 설치해서 작업을 해보자. 우선 rgl 패키지를 설치하라는 명령어를 부여해 보자:

명령어

```
> install.packages("rgl")
```

[처리결과화면]

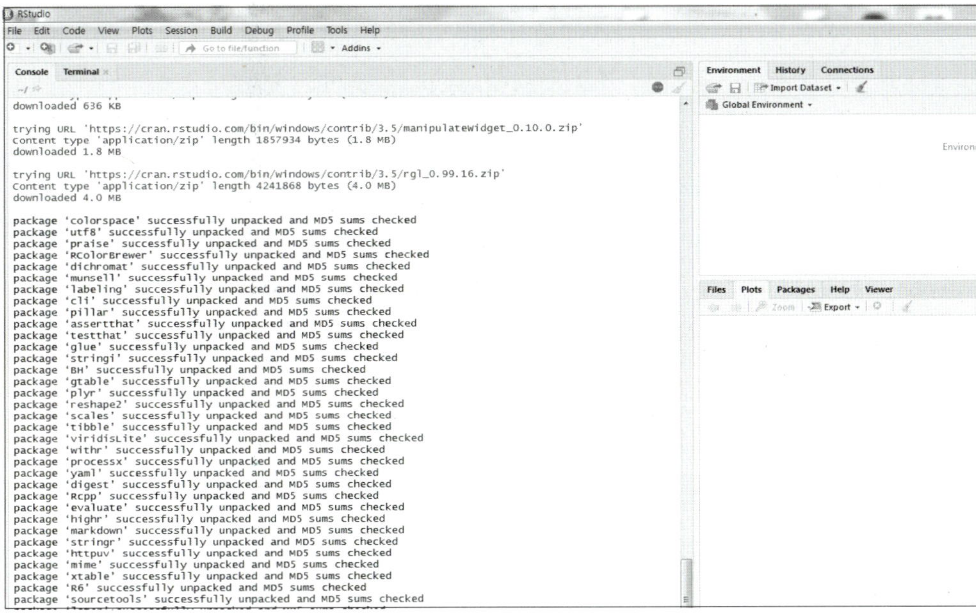

해석

명령어를 처리하는 과정이 보여지며, 이후 최종 처리가 이루어진 후 다음과 같은 명령대기 화면 상태가 된다.

[처리결과화면]

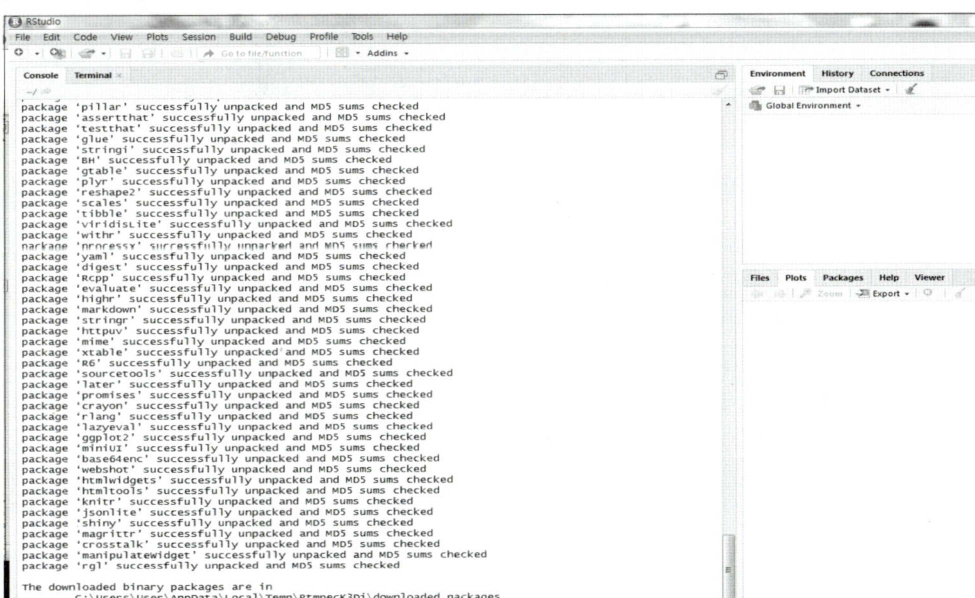

열한번째, R은 큰따옴표에 매우 민감하다. 자기만의 큰따옴표를 고집한다. 우리가 사용하는 두 개의 큰따옴표 가운데 흔히 HWP에서 사용되는 " "는 R이 큰따옴표로 인식하지 못한다. R에게 큰따옴표란 " " 뿐이다. 명령어를 Copy&Paste 할 경우 자주 발생한다.

[R이 인식하지 못하는 큰따옴표가 명령어에 사용되었을 때 나타나는 메시지]

```
> hist(diamonds$carat, main="Carat Histogram", xlab="Carat")
Error: unexpected input in "hist(diamonds$carat, main=?
```

열두번째, R은 가끔씩 딴 생각을 할 때가 있다. 내가 명령어로 말을 걸었는데 처음에는 안되다가, 두번째 다시 명령어로 말을 걸면 "어, 미안 잠시 딴 생각 좀 했어" 하면서 제대로 돌려줄 때가 있다. 그러니 첫번째 명령어 처리 과정에서 응답이 없다고, 즉 에러 메시지가 나온다고 바로 포기하지 말고, R에게 똑같은 명령어로 다시 말을 걸어 봐라.

열세번째, R은 수입업자다. 수출업자가 아니다. 특정한 데이터셋을 R로 가져올 때 멀쩡한 데이터를 다른 유형으로 스스로 인식할 때가 있다. 그 결과 명령어를 처리해서 기대했던 결과가 나오지 않을 때가 있다. 이는 명령어가 잘못된 것이 아니라, R이 원천 데이터를 잘못 불러와서 그런 것이다. 대표적으로 수치형 데이터를 불러올 때 원천 데이터는 수치형인데 R이 불러들인 데이터셋에서는 수치형이 아니라 문자형 내지 비정형 데이터로 인식할 때가 있다. 이 문제는 해당 데이터를 "read.----" 방식으로 불러올 때 발생한다. 이 문제를 근본적으로 해결하려면 이 방식으로 데이터를 불러오지 말고, RStudio 화면 오른쪽 상단에 있는 "Import Dataset"에서 직접 불러오면 된다.

열네번째, R은 수시로 겉과 속이 다르다. 처리해야 할 명령어를 이미 지니고 있기도 하지만, 순간순간 명령어 처리에 필요한 '패키지'를 새로 설치를 해주어야 한다. 다행히 대부분의 패키지가 자신의 이름, 즉 명령어와 일치하는데, 때로는 어떤 패키지는 이름과 일치하지 않는다. 따라서 해당 함수 기능을 품고 있는 아빠 패키지를 설치해 주어야 한다. 대표적으로 some( ) 함수는 패키지 "some"에 들어 있는 것이 아니라 install.packages("car") 안에 들어 있다. 썸은 차 안에서 이루어지나? ㅋ 여기서 한 마디 더 하자면 패키지 "car" 안에는 VIF 값을 계산하는 함수도 들어 있다(즉 VIF 값을 도출하려면 필요한 패키지로 "car"를 먼저 설치하고 불러와야 한다).

2) 친한 친구 패키지

R의 친구이자 함께 사용하게 되는 패키지들은 오늘도 계속 개발되고 있다. 사용자들은 그저 펴다가 쓰기만 하면 된다.

Q. R이 함께 사용하는 패키지는 어떤 것들이 있나요?

R을 위해 제공되는 패키지는 무수히 많다. 앞서 다룬 rgl은 3D 그래프를 나타내는 패키지이고, 그 밖에 패키지는 대표적으로 다음과 같은 것들이 있다. 사용자들이 하나씩 차츰 알아가면서 자신에게 필요한 것들을 가져다 꺼내 쓰기만 하면 된다. 개별 패키지를 설치하는 명령어는 다음과 같다:

명령어

```
> install.packages("패키지명")
> install.packages("패키지명", "패키지명", "패키지명", ….)
> install.packages("rgl"[ggplot2, dplyr, scales, data.table])
```

※[ ]는 명령어를 대체할 수 있다는 의미임

내가 사용하고 있는 R에는 어떤 패키지가 깔려 있는지를 확인하려면 다음 명령어를 사용하면 된다:

명령어

```
> library( )
```

도출된 결과를 살펴보면 다양한 패키지가 명시되어 있다.

패키지명	내용
assertthat	Easy Pre and Post Assertions
base	The R Base Package
base64enc	Tools for base64 encoding
BH	Boost C++ Header Files
boot	Bootstrap Functions (Originally by Angelo Canty for S)

패키지명	내용
class	Functions for Classification
cli	Helpers for Developing Command Line Interfaces
cluster	"Finding Groups in Data": Cluster Analysis Extended Rousseeuw et al.
codetools	Code Analysis Tools for R
colorspace	Color Space Manipulation
compiler	The R Compiler Package
crayon	Colored Terminal Output
crosstalk	Inter-Widget Interactivity for HTML Widgets
datasets	The R Datasets Package
data.table	**Extension of `data.frame`**
devtools	**Tools to Make Developing R Packages Easier**
dplyr	**A Grammar of Data Manipulation**
dichromat	Color Schemes for Dichromats
digest	Create Compact Hash Digests of R Objects
evaluate	Parsing and Evaluation Tools that Provide More Details than the Default
foreign	**Read Data Stored by 'Minitab', 'S', 'SAS', 'SPSS', 'Stata', 'Systat', 'Weka', 'dBase', …**
ggplot2	**Create Elegant Data Visualisations Using the Grammar of Graphics**
ggthemes	**Extra Themes, Scales and Geoms for 'ggplot2'**
glue	Interpreted String Literals
graphics	The R Graphics Package
grDevices	The R Graphics Devices and Support for Colours and Fonts
grid	The Grid Graphics Package
gtable	Arrange 'Grobs' in Tables
highr	Syntax Highlighting for R Source Code
htmltools	Tools for HTML
htmlwidgets	HTML Widgets for R
httpuv	HTTP and WebSocket Server Library
jsonlite	A Robust, High Performance JSON Parser and Generator for R
KernSmooth	Functions for Kernel Smoothing Supporting Wand & Jones
knitr	A General-Purpose Package for Dynamic Report Generation in R
labeling	Axis Labeling
later	Utilities for Delaying Function Execution
lattice	Trellis Graphics for R

패키지명	내용
lazyeval	Lazy (Non-Standard) Evaluation
magrittr	A Forward-Pipe Operator for R
manipulateWidget	Add Even More Interactivity to Interactive Charts
markdown	'Markdown' Rendering for R
MASS	Support Functions and Datasets for Venables and Ripley's MASS
Matrix	Sparse and Dense Matrix Classes and Methods
methods	Formal Methods and Classes
mgcv	Mixed GAM Computation Vehicle with Automatic Smoothness Estimation
mime	Map Filenames to MIME Types
miniUI	Shiny UI Widgets for Small Screens
munsell	Utilities for Using Munsell Colours
nlme	Linear and Nonlinear Mixed Effects Models
nnet	Feed-Forward Neural Networks and Multinomial Log-Linear Models
parallel	Support for Parallel computation in R
pillar	Coloured Formatting for Columns
plyr	**Tools for Splitting, Applying and Combining Data**
praise	Praise Users
processx	Execute and Control System Processes
promises	Abstractions for Promise-Based Asynchronous Programming
R6	Classes with Reference Semantics
RColorBrewer	ColorBrewer Palettes
Rcpp	Seamless R and C++ Integration
readxl	엑셀 자료 불러오기 Read Excel Data
reshape2	**Flexibly Reshape Data: A Reboot of the Reshape Package**
rgl	**3D Visualization Using OpenGL**
rlang	Functions for Base Types and Core R and 'Tidyverse' Features
rpart	Recursive Partitioning and Regression Trees
scales	**Scale Functions for Visualization**
shiny	Web Application Framework for R
sourcetools	Tools for Reading, Tokenizing and Parsing R Code
spatial	Functions for Kriging and Point Pattern Analysis
splines	Regression Spline Functions and Classes
stats	The R Stats Package

패키지명	내용
stats4	Statistical Functions using S4 Classes
stringi	Character String Processing Facilities
stringr	**Simple, Consistent Wrappers for Common String Operations**
survival	Survival Analysis
tcltk	Tcl/Tk Interface
testthat	Unit Testing for R
tibble	Simple Data Frames
tools	Tools for Package Development
translations	The R Translations Package
utf8	Unicode Text Processing
utils	The R Utils Package
viridisLite	Default Color Maps from 'matplotlib' (Lite Version)
webshot	Take Screenshots of Web Pages
withr	Run Code 'With' Temporarily Modified Global State
xtable	Export Tables to LaTeX or HTML
yaml	Methods to Convert R Data to YAML and Back

※ 볼드체로 표시된 패키지는 R 사용에 있어서 핵심이 되는 패키지임

※ 그 밖에 다른 패키지도 있음

이상과 같은 패키지들은 자주 업데이트가 되므로 수시로 패키지를 업데이트 하는 것이 좋다. Rstudio 패키지 창에서 update를 클릭해주거나 “update.packages()” 명령어를 이용하면 모든 업데이트 가능한 패키지를 최신화 해준다. 특정 패키지만 업데이트 해주고 싶으면 괄호에 패키지명을 입력해주면 된다. 업데이트 가능한 패키지를 확인하고싶으면 “old.packages()” 명령어를 이용하자.

명령어

```
> update.packages("패키지명")
> update.packages("rgl")
```

3) Github 친해지기

① 패키지 미설치 문제해결

Q. 쌤, 설치가 안되는 패키지도 있는 데... 이건 우짤까예?

R을 위해 제공되는 패키지들과 다르게 install.packages( ) 함수가 안 먹히는 패키지도 있다. 이런 패키지들은 흔히 베타버전이라고 부르는 아직 개발 단계에 있는 것들이 대부분이다. 이러한 베타버전은 Github에 공개되어 있는 것들이 많다. 따라서 install_github( ) 함수로 설치할 수 있게 만들어 두었다. 다만 베타버전들은 R의 완전한 식구가 아니기 때문에 이를 설치하려면 R 패키지 개발을 손쉽게 만들어 주는 패키지인 "devtools"의 도움이 필요하다. 여기서는 연습 삼아 https://github.com에 있는 knitr 패키지를 설치하는 실습을 해보자.

우선 devtools 패키지를 설치하고(명령어 > install.packages("devtools")), 설치한 devtools 패키지를 로딩시킨다(명령어 > library("devtools")). 그런 다음 베타버전 패키지를 설치한다(명령어 > install_github("베타버전패키지명")). 즉 최종 명령어는 > install_github("yihui/knitr") 이다. 여기서 yihui는 knitr 패키지가 위치하고 있는 디렉토리명이다.

명령어

```
> install.packages("devtools")
> library("devtools")
```

```
> install.packages("devtools")
Installing package into 'C:/Users/OSYang/Documents/R/win-library/3.5'
(as 'lib' is unspecified)
trying URL 'https://cran.rstudio.com/bin/windows/contrib/3.5/devtools_1.
13.6.zip'
Content type 'application/zip' length 702766 bytes (686 KB)
downloaded 686 KB

package 'devtools' successfully unpacked and MD5 sums checked

The downloaded binary packages are in
        C:\Users\OSYang\AppData\Local\Temp\RtmpOwbu7v\downloaded_packages
```

```
> library("devtools")
Warning message:
패키지 'devtools'는 R 버전 3.5.1에서 작성되었습니다
```

명령어

```
> install_github("베타버전패키지명")
> install_github("yihui/knitr")
```

```
> install_github("yihui/knitr")
Downloading GitHub repo yihui/knitr@master
from URL https://api.github.com/repos/yihui/knitr/zipball/master
Installing knitr
Installing 1 package: xfun
Installing package into 'C:/Users/OSYang/Documents/R/win-library/3.5'
(as 'lib' is unspecified)
trying URL 'https://cran.rstudio.com/bin/windows/contrib/3.5/xfun_0.3.zip'
Content type 'application/zip' length 149152 bytes (145 KB)
downloaded 145 KB

package 'xfun' successfully unpacked and MD5 sums checked

The downloaded binary packages are in
      C:\Users\OSYang\AppData\Local\Temp\RtmpOwbu7v\downloaded_packages
"C:/PROGRA~1/R/R-35~1.0/bin/x64/R" --no-site-file --no-environ --no-save
--no-restore --quiet CMD INSTALL "C:/Users/OSYang/AppData/Local/Temp/Rtmp
Owbu7v/devtoolsc7083a621e/yihui-knitr-89b34a6"  \
  --library="C:/Users/OSYang/Documents/R/win-library/3.5" --install-tests

* installing *source* package 'knitr' ...
** R
** demo
** inst
** tests
** byte-compile and prepare package for lazy loading
** help
*** installing help indices
  converting help for package 'knitr'
```

```
    finding HTML links ... 완료
    Sweave2knitr                            html
    all_labels                              html
    all_patterns                            html
    asis_output                             html
    cache_engines                           html
    chunk_hook                              html
Rd warning: C:/Users/OSYang/AppData/Local/Temp/RtmpOwbu7v/devtoolsc7083a
621e/yihui-knitr-89b34a6/man/chunk_hook.Rd:85: file link 'rgl.snapshot' i
n package 'rgl' does not exist and so has been treated as a topic
Rd warning: C:/Users/OSYang/AppData/Local/Temp/RtmpOwbu7v/devtoolsc7083a
621e/yihui-knitr-89b34a6/man/chunk_hook.Rd:85: file link 'rgl.postscript'
in package 'rgl' does not exist and so has been treated as a topic
Rd warning: C:/Users/OSYang/AppData/Local/Temp/RtmpOwbu7v/devtoolsc7083a
621e/yihui-knitr-89b34a6/man/chunk_hook.Rd:86: file link 'hook_webgl' in
package 'rgl' does not exist and so has been treated as a topic
    clean_cache                             html
    combine_words                           html
    current_input                           html
    dep_auto                                html
    dep_prev                                html
    engine_output                           html
    fig_chunk                               html
    fig_path                                html
    hook_animation                          html
    hook_document                           html
    hook_plot                               html
    image_uri                               html
    imgur_upload                            html
    include_graphics                        html
    include_url                             html
    inline_expr                             html
    kable                                   html
    knit                                    html
Rd warning: C:/Users/OSYang/AppData/Local/Temp/RtmpOwbu7v/devtoolsc7083a
621e/yihui-knitr-89b34a6/man/knit.Rd:21: file link 'Stangle' in package 'u
tils' does not exist and so has been treated as a topic
    knit2html                               html
    knit2pandoc                             html
```

```
Rd warning: C:/Users/OSYang/AppData/Local/Temp/RtmpOwbu7v/devtoolsc7083a
621e/yihui-knitr-89b34a6/man/knit2pandoc.Rd:20: file link 'Stangle' in pac
kage 'utils' does not exist and so has been treated as a topic
    knit2pdf                                html
    knit2wp                                 html
    knit_child                              html
    knit_engines                            html
    knit_exit                               html
    knit_expand                             html
    knit_filter                             html
    knit_global                             html
    knit_hooks                              html
    knit_meta                               html
    knit_params                             html
    knit_params_yaml                        html
    knit_patterns                           html
    knit_print                              html
    knit_rd                                 html
    knit_theme                              html
    knit_watch                              html
    knitr-package                           html
    load_cache                              html
    opts_chunk                              html
    opts_hooks                              html
    opts_knit                               html
    opts_template                           html
    output_hooks                            html
    output_type                             html
    pandoc                                  html
    pat_fun                                 html
    plot_crop                               html
    rand_seed                               html
    raw_output                              html
    read_chunk                              html
    read_rforge                             html
    rocco                                   html
    rst2pdf                                 html
    set_alias                               html
    set_header                              html
```

```
    set_parent                                    html
    spin                                          html
    spin_child                                    html
    stitch                                        html
    vignette_engines                              html
    wrap_rmd                                      html
    write_bib                                     html
Rd warning: C:/Users/OSYang/AppData/Local/Temp/RtmpOwbu7v/devtoolsc7083a
621e/yihui-knitr-89b34a6/man/write_bib.Rd:32: file link 'toBibtex' in pack
age 'utils' does not exist and so has been treated as a topic
** building package indices
** installing vignettes
** testing if installed package can be loaded
* DONE (knitr)
In R CMD INSTALL
```

해석

도출된 결과를 살펴보면 정상적으로 knitr 패키지가 설치되었음을 알 수 있다. 일반적이지 않은 패키지인 knitr의 디렉토리를 밝히지 않은 명령어(여기서는 > install_github("knitr"))는 제대로 작동하지 않으며 다음과 같은 에러 메시지가 나타난다.

[처리결과화면: 에러 메시지]

```
> install_github("knitr")
Error in username %||% getOption("github.user") %||% stop("Unknown username.")
:
  Unknown username.
```

Q. 패키지를 설치할 수 없다는 메시지가 나올 때는 어떻게 해야 하나요?

R을 위해 제공되는 패키지가 설치되지 않을 때가 있다. 이때는 근본적인 해결책은 아니지만 해당 패키지가 설치된 다른 컴퓨터에서 R 디렉토리에서 퍼다 날라야 한다. 즉 설치된 패키지를 폴더 째로 복사해다가 자신의 컴퓨터에서 R 뿌리에다가 붙여넣기를 해야 한다. 한 예로 본 연구자는 컴퓨터에 따라 패키지 tree가 설치되지 않을 때가 있었다. 이럴 때 설치된 다

른 컴퓨터에서 tree 패키지 폴더를 복사해 와서 컴퓨터의 R 뿌리에 붙여넣는 방법으로 해결했다. Bootcamp로 가면 Users가 나오고, 작업디렉토리(본 연구자의 경우 yangohsuk)를 클릭하면, 문서(documents) 폴더를 클릭한다. 그러면 R 폴더가 보이고, win-library 폴더가 나온다. 그 아래에 3.5 폴더로 들어가면, abc 순서로 많은 패키지 폴더가 형성되어 있음을 볼 수 있다. 여기에다가 복사해서 가져온 tree 폴더를 붙여넣기 식으로 가져다놓으면 된다.

[처리결과화면]

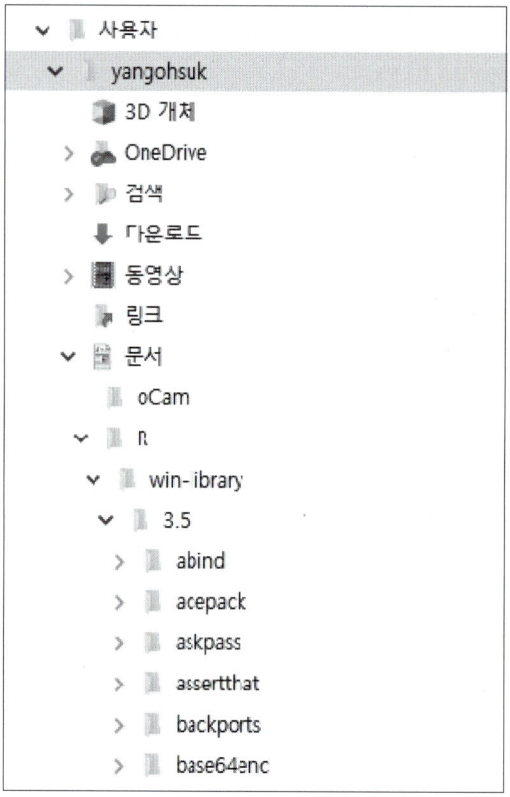

해석

처리화면을 보면, Users(사용자) 아래, yangohsuk 폴더가 나오고, 그 아래 R 폴더, 그 아래 win-library 폴더가 나온다. 그 아래에 다시 3.5 폴더로 들어가면, abc 순서로 많은 패키지 폴더가 형성되어 있음을 볼 수 있다.

[처리결과화면]

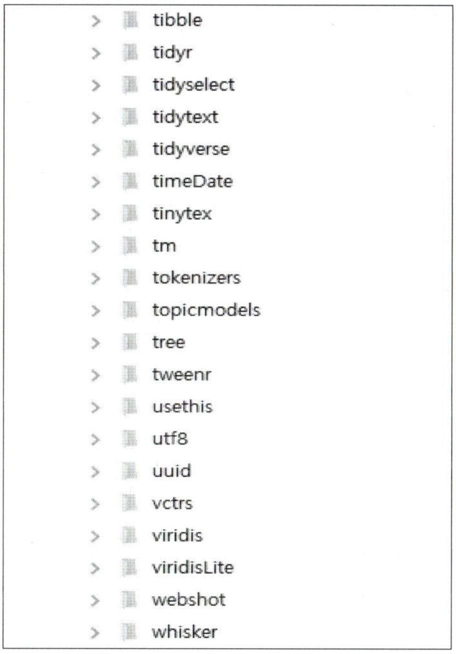

해석

처리화면을 보면, 없었던 tree 폴더가 붙여넣기로 형성되어 있음을 볼 수 있다.

Q. Github에서 패키지를 설치하는 다양한 방법들이 있지예? 고마 다 이바구해 주이소, 쌤!

Github에서 불러와 패키지를 설치하는 또 다른 방법 중 하나로, "개발자이름/패키지명" 방식으로 진행하는 install_github와 달리, "패키지명"만 알려주면 되는 방법이 있다. 명령어는 githubinstall("패키지명")이고, 이를 사용하자면 우선 "ggfortify" 패키지를 먼저 설치해야 한다.

명령어

```
> install.packages("ggfortify")
```

이어서 library(ggfortify)로 패키지를 불러오고, install.packages("githubinstall")를 설치한 뒤 이 역시 library(githubinstall)로 패키지를 불러오도록 하자.

명령어

```
> library(ggfortify)
> install.packages("githubinstall")
> library(githubinstall)
```

```
> install.packages('ggfortify')
Installing package into 'C:/Users/User/Documents/R/win-library/3.5'
(as 'lib' is unspecified)
trying URL 'https://cran.rstudio.com/bin/windows/contrib/3.5/ggfortify_
0.4.5.zip'
Content type 'application/zip' length 3045695 bytes (2.9 MB)
downloaded 2.9 MB

package 'ggfortify' successfully unpacked and MD5 sums checked

The downloaded binary packages are in
      C:\Users\User\AppData\Local\Temp\Rtmp6Joa69\downloaded_packages
> library(ggfortify)
필요한 패키지를 로딩중입니다: ggplot2
Error: package or namespace load failed for 'ggfortify' in loadNamespace(i,
c(lib.loc, .libPaths()), versionCheck = vI[[i]]):
 네임스페이스 'rlang' 0.2.1는 이미 로드되었으나 >= 0.3.0가 필요합니다
In addition: Warning messages:
1: 패키지 'ggfortify'는 R 버전 3.5.2에서 작성되었습니다
2: 패키지 'ggplot2'는 R 버전 3.5.1에서 작성되었습니다
> install.packages("githubinstall")
Installing package into 'C:/Users/User/Documents/R/win-library/3.5'
(as 'lib' is unspecified)
also installing the dependency 'mockery'

trying URL 'https://cran.rstudio.com/bin/windows/contrib/3.5/mockery_0.
4.1.1.zip'
Content type 'application/zip' length 45600 bytes (44 KB)
downloaded 44 KB

trying URL 'https://cran.rstudio.com/bin/windows/contrib/3.5/githubinsta
ll_0.2.2.zip'
Content type 'application/zip' length 68372 bytes (66 KB)
```

```
downloaded 66 KB

package 'mockery' successfully unpacked and MD5 sums checked
package 'githubinstall' successfully unpacked and MD5 sums checked

The downloaded binary packages are in
	C:\Users\User\AppData\Local\Temp\Rtmp6Joa69\downloaded_packages
> library(githubinstall)
Warning message:
패키지 'githubinstall'는 R 버전 3.5.2에서 작성되었습니다
```

자 이제 githubinstall("패키지명")을 사용하여 네이버 뉴스 수집이 가능하도록 만든 패키지를 설치해보자. 패키지명은 "N2H4"이다. 이 명령어를 처리하면 순서대로 어떤 선택을 하라는 메시지가 나온다. 우선 첫 번째 선택사항은 forkonlp/N2H4 vs mrchypark/N2H4이다. 이 가운데 1을 선택하자. 다음 선택은 Do you want to install the package (Y/n)?에 대한 답변이고, 이에 y를 선택하자. 다음 선택은 Enter one or more numbers separated by spaces, or an empty line to cancel 1: 이고, 이에 대해 11을 선택하자.

명령어

```
> githubinstall("N2H4")
```

```
> githubinstall("N2H4")
Select a number or, hit 0 to cancel.

1: forkonlp/N2H4
2: mrchypark/N2H4

선택: 1
Suggestion:
 - forkonlp/N2H4
Do you want to install the package (Y/n)?  y
Downloading GitHub repo forkonlp/N2H4@master
These packages have more recent versions available.
Which would you like to update?
```

```
 1:  pillar     (1.2.3   -> 1.3.1) [CRAN]  2:  pkgconfig  (2.0.1   -> 2.0.2) [CRAN]
 3:  R6         (2.2.2   -> 2.3.0) [CRAN]  4:  Rcpp       (0.12.17 -> 1.0.0) [CRAN]
 5:  rlang      (0.2.1   -> 0.3.1) [CRAN]  6:  stringi    (1.1.7   -> 1.2.4) [CRAN]
 7:  tibble     (1.4.2   -> 2.0.0) [CRAN]  8:  tidyr      (0.8.1   -> 0.8.2) [CRAN]
 9:  tidyselect (0.2.4   -> 0.2.5) [CRAN] 10:  CRAN packages only
11:  All                                  12:  None

Enter one or more numbers separated by spaces, or an empty line to cancel
1: 11
openssl    (NA      -> 1.1  ) [CRAN]
pillar     (1.2.3   -> 1.3.1) [CRAN]
pkgconfig  (2.0.1   -> 2.0.2) [CRAN]
R6         (2.2.2   -> 2.3.0) [CRAN]
Rcpp       (0.12.17 -> 1.0.0) [CRAN]
rlang      (0.2.1   -> 0.3.1) [CRAN]
rvest      (NA      -> 0.3.2) [CRAN]
selectr    (NA      -> 0.4-1) [CRAN]
stringi    (1.1.7   -> 1.2.4) [CRAN]
tibble     (1.4.2   -> 2.0.0) [CRAN]
tidyr      (0.8.1   -> 0.8.2) [CRAN]
tidyselect (0.2.4   -> 0.2.5) [CRAN]
Installing 12 packages: openssl, pillar, pkgconfig, R6, Rcpp, rlang, rvest,
selectr, stringi, tibble, tidyr, tidyselect
Installing packages into 'C:/Users/User/Documents/R/win-library/3.5'
(as 'lib' is unspecified)

  There is a binary version available but the source version is later:
       binary source needs_compilation
tibble  1.4.2  2.0.0              TRUE

  Binaries will be installed
trying URL 'https://cran.rstudio.com/bin/windows/contrib/3.5/openssl_1.1.zip'
Content type 'application/zip' length 3937517 bytes (3.8 MB)
downloaded 3.8 MB

trying URL 'https://cran.rstudio.com/bin/windows/contrib/3.5/pillar_1.3.1.zip'
Content type 'application/zip' length 155075 bytes (151 KB)
downloaded 151 KB
```

```
trying URL 'https://cran.rstudio.com/bin/windows/contrib/3.5/pkgconfig_2.0.2.zip'
Content type 'application/zip' length 22191 bytes (21 KB)
downloaded 21 KB

trying URL 'https://cran.rstudio.com/bin/windows/contrib/3.5/R6_2.3.0.zip'
Content type 'application/zip' length 57263 bytes (55 KB)
downloaded 55 KB

trying URL 'https://cran.rstudio.com/bin/windows/contrib/3.5/Rcpp_1.0.0.zip'
Content type 'application/zip' length 4479973 bytes (4.3 MB)
downloaded 4.3 MB

trying URL 'https://cran.rstudio.com/bin/windows/contrib/3.5/rlang_0.3.1.zip'
Content type 'application/zip' length 1079739 bytes (1.0 MB)
downloaded 1.0 MB

trying URL 'https://cran.rstudio.com/bin/windows/contrib/3.5/rvest_0.3.2.zip'
Content type 'application/zip' length 881203 bytes (860 KB)
downloaded 860 KB

trying URL 'https://cran.rstudio.com/bin/windows/contrib/3.5/selectr_0.4-1.zip'
Content type 'application/zip' length 458663 bytes (447 KB)
downloaded 447 KB

trying URL 'https://cran.rstudio.com/bin/windows/contrib/3.5/stringi_1.2.4.zip'
Content type 'application/zip' length 15268101 bytes (14.6 MB)
downloaded 14.6 MB

trying URL 'https://cran.rstudio.com/bin/windows/contrib/3.5/tibble_1.4.2.zip'
Content type 'application/zip' length 243706 bytes (237 KB)
downloaded 237 KB

trying URL 'https://cran.rstudio.com/bin/windows/contrib/3.5/tidyr_0.8.2.zip'
Content type 'application/zip' length 948357 bytes (926 KB)
downloaded 926 KB

trying URL 'https://cran.rstudio.com/bin/windows/contrib/3.5/tidyselect_0.2.5.zip'
Content type 'application/zip' length 624883 bytes (610 KB)
downloaded 610 KB
```

```
package 'openssl' successfully unpacked and MD5 sums checked
Error: (converted from warning) cannot remove prior installation of package
'openssl'
In addition: Warning messages:
1: In fread(download_url, sep = "\t", header = FALSE, stringsAsFactors =
FALSE,  :
  Found and resolved improper quoting out-of-sample. First healed line 484
8: <<Puriney    honfleuR        "Evening, honfleuR" by Seurat>>. If the fi
elds are not quoted (e.g. field separator does not appear within any field),
try quote="" to avoid this warning.
2: In untar2(tarfile, files, list, exdir) :
  skipping pax global extended headers
3: In untar2(tarfile, files, list, exdir) :
  skipping pax global extended headers
```

[긴급 문제해결]

필자의 경우 맥컴퓨터를 분할해서 윈도우와 OS를 병행해서 사용하는 경우 가끔 발생하는 문제가 있어 경험적으로 문제해결 방안을 알려주고자 한다. R을 설치하고 나서 RStudio를 깔고, 이제 첫 사용을 위해 필요한 패키지를 설치할 때 발생한 문제이다. 갑자기 패키지를 설치하는 경로를 인식하지 못해 패키지를 설치할 수 없다는 에러 메시지가 나타난 것이다. 구체적으로는 **"C:/Users/???/Documents/R/win-library/3.5를 인식하지 못해 패키지를 설치할 수 없다"**는 메시지이다.

Q. win-library 인식 실패라는 에러 메시지가 나오면 어떻게 해결해야 할까요?

이때 "???"로 나오는 것은 OS를 한글 버전으로 사용하고 사용자 계정을 한글로 만들었기 때문입니다. 이는 보기에만 거슬릴 뿐 크게 문제가 되지 않습니다. 다만 win-library 인식이 안되었으니 이 경우 미리 준비된 R/win-library/3.5를 copy&paste 방식으로 부트캠프(BOOTCAMP (C:)) 아래 있는 C:/Users/???/Documents/ 아래에 붙여주면 됩니다.

[처리결과화면]

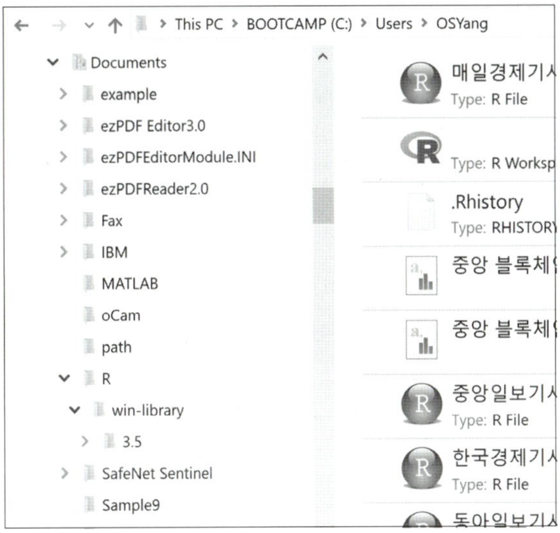

② 제공 데이터셋 다운로드

Q. Github에서 제공되는 데이터셋은 어떻게 다운로드 받나요?

Github에서 제공되는 재미난 데이터셋을 다운로드받는 방법이 따로 있나요? 혹시 github에서 패키지를 설치할 때처럼 devtools 패키지를 사용해서 다운로드 받나요? 그럴 필요가 없다. 다운로드 받을 수 있게 창이 마련되어 있다. 인터넷 익스플로러로 들어가면 제대로 다운로드 받을 수 없으니까 반드시 크롬을 사용하도록 하자.

[처리결과화면: 인터넷익스플로러]

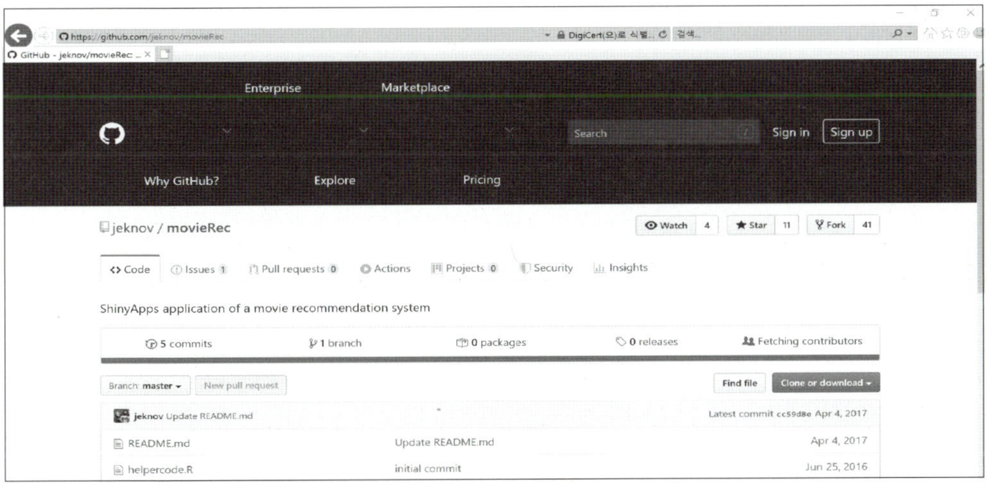

[처리결과화면: 크롬]

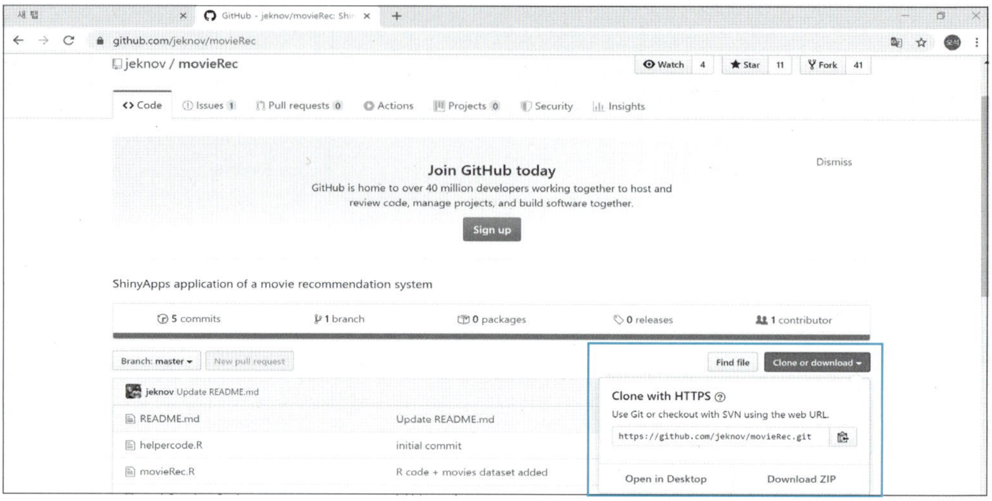

인터넷 익스플로러로 들어가면 다운로드 받을 수 있는 창이 활성화가 되지 않는다. 이와 달리 크롬으로 들어가면 다운로드 받을 수 있는 창이 활성화(화면에서 오른쪽 하단에 "Download Zip"라는 선택버튼이 활성화되어 있음)가 되어 간단하게 Zip 파일로 다운받을 수 있다. 별거 아니죠!?!?

4) 함수가 아닌 데이터셋 설치하기: repos=http://R-Forge.R-project.org

특정 패키지를 설치하려고 했더니 설치가 안된다는 메시지가 뜰 때가 있다. 여러 가지 경우가 있을텐데, 설치하려고 하는 것이 함수가 아닌 데이터셋인 경우를 살펴보자. 대표적으로 필자가 겪었던 일 중에 "NRAIA" 패키지가 설치에 실패하였다는 메시지가 뜬 경우가 있다.

```
> install.packages("NRAIA")
Installing package into ‘C:/Users/User/Documents/R/win-library/3.5’
(as ‘lib’ is unspecified)
Warning in install.packages :
package ‘NRAIA’ is not available (for R version 3.5.0)
```

이 경우 어차피 함수가 아닌 데이터셋이라서 https://r-forge.r-project.org/R/ ?group_id =38에서 설치하면 된다. 명령어는 다음과 같다.

명령어

```
> install.packages("NRAIA", repos="http://R-Forge.R-project.org")
```

```
> install.packages("NRAIA", repos="http://R-Forge.R-project.org")
Installing package into 'C:/Users/User/Documents/R/win-library/3.5'
(as 'lib' is unspecified)
installing the source package 'NRAIA'

trying URL 'http://R-Forge.R-project.org/src/contrib/NRAIA_0.9-12.tar.gz
'
Content type 'application/x-gzip' length 24986 bytes (24 KB)
downloaded 24 KB

* installing *source* package 'NRAIA' ...
** R
** data
*** moving datasets to lazyload DB
** byte-compile and prepare package for lazy loading
** help
*** installing help indices
  converting help for package 'NRAIA'
    finding HTML links ... 완료
    BOD2                                    html
    Chloride                                html
    Coal                                    html
    Ethyl                                   html
    Isom                                    html
    Leaves                                  html
    Lipo                                    html
    Lubricant                               html
    Nitren                                  html
    Nitrite                                 html
    O.xylene                                html
    Oilshale                                html
    PCB                                     html
    Pinene                                  html
    Pinene2                                 html
    Rumford                                 html
```

```
    SSChwirut                                   html
    SSRichards                                  html
    Sacch2                                      html
    Saccharin                                   html
    Sulfi                                       html
    Tetra                                       html
    plotfit                                     html
Rd warning: C:/Users/User/AppData/Local/Temp/RtmpUB6A1N/R.INSTALL358010c
d53ac/NRAIA/man/plotfit.Rd:17: file link 'panel.curve' in package 'lattice
' does not exist and so has been treated as a topic
Rd warning: C:/Users/User/AppData/Local/Temp/RtmpUB6A1N/R.INSTALL358010c
d53ac/NRAIA/man/plotfit.Rd:26: file link 'panel.curve' in package 'lattice
' does not exist and so has been treated as a topic
    sPMMA                                       html
** building package indices
** testing if installed package can be loaded
* DONE (NRAIA)
In R CMD INSTALL

The downloaded source packages are in
     'C:\Users\User\AppData\Local\Temp\RtmpQlwE22\downloaded_packages'
```

5) RStudio 길라잡이

Q. RStudio는 R 프로그램의 갖고 있는 속일 수 없는 핏줄, 즉 속성이 있을텐데요?

① 문자를 인식하지 못할 때: 문자 박스 안의 문자를 직접 클릭하자

RStudio 콘솔에서 명령어를 작성하는데, 스펠링에 이상이 없음에도 불구하고 처리 결과를 보면 "object '문자' not found"(여기서는 "object 'consumerkey' not found)라는 메시지가 나타나기도 한다. 이럴 때는 연구자가 직접 타이핑한 문자가 제대로 인식되지 않는 경우이기 때문에, 이 경우에는 스크립트 화면에서 해당 되는 문자를 타이핑할 때 나타나는 박스 안에 들어 있는 문자를 직접 클릭해서 작성하는 방법을 선택하는 것이 좋다. 이렇게 하면 문제 없이 명령어가 처리됨을 자주 보게 된다.

[처리결과화면]

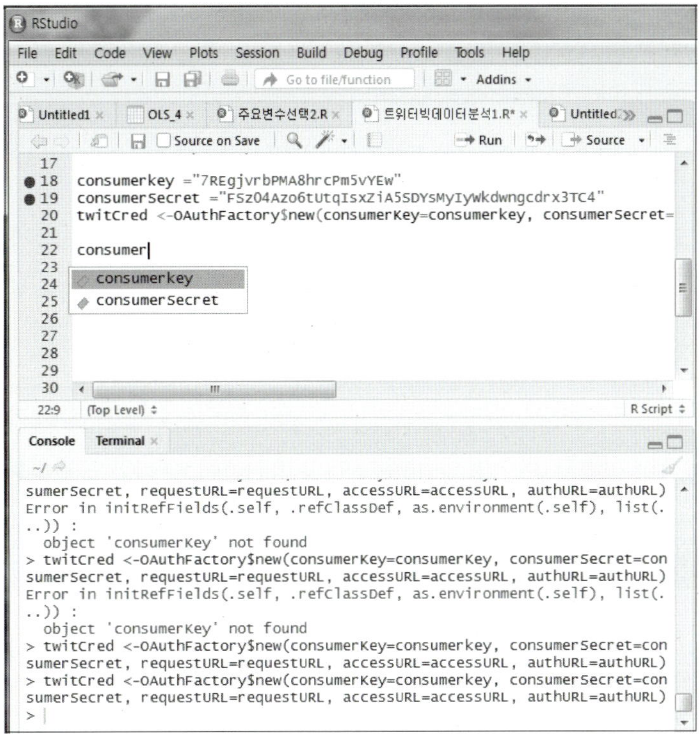

해석

처리 결과 화면을 보면, 연구자가 직접 타이핑한 경우에는 "object 'consumerkey' not found"라는 메시지가 나타나는 반면, 문자에 해당되는 박스가 나타났을 때 보여주는 문자(여기서는 consumerkey)를 직접 클릭해서 명령어를 입력한 경우(맨 아래 마지막 명령어 문장)에는 제대로 인식되어 명령어가 처리되었음을 알 수 있다. 이런 현상이 발생하는 이유는 R은 영어 대소문자를 구분하기 때문이다. 따라서, 스크립트를 작성할 때 반드시 대소문자에 신경써주자.

② 각종 심벌: 그림 풀이

RStudio 화면의 왼쪽 상단에는 File, Edit, Code, View, Plots, Session, Build, Debug, Profile, Tools, Help 등의 옵션이 있다.

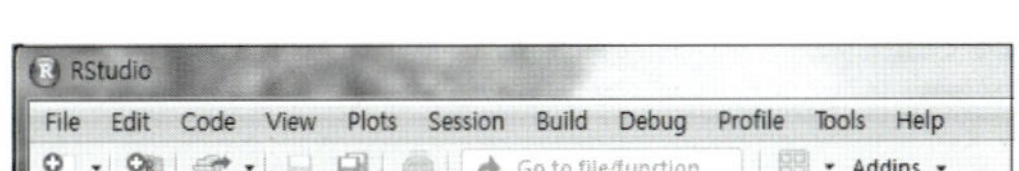

상단 옵션 아래쪽에는 여러 가지 심벌이 나열되어 있는데, 각 심벌의 기능은 다음과 같다.

[왼쪽 상단 심벌 기능]

심벌	기능
	스크립트 파일 만들기
	현재 Workspace 저장하기
	파일(스크립트 파일 포함) 불러오기
	모든 도큐먼트 저장하기
	프린트 미리보기

그 가운데 맨 왼쪽 심벌은 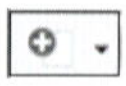 R Script(Ctrl+Shift+N)이고, 이를 클릭하면 그 안에는 다시 여러 가지 기능이 탑재되어 있다. 여기서 맨 위쪽에 위치해 있는 "R Script Ctrl+Shift+N"을 클릭하면 스크립트 창이 열린다.

[처리결과화면]

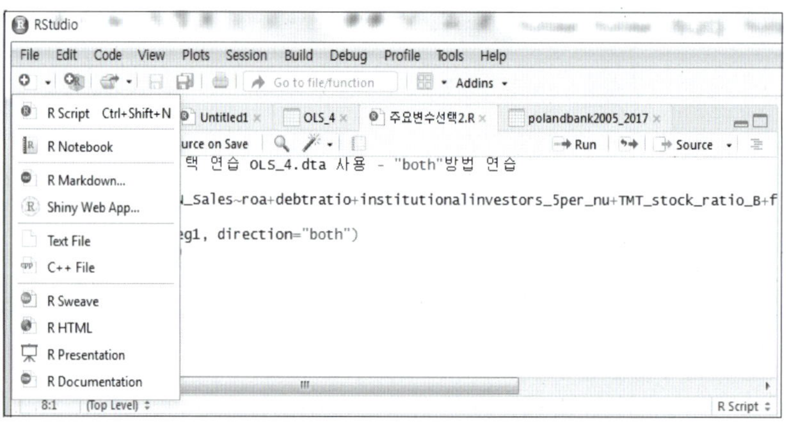

[처리결과화면]

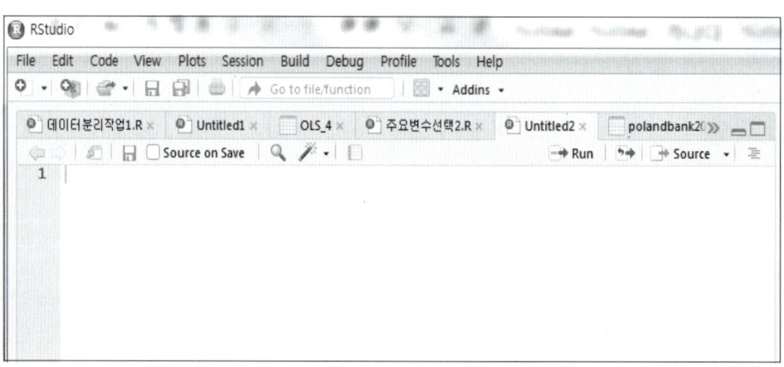

이미 작성된 스크립트를 불러오려면 [아이콘]를 클릭해서 스크립트 파일이 저장되어 있는 폴더를 찾아 불러 들이면 된다.

RStudio 화면의 오른쪽 상단에는 Environment, History, Connections가 제시되어 있다. 그리고 그 안에는 몇 가지 심벌이 나타나 있는데 각 심벌의 기능은 다양하다. 특히 [아이콘]는 '불러온 데이터 파일을 모두 지우기' 기능을 담당한다.

③ **RPubs**

RStudio에서 처리한 결과물이 도형이나 그림으로 나타나면 이것을 저장하는 방법이 몇 가지가 있다. 그 중에 "Publish"라는 옵션을 사용해보자.

[처리결과화면]

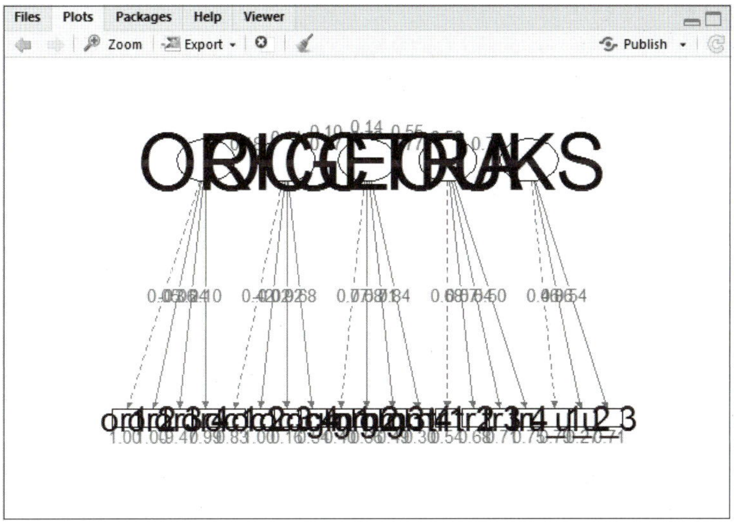

"Publish"를 클릭하면 "Publish Plot"과 "Manage Accounts" 옵션이 나타난다.

[처리결과화면]

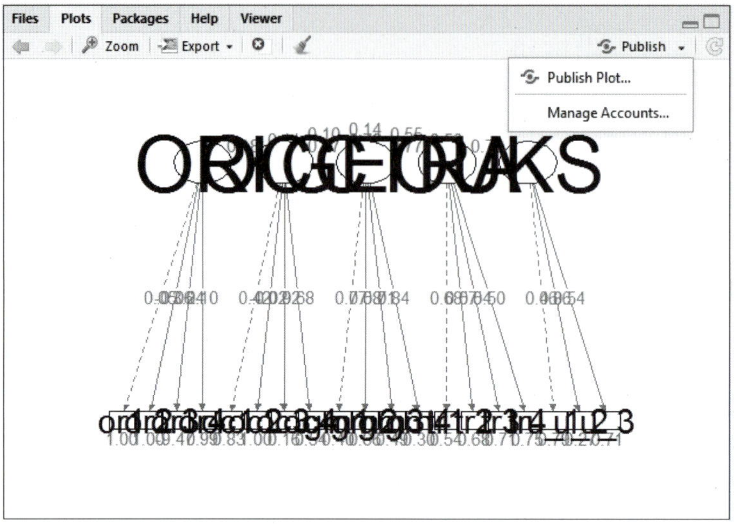

이 가운데 “Publish Plot”을 클릭하면 다음과 같은 창이 열린다.

[처리결과화면]

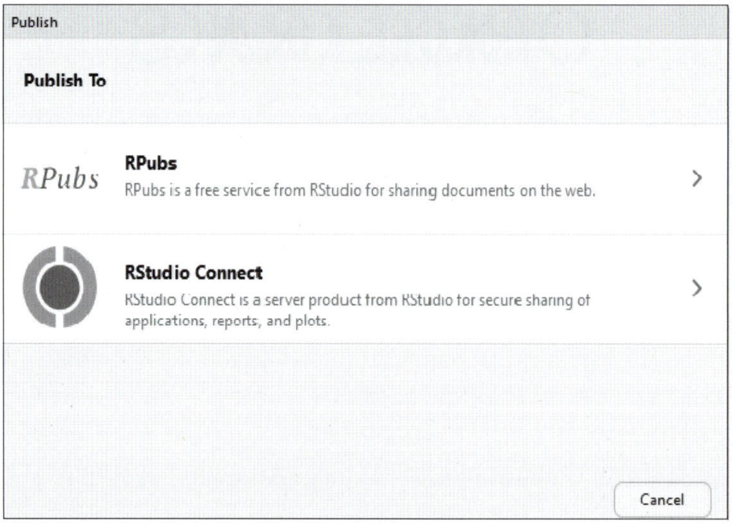

이 가운데 “RPubs”를 클릭하면 다음과 같은 창이 열린다.

[처리결과화면]

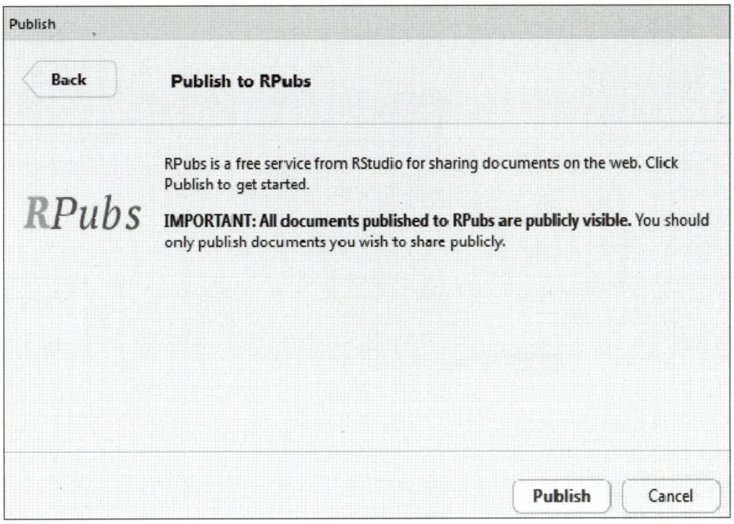

여기서 "Publish"를 클릭하면 다음과 같은 창이 열린다.

[처리결과화면]

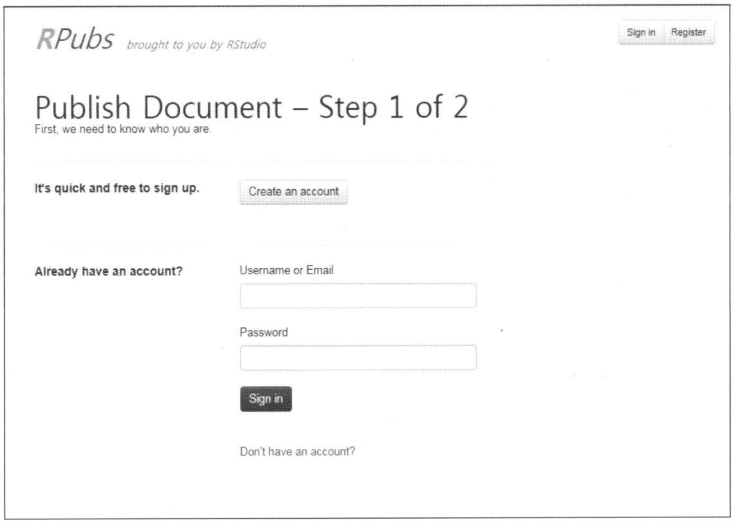

여기서 "Create an account"를 클릭하면 다음과 같은 창이 열린다.

[처리결과화면]

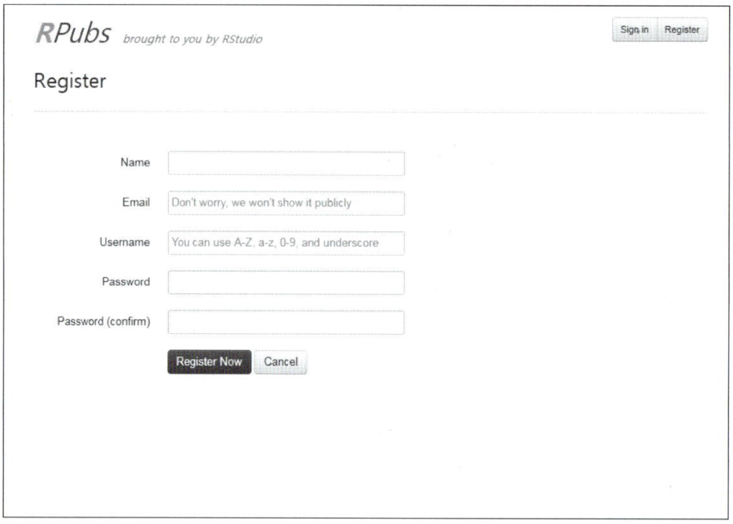

등록을 마치면 최종적으로 다음과 같은 화면이 나타난다.

[처리결과화면]

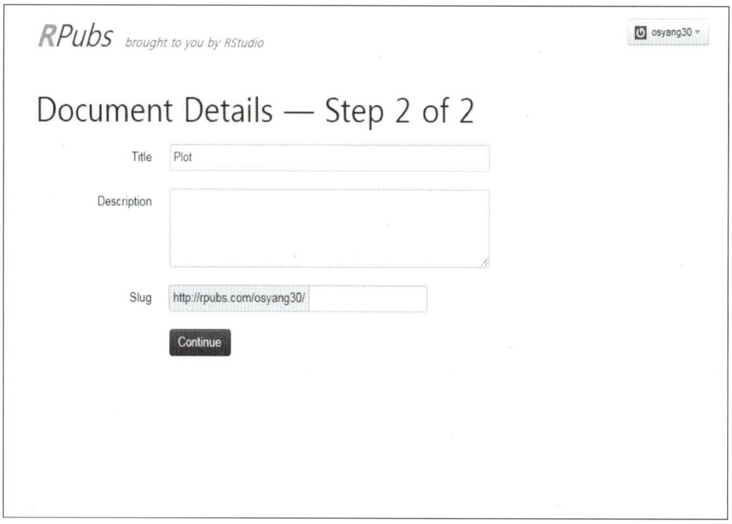

Title을 기록하고 Description에 내용을 적어둘 수 있다. 작업을 마친 뒤 "Continue"를 클릭하면 다음과 같은 화면이 나타난다.

[처리결과화면]

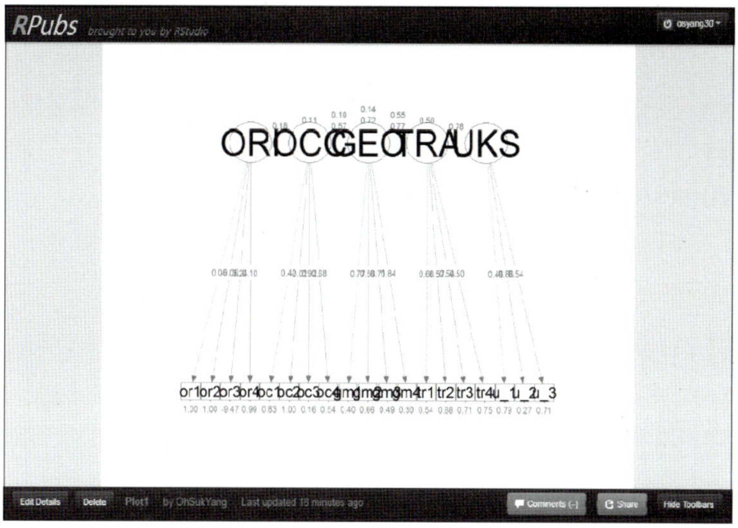

3. 기초 명령어

3.1 데이터 관리

1) 작업디렉토리 지정하기: setwd( )

Q. 파일이 위치한 작업디렉토리가 자꾸 틀려서 인식을 못한다고 메시지가 뜨는데, 이거 잘 해결하는 방법이 없을까요?

데이터 파일을 불러오는 작업이 자꾸 에러가 나는 경우가 많다. 이럴 때는 해당 파일이 있는 작업디렉토리를 지정해 주고, 다음 작업을 지속하는 것이 현명하다. 게다가 작업디렉토리가 틀리면 명령어도 작동되지 않는다. 해당 함수는 setwd( )이다. 아예 **setwd( )** 함수를 사용하면 해당 파일이 있는 작업디렉토리를 못 찾아 헤매는 일이 없다. 즉 내가 원하는 작업디렉토리에 해당 파일을 심어 놓고 데이터 파일을 불러들일 수 있어 편리하다. 여기서 setwd는 set working directory의 약자이다. 이 내용을 연습하기 위해 작업디렉토리에 있는 예제파일을 불러오는 방법을 실습해보자.

※작업디렉토리 확인※
작업디렉토리를 지정해주기 전에 자신의 컴퓨터에 해당하는 작업디렉토리를 확인해보자. 작업디렉토리를 확인하는 명령어는 getwd()이다.

명령어

```
> getwd()
```

```
> getwd()
[1] "C:/Users/OSYang"
```

해석

작업디렉토리가 한글로 되어 있는 경우에도 위 결과처럼 영어로 표기되며 작업을 진행하는데 전혀 문제가 없다. 필자의 경우 컴퓨터에 있는 작업디렉토리는 "사용자/양오석/"으로 되어 있다. 그러나 위 결과처럼 영어로 표기되어 나타난다.

일반적으로 데이터 파일을 불러오는 방법을 사용해서 작업디렉토리(C:/Users/User/)에 있는 실습예제인 OLS_4.dta를 불러온다면 다음과 같은 명령어를 작성하게 된다.

명령어

```
> OLS_4 <- read_dta("C:/Users/User/OLS_4.dta")
```

이 작업을 미리 작업디렉토리를 지정해 주는 방식으로 한다면 다음과 같이 명령어를 작성하게 된다.

명령어

```
> setwd("작업디렉토리")
> 파일명 <- read_dta("파일명.dta")
```

```
> setwd("C:/Users/User/")
> OLS_4 <- read_dta("C:/Users/User/OLS_4.dta")
```

[처리결과화면]

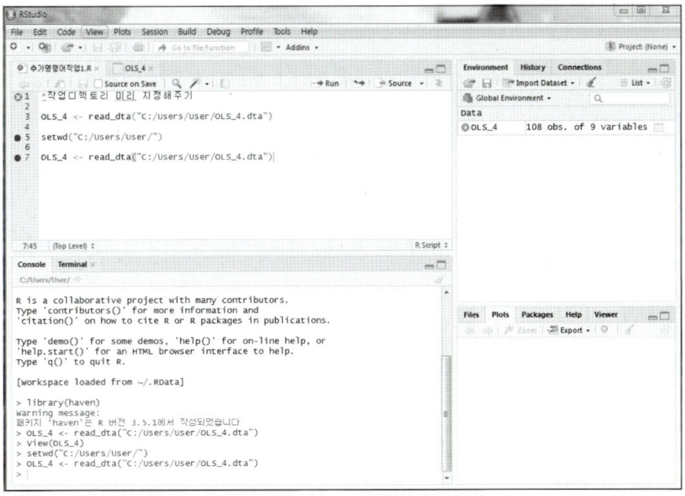

해석

처리 화면을 보면, "> OLS_4 <-read_dta("C:/Users/User/OLS_4.dta")"로 불러오는 경우와 동일하게 실습예제 파일이 그대로 불러와진 것을 볼 수 있다.

2) 패키지를 불러와서 예제코드 실행하기: library( ) + example( )

Q. R이 제공하는 패키지를 사용할 때 어떻게 시작하나요?

사용하고자 하는 패키지를 먼저 불러온다. 이를 위한 명령어는 "library" 명령어이다. 여기서는 3D 그래프를 나타내는 rgl 패키지 사용법을 살펴보자.

명령어

> library("패키지명")
> library("rgl") 또는 library(rgl)도 가능

```
> library("rgl")
Warning message:
패키지 'rgl'는 R 버전 3.5.1에서 작성되었습니다
```

해석

명령어를 처리한 후 도출된 화면을 보면, rgl 패키지가 "패키지 rgl는 R 버전 3.5.1에서 작성되었습니다"라는 메시지와 함께 로딩(탑재)된 것을 알 수 있다.

이제 여기서 연습 삼아 미리 저장되어 있는 plot3d( ) 함수 가운데 "plot3d"라는 예제코드를 실행시켜 보자. 예제코드를 실행시키는 명령어는 example이며 다음과 같다:

명령어

> example(예제코드명)

```
> example(plot3d)

plot3d>   open3d()
wgl
  1

plot3d>   x <- sort(rnorm(1000))

plot3d>   y <- rnorm(1000)

plot3d>   z <- rnorm(1000) + atan2(x, y)

plot3d>   plot3d(x, y, z, col = rainbow(1000))
```

[처리결과화면]

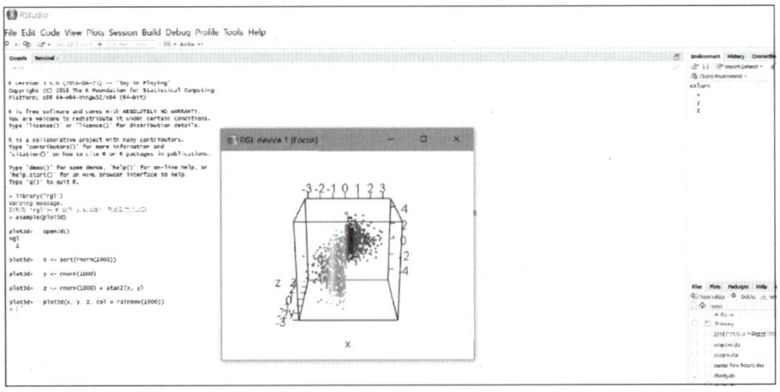

해석

명령어를 처리한 화면 상에 무지개 색으로 된 3D 그래프가 나타난다. 이는 미리 만들어진 plot3d라는 예제코드 안에 위 상자에서 보여 주는 일련의 내용을 처리하도록 명령어가 저장되어 있기 때문이다. 명령어의 내용을 살펴보면 다음과 같다:

명령어	지시 내용

`plot3d>    open3d()`
`wgl`
`  1`
	우선 plot3d〉 프람프트 상태에서 open3d( ) 함수를 열고,

`plot3d>    x <- sort(rnorm(1000))`	Plot3d〉 프람프트 상태에서 정규분포의 모습으로 1,000개의 임의의 수를 추출해서 x라는 객체에 담아 둬라
`plot3d>    y <- rnorm(1000)`	Plot3d〉 프람프트 상태에서 정규분포의 모습으로 1,000개의 임의의 수를 추출해서 y라는 객체에 담아 둬라
`plot3d>    z <- rnorm(1000) + atan2(x, y)`	Plot3d〉 프람프트 상태에서 정규분포의 모습으로 1,000개의 임의의 수를 추출하되 x와 y 객체에 담아 둔 숫자들과 함께
`plot3d>   plot3d(x, y, z, col = rainbow(1000))`	그리고 나서 plot3d( ) 함수에서 x, y, z 축의 행렬좌표를 찍고, 컬러(col)는 rainbow 즉 무지개 색으로

도출된 3D 그래프는 사용자가 마음대로 이리저리 굴려 볼 수 있다.

[처리결과화면]

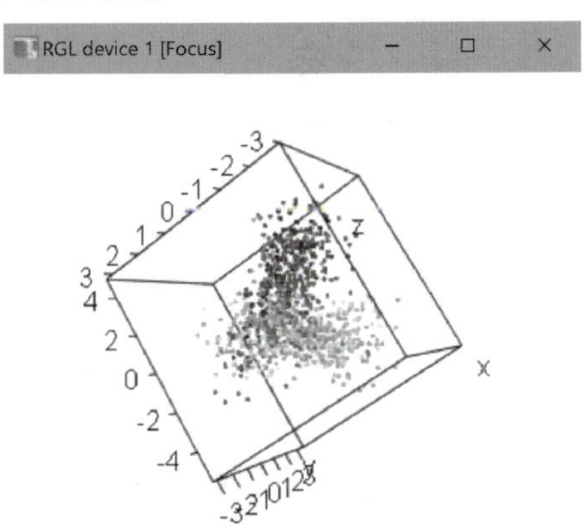

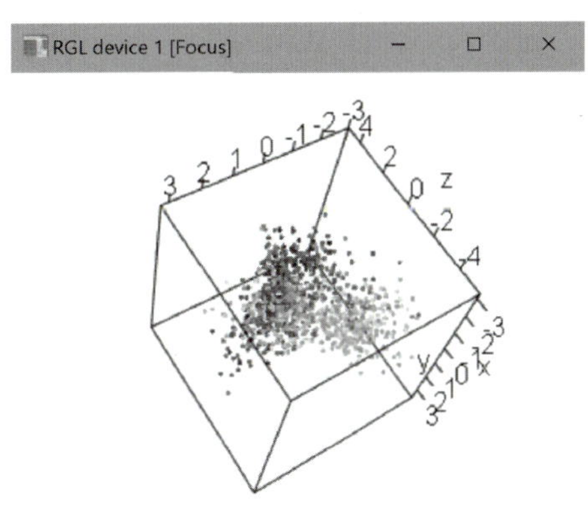

3) 저장된 기초자료 불러오기:

read_csv( ), read.table( ), read_excel( ), read_spss( ), read_dta( )

> **Q.** 저장되어 있는 기초자료의 내용을 불러와서 보고 싶은데요?

저장되어 있는 기초자료의 내용을 확인하고 싶을 때 사용하는 명령어는 기본적으로 "read"이다. 여기에 기초자료의 성격, 즉 확장자명에 따라 조금 다른 꼬리표를 달아준다. 예를 들어 csv 확장자 파일은 read.csv, txt 확장자 파일은 read.table, 엑셀 파일은 read_excel, sav 확장자 파일은 read.spss 등이다. read.csv, read.table, read_excel 등 명령어의 차이를 주목하라(즉 '찜'과 '밑줄쫙'의 차이에 유념).

※Library(readr)에서 사용할 수 있는 import 명령어※

1. tabular data: read_csv(), read_csv2(), read_delim(), read_delim(), read_fwf(), read_tsv(),
2. non-tabular data: read_file(), read_lines(), read_log(), read_file_raw(), read_lines_raw()
3. 그 밖의 다른 형식의 data를 불러올 수 있게 도와주는 패키지들:
   Library(haven), library(readxl), library(DBI), library(jsonlite),
   library(xml2), library(httr), library(rvest)
   -> Data import in R.pdf 문서 참조

** 자료를 불러오고 쓸때는 기본 함수보다 readr 패키지를 이용해서 불러오는 것을 추천한다. 읽기, 쓰기 속도가 기본함수보다 빠르다.

※read_xls ※read_xlsx

엑셀의 확장자명(xls, xlsx 등)에 따라 엑셀자료를 읽어들이라는 명령어는 read_xls, read_xlsx 등으로 구분된다. 확장자를 정확히 안다면 이들 명령어를 각각 구분해서 사용할 수 있는데, 아니면 그냥 이들 두 가지 확장자를 모두 수용할 수 있는 read_excel 명령어를 사용해라.
이 밖에도 패키지로 "xlsx"를 설치하는 방법(install.packages("xlsx"))도 있으나 경우에 따라 제대로 작동하는 여부가 다르니 자신의 컴퓨터 상황에 맞게 선택해서 진행할 필요가 있다.

① csv 확장자

확장자 csv 자료의 경우 read.csv("csv파일명") 명령어를 사용한다. 실습파일 example_studentlist.csv를 사용해서 다음 명령어를 연습해 보자.

명령어

```
> read.csv("csv파일명")

> read.csv("example_studentlist.csv") 또는
> read.csv("C:/Users/OSYang/…/…/example_studentlist.csv")
```

```
> read.csv("example_studentlist.csv")
Error: 'example_studentlist.csv' does not exist in current working director
y ('C:/Users/OSYang/Documents').
```

해석

명령어를 처리한 결과 도출된 메시지를 보면 현재 작업하고 있는 디렉토리에 해당 csv 확장자로 저장된 파일이 없다고 말하고 있다. 여기서 명심할 것은 작업하고 있는 디렉토리에 해당 파일이 저장되어 있어야 한다는 점이다. 메시지에 나타난 디렉토리(즉 C:/Users/OSYang/Documents)에 해당 기초자료 파일을 저장해 두고 다시 명령어를 실행해 보면 다음과 같이 성공적인 메시지가 나타난다. 단 디렉토리에 해당 파일을 저장할 때 또 다른 폴더를 만들어서 그 폴더 안에 해당 파일을 저장하지 말고, 반드시 Documents라는 폴더에 해당 파일을 저장해야 한다. 이는 현재 작업 디렉토리의 최하단 폴더가 Documents로 인식되고 있기 때문이다. 혹은 세번째 문장처럼 파일경로를 입력해주면 된다.

디렉토리에 제대로 실습파일을 저장하고 다시 명령어를 처리하면 다음과 같은 모습으로 결과가 도출된다.

```
> read.csv("example_studentlist.csv")
    name  sex age grade absence bloodtype height weight
1 김길동 남자  23     3      유         O  165.3   68.2
2 이미린 여자  22     2      무        AB  170.1   53.0
3 홍길동 남자  24     4      무         B  175.0   80.1
4 김철수 남자  23     3      무        AB  182.1   85.7
5 손세수 여자  20     1      유         A  168.0   49.5
6 박미희 여자  21     2      무         O  162.0   52.0
7 강수친 여자  22     1      무         O  155.2   45.3
8 이희수 여자  23     1      무         A  176.9   55.0
9 이철린 남자  23     3      무         B  178.5   64.2
```

```
10 방희철 남자  22    2     무       B  176.1   61.3
11 박수호 남자  24    4     유       O  167.1   62.0
12 임동민 남자  22    2     무      AB  180.0   75.8
13 김민수 남자  21    1     무       A  162.2   55.3
14 이희진 여자  23    3     무       O  176.1   53.1
15 김미진 여자  22    2     무       B  158.2   45.2
16 김동수 남자  24    4     유       B  168.6   70.2
17 여수근 남자  21    1     무       A  169.2   62.2
```

해석

명령어를 실행한 결과 디렉토리에 저장되어 있는 실습파일인 example_studentlist.csv의 자료 내용을 보여준다(name, sex, age, grade, absence, bloodtype, height, weight 등의 정보).

※엑셀자료 불러 올 때 주의할 점※

엑셀 엑셀 자료를 불러 올때는 첫 번째 줄이 변수명임을 명심해서 header=TRUE, stringsAsFactors= FALSE 옵션을 꼭 사용하도록 하자. 특히 통계 처리를 위한 데이터 파일을 불러올 때 이 작업은 반드시 필요하다. 연습데이터(US_Foreign_Aid_90s.csv)를 사용해 불러오기를 실습해보자.

명령어

```
> US_Foreign_Aid_90s <- read.csv("C:/Users/osyan/zipdata/US_Foreign_Aid_90s.csv",
+                                header = TRUE,
+                                stringsAsFactors = FALSE)
> US_Foreign_Aid_90s1 <- read.csv("C:/Users/osyan/zipdata/US_Foreign_Aid_90s.csv")
```

[처리결과화면]

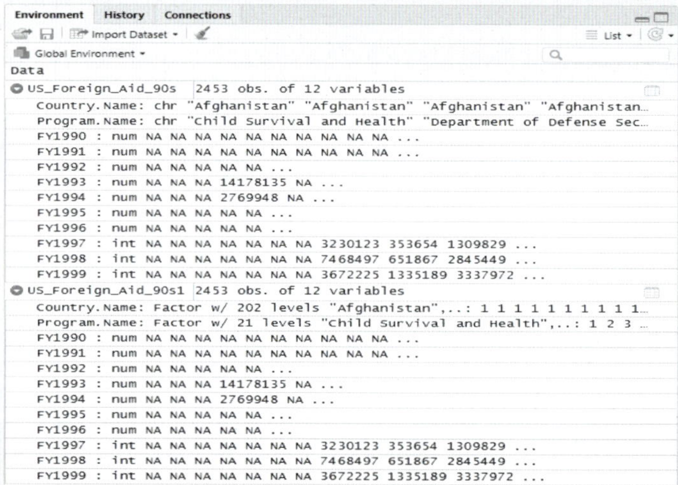

해석

명령어를 실행한 처리 결과를 살펴보면, header=TRUE, stringsAsFactors=FALSE 옵션을 사용한 경우(위쪽 결과)에는 Country.Name과 Program.Name이 chr 양식으로 인식되었고, 옵션을 사용하지 않은 경우(아래쪽 결과)에는 두 변수가 Factor 양식으로 인식되었음을 볼 수 있다.

② txt 확장자

확장자 txt 자료의 경우 read.table("txt파일명") 명령어를 사용한다. 실습파일 studentlist.txt를 사용해서 다음 명령어를 연습해 보자.

명령어

```
> read.table("txt파일명")
```

```
> read.table("studentlist.txt")
       V1   V2   V3   V4       V5     V6    V7
1    이름 성별 나이 학년 휴학여부 혈액형    키
2  김길동 남자   23    3       유      O 165.3
3  이미린 여자   22    2       무     AB 170.1
4  홍길동 남자   24    4       무      B   175
5  김철수 남자   23    3       무     AB 182.1
6  손세수 여자   20    1       유      A   168
7  박미희 여자   21    2       무      O   162
8  강수친 여자   22    1       무      O 155.2
9  이희수 여자   23    1       무      A 176.9
10 이철린 남자   23    3       무      B 178.5
11 방희철 남자   22    2       무      B 176.1
12 박수호 남자   24    4       유      O 167.1
13 임동민 남자   22    2       무     AB   180
14 김민수 남자   21    1       무      A 162.2
15 이희진 여자   23    3       무      O 176.1
16 김미진 여자   22    2       무      B 158.2
17 김동수 남자   24    4       유      B 168.6
18 여수근 남자   21    1       무      A 169.2
```

해석

명령어를 실행한 결과 실습파일인 studentlist.txt 내용을 name, sex, age, grade,absence, bloodtype, height, weight 등 항목별로 보여 주고 있다.

※머리를 조심하자: 옵션 header=T※

데이터셋을 불러올 때 첫 번째 행이 변수명으로 되어 있는 경우가 많은데 이때 '머리를 조심해야 한다'. 즉 이 말은 첫 번째 행이 데이터가 아니라 변수명임을 분명하게 지정해주어야 한다는 의미이다. 실습데이터인 movie_info.txt 파일을 불러들이자. 이때 주의할 점은 header 옵션을 header=T로 놓아야 한다는 점이다. 그렇지 않으면 첫 번째 행이 변수명으로 되어 있는데 이를 데이터로 인식하게 된다. 즉 header=T로 놓아야 첫 번째 행은 변수명이니 데이터로 인식하지 말라는 명령어가 된다. 혹시나 하여 두 명령어를 통해 실습데이터를 불러와 View( ) 함수로 두 결과물을 비교해보자.

명령어

```
> movie_info <- read.csv(file.choose(), header=T) #영화 목록 text파일을 직접 선택한다.
header=T : 헤더파일이 존재하니 두번째 행 부터 데이터라는 뜻.
> movie_info1 <- read.csv(file.choose(), header=F)
```

```
> movie_info <- read.csv(file.choose(), header=T) #영화 목록 text파일을 직접 선택
한다. header=T : 헤더파일이 존재하니 두번째 행 부터 데이터라는 뜻.
> movie_info1 <- read.csv(file.choose(), header=F) #영화 목록 text파일을 직접 선택
한다. header=T : 헤더파일이 존재하니 두번째 행 부터 데이터라는 뜻.
```

[처리결과화면]

(View(movie_info))

	movie_info
1	1 <a href=\/movie/bi/mi/basic.nhn?code=38619\ title=\시...
2	2 <a href=\/movie/bi/mi/basic.nhn?code=25420\ title=\아...
3	3 <a href=\/movie/bi/mi/basic.nhn?code=61700\ title=\극...
4	4 <a href=\/movie/bi/mi/basic.nhn?code=45397\ title=\로...
5	5 <a href=\/movie/bi/mi/basic.nhn?code=122133\ title=\...
6	6 <a href=\/movie/bi/mi/basic.nhn?code=89218\ title=\베...
7	7 <a href=\/movie/bi/mi/basic.nhn?code=89615\ title=\조...
8	8 <a href=\/movie/bi/mi/basic.nhn?code=62727\ title=\헬...
9	9 <a href=\/movie/bi/mi/basic.nhn?code=77291\ title=\누...
10	10 <a href=\/movie/bi/mi/basic.nhn?code=98996\ title=\...
11	11 <a href=\/movie/bi/mi/basic.nhn?code=92549\ title=\...
12	12 <a href=\/movie/bi/mi/basic.nhn?code=43507\ title=\...

Showing 1 to 15 of 50 entries, 1 total columns

(View(movie_info1))

	V1
1	movie_info
2	1 <a href=\/movie/bi/mi/basic.nhn?code=38619\ title=\시...
3	2 <a href=\/movie/bi/mi/basic.nhn?code=25420\ title=\아...
4	3 <a href=\/movie/bi/mi/basic.nhn?code=61700\ title=\극...
5	4 <a href=\/movie/bi/mi/basic.nhn?code=45397\ title=\로...
6	5 <a href=\/movie/bi/mi/basic.nhn?code=122133\ title=\...
7	6 <a href=\/movie/bi/mi/basic.nhn?code=89218\ title=\베...
8	7 <a href=\/movie/bi/mi/basic.nhn?code=89615\ title=\조...
9	8 <a href=\/movie/bi/mi/basic.nhn?code=62727\ title=\헬...
10	9 <a href=\/movie/bi/mi/basic.nhn?code=77291\ title=\누...
11	10 <a href=\/movie/bi/mi/basic.nhn?code=98996\ title=\...
12	11 <a href=\/movie/bi/mi/basic.nhn?code=92549\ title=\...

Showing 1 to 15 of 51 entries, 1 total columns

해석

처리결과화면을 살펴보면, movie_info는 첫 번째 행인 변수명(movie_info)가 살아 있고, movie_info1은 해당 변수명이 없어지고 V1으로 표시된 채 1번 데이터가 첫 번째 행이었던 movie_info가 들어가 있음을 볼 수 있다. 따라서 제대로 데이터셋을 불러오자면 왼쪽에 있는 header=T 옵션 처리가 필요함을 알 수 있다.

③ **xls, xlsx 확장자**

엑셀자료의 경우 "readxl"이라는 엑셀자료 읽기 전용 패키지를 로드해서 엑셀자료를 불러와야 한다. R 사용자들이 엑셀자료가 불편하다고 말하는 이유가 여기에 있다. 다른 자료는 패키지를 로딩하지 않고 불러올 수 있으니까. (여기서 엑셀자료를 불러오라는 함수는 read_excel, 즉 '쩜'이 아니라 '밑줄쫙'임을 잊지마라.)

명령어

```
> library("readxl")
> read_excel("엑셀파일명")
```

```
> library("readxl")
Warning message:
패키지 'readxl'는 R 버전 3.5.1에서 작성되었습니다
> read_excel("studentlist.xlsx")
# A tibble: 17 x 8
   name   sex    age grade absence bloodtype height weight
   <chr>  <chr> <dbl> <dbl> <chr>   <chr>      <dbl>  <dbl>
 1 김길동 남자    23     3 유      O           165.   68.2
 2 이미린 여자    22     2 무      AB          170.   53
 3 홍길동 남자    24     4 무      B           175    80.1
 4 김철수 남자    23     3 무      AB          182.   85.7
 5 손세수 여자    20     1 유      A           168    49.5
 6 박미희 여자    21     2 무      O           162    52
 7 강수친 여자    22     1 무      O           155.   45.3
 8 이희수 여자    23     1 무      A           177.   55
 9 이철린 남자    23     3 무      B           178.   64.2
10 방희철 남자    22     2 무      B           176.   61.3
11 박수호 남자    24     4 유      O           167.   62
```

```
12 임동민 남자      22      2 무      AB          180     75.8
13 김민수 남자      21      1 무      A           162.    55.3
14 이희진 여자      23      3 무      O           176.    53.1
15 김미진 여자      22      2 무      B           158.    45.2
16 김동수 남자      24      4 유      B           169.    70.2
17 여수근 남자      21      1 무      A           169.    62.
```

해석

명령어를 실행한 결과 실습파일인 studentlist.xlsx 내용을 name, sex, age, grade, absence, bloodtype, height, weight 등 항목별로 보여주고 있다.

④ sav 확장자

IBM SPSS 자료의 경우 “foreign”이라는 SPSS 자료 읽기가 가능한 패키지를 로드해서 SPSS자료를 불러와야 한다. Foreign 패키지는 이질적인 자료를 읽어 들이는 능력이 뛰어나다. 당연히 엑셀자료 읽어 들이기처럼 패키지를 로딩하고 해당 기초 자료를 불러들여야 한다. (foreign 패키지를 미리 설치해야 하는 것도 잊지 말자. 노파심에 설치 명령어를 적어본다: > install.packages(“foreign”). 실습파일 score.sav 파일을 이용해서 다음과 같이 연습해보자.

명령어

```
> library("foreign")
> read.spss("SPSS파일명")
```

```
> library("foreign")
> read.spss("score.sav")
$`ID`
[1] 1 2 3

$Score
[1]  80  90 100

attr(,"label.table")
```

```
attr(,"label.table")$`ID`
NULL

attr(,"label.table")$Score
NULL

attr(,"codepage")
[1] 51949
```

해석

명령어를 실행한 결과 실습파일인 score.sav의 내용은 ID(1 2 3)에 대해 Score(80 90 100)이 입력되어 있음을 보여 준다. 또한 그 아래에는 이들의 속성(attributes의 약자인 attr로 표기되어 있음)을 보여 주고 있다(label.table, codepage 등). 이러한 형태는 앞서 dataframe이라는 양식을 사용하여 읽어 들인(read) 것들과는 양식이 다르다. 해서 일반 데이터를 읽어 들이는 양식인 dataframe으로 전환시켜 읽어 들이는 방법을 연습해 보자. 이를 위해 사용되는 명령어, 즉 함수는 as.data.frame( )이다. 실습파일 score.sav를 이용하여 새로운객체명(여기서는 score로 명명)을 부여하고 as.data.frame( ) 함수로 다음과 같이 나타내 보자.

명령어

```
> 새로운객체명 <- read.spss("sav파일명")
> as.data.frame(새로운객체명)
```

```
> score<-read.spss("score.sav")
> as.data.frame(score)
  ID Score
1  1    80
2  2    90
3  3   100
```

해석

명령어를 읽어보면 score.sav 파일을 읽어서(read.spss 명령어), 읽은 내용을 새로운 객체명(score)에 저장하고, 이를 다시 dataframe 양식으로 전환하라(명령어는 as.data.frame)는 내용이다. 명령어를 실행한 결과 실습파일인 score.sav의 내용은 ID(1 2 3)에 대해 Score(80 90 100)이 입력되어 있음을 보여 준다.

⑤ dta 확장자(Stata 통계 패키지)

확장자 dta 자료(Stata 프로그램 자료)의 경우 R Studio 초기 화면에서 오른쪽 상단에 있는 "Import Dataset"을 통해 불러올 수 있다. "Import Dataset"을 클릭하면 여러 가지 자료 화면 불러오기 옵션이 나온다. 이 가운데 "from Stata"를 클릭하면 관련 자료들을 설치하겠느냐는 질문이 나오고 이에 응하면 다음과 같은 창이 나타난다.

[처리결과화면]

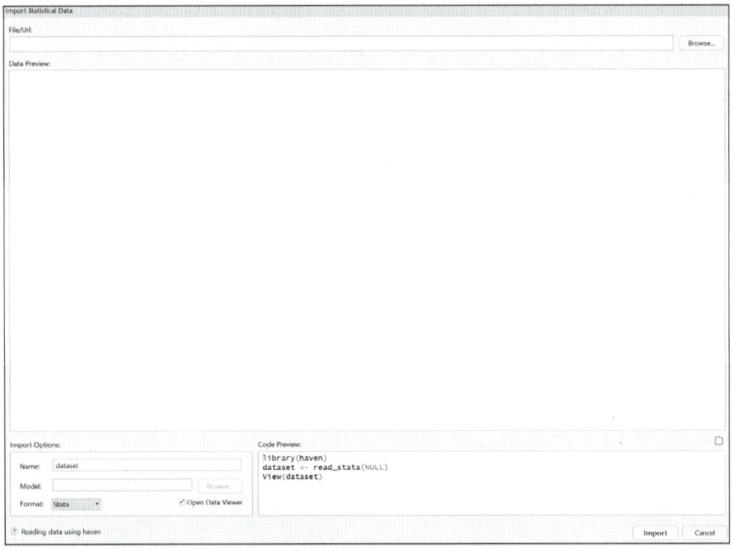

이 창에서 "file/Url:" 칸을 통해 "Browse"를 클릭하고 들어가서 R 프로그램 작업 디렉토리(C:/Users/OSYang)안에 제공된 OLS_4.dta Stata 연습파일을 불러오도록 하자.

[처리결과화면]

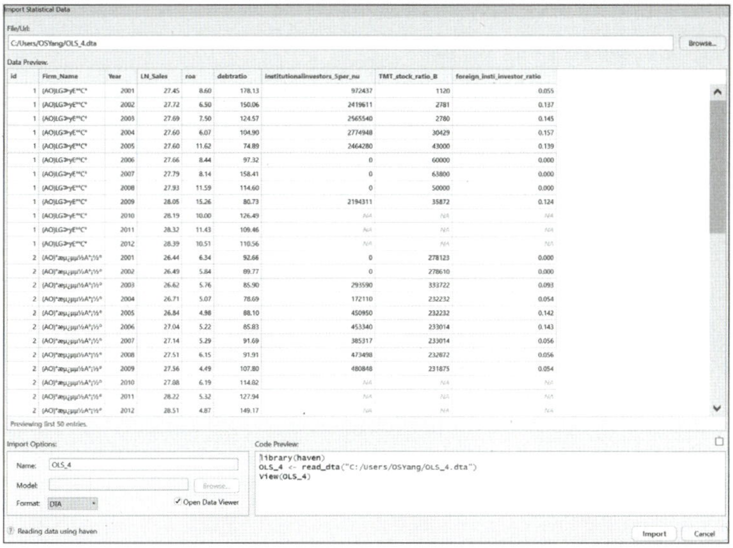

해석

처리 화면을 보면, “file/Url:” 칸에 R 프로그램 작업 디렉토리(C:/Users/OSYang)안에 제공된 OLS_4.dta Stata 연습 파일이 호출된 상태(imported)임을 알 수 있다. 왼쪽 하단에는 “Import Options”이 나와 있고, 파일명(Name)이 OLS_4이고, Format이 DTA(이는 Stata 프로그램 데이터 파일의 확장자명임)라고 명시되어 있다. 오른쪽 하단에는 이처럼 기초 자료를 불러들이는 작업이 library(haven)으로 되었음을 알려 주고 있고, 자료를 읽어 들여서 OLS_4에 투입했고, 이렇게 투입된 OLS_4를 보여 준다는 내용이 나와 있다. 여기서 우리는 Stata 자료를 읽어 들이는 명령어는 “read_dta”임을 알 수 있다.

※Code Preview 내용※

```
> library(haven)
> OLS_4 <- read_dta("C:/Users/OSYang/OLS_4.dta")
> View(OLS_4)
```

이제 오른쪽 하단에 있는 “Import”를 클릭하면 다음과 같이 OLS_4.dta라는 Stata 자료가 R 프로그램에 탑재가 된다.

[처리결과화면]

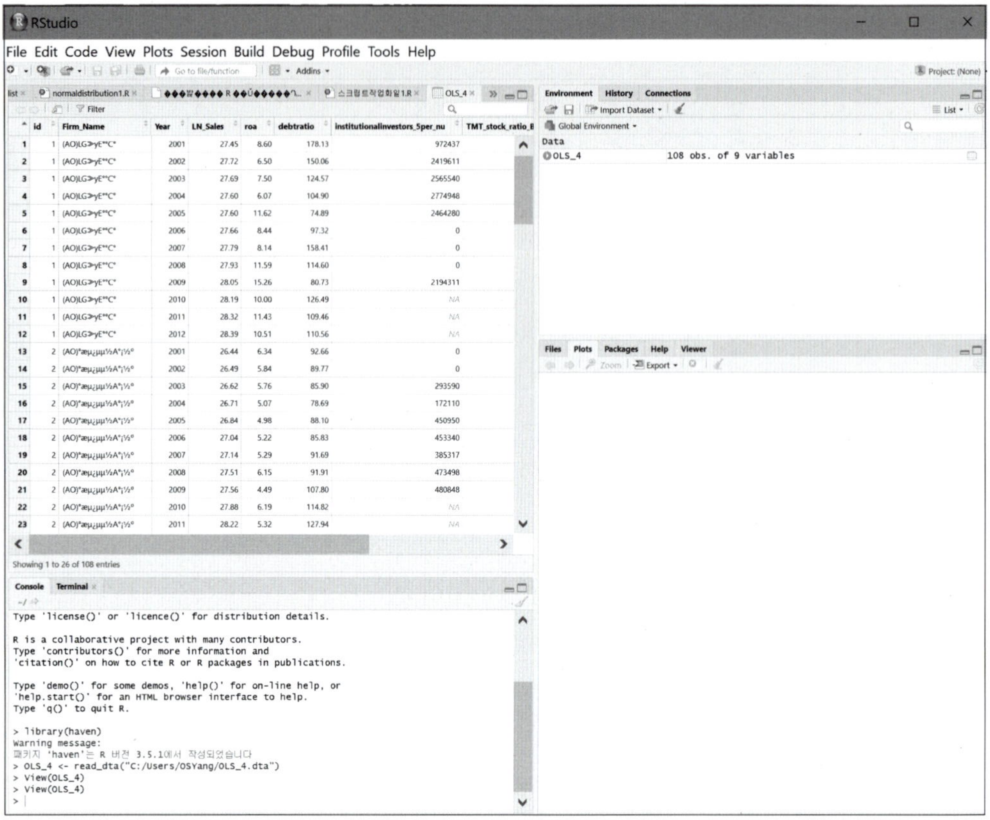

※빅데이터를 빠르게 불러올 때: fread( ) 함수※

데이터셋을 매우 빠르게 불러 올 수 있는 함수가 있다. Fread( ) 함수가 그 주인공인데, 실제 속도를 비교해 보면 read.cav( ) 함수를 사용하는 경우보다 약 18분의 1 정도라고 한다. 요즘처럼 빅데이터를 사용할 경우 매우 유용한 함수가 아닐 수 없다. 필요한 패키지는 "data.table"이다. 이 패키지를 설치하고 라이브러리를 불러 온 뒤 실행하게 된다. 실습데이터(turkey2006.txt, turkey2007.txt, turkey2008.txt)를 불러온 뒤, 하나의 파일로 합치고, 이후 head( ) 함수로 파일의 내용을 확인해보자. ★fread( )는 파일명에 다소 민감성을 보인다. 필자의 경우 동일한 데이터셋인데도 불구하고 한글명파일은 읽혀지지 않고 영문명파일만 읽혀졌다. 이는 사용자의 컴퓨터 상황에 따른 결과로 추정된다.

명령어

```
> library(data.table)
> setwd("C:/Users/osyan/")
> text1 <- fread("turkey2006.txt", encoding = "UTF-8")
> text2 <- fread("turkey2007.txt", encoding = "UTF-8")
> text3 <- fread("turkey2008.txt", encoding = "UTF-8")
```

```
> text <- rbind(text1, text2, text3) # 세개의 파일을 하나의 파일로 합치기
> head(text)
```

```
>library(data.table)
> setwd("C:/Users/osyan/")
> text1 <- fread("turkey2006.txt", encoding = "UTF-8")
> text2 <- fread("turkey2007.txt", encoding = "UTF-8")
> text3 <- fread("turkey2008.txt", encoding = "UTF-8")
> text <- rbind(text1, text2, text3) # 세개의 파일을 하나의 파일로 합치기
> head(text)
        date
1: 2006.01.01
2: 2006.03.23
3: 2006.03.28
4: 2006.03.31
5: 2006.04.07
6: 2006.04.11

1:
https://news.naver.com/main/read.nhn?mode=LSD&mid=sec&sid1=101&oid=0
11&aid=0000114055
                                  (중략)
1: %ED%84%B0%ED%82%A4+%EB%B6%88%ED%99%95%EC%8B%A4%EC%84%B1
2: %ED%84%B0%ED%82%A4+%EB%B6%88%ED%99%95%EC%8B%A4%EC%84%B1
3: %ED%84%B0%ED%82%A4+%EB%B6%88%ED%99%95%EC%8B%A4%EC%84%B1
4: %ED%84%B0%ED%82%A4+%EB%B6%88%ED%99%95%EC%8B%A4%EC%84%B1
5: %ED%84%B0%ED%82%A4+%EB%B6%88%ED%99%95%EC%8B%A4%EC%84%B1
6: %ED%84%B0%ED%82%A4+%EB%B6%88%ED%99%95%EC%8B%A4%EC%84%B1
                                                  news_title
1: [해외석학에게 듣는다] <2> 누리엘 루비니 뉴욕대 경영대학원 교수
2:                                `엔캐리 자금` 외환시장 탈출징후-FT
3:                         현대車 \\"수출도 안되는데 신인도 추락 우려\\"
4:                        국제 금융계 \\"이머징마켓 투자위험 증가\\" 경고
5:                                지중해, 예술과 탐욕의 역사가 파도치다
6:                                [내일의전략]PER(주가수익비율)의 반란

1: "올해는 세계경제 불균형의 후유증이 현실화될 가능성이 높습니다. 고유가와 미국경제 둔화로
세계경제는 성장률이 3.0%까지 떨어질 것으로 봅니다. 수출중심의 한국경제는 바짝 긴장해야 합
니다." 뉴욕대 경영대학원(스턴스쿨)의 누리엘 루비니 교수는 국제통화기금(IMF) · 세계은행
```

(WB) 등 국제기구와 월가(街) 전문가들이 올해 세계경제를 다소 낙관적으로 전망하고 있는 것과 달리 세계 경제 불균형이 더욱 심화될 것이라며 비관적인 분석을 내놓았다. 루비니 교수는 "앞으로 3~10년 이내에 국제유가는 배럴 당 100달러 시대에 진입할 것"이라며 "해결의 실마리를 찾지 못하고 있는 미국의 쌍둥이적자로 달러가치는 하락세로 돌아서고 아시아 통화는 강세를 보일 것"이라고 말했다. (중략)

저서로는 ▦신흥경제 구제금융 ▦정치사이클과 거시경제 ▦국제금융위기 ▦과도기 경제의 경상수지 안정 등이 있다.뉴욕=서정명 특파원 vicsjm@sed.co.kr© 한국아이닷컴, 무단전재 및 재배포 금지

4) 불러오기 어려운 파일 불러오기: "Import Dataset" Import Dataset ▾

① Import Dataset

여러가지 확장자 자료를 불러올 수 있도록 마련된 RStudio 화면의 오른쪽 상단에있는 "Import Dataset"은 로딩이 잘 되지 않는 데이터 자료를 불러 오는데 유용하다. 사실 데이터 자료를 탑재하려면 작업 디렉토리가 자주 문제가 되어 불러오고자 하는 파일을 찾을 수 없다는 메시지가 나타나곤 한다. 정말 짜증나는 일이다. 작업 내용에 신경을 쓰기도 전에 필요한 데이터 파일을 불러 오기가 이렇게 어려워서야 어디 R 프로그램을 배울 맛이 나겠는가!?!? 자 이 문제를 좀 더 쉽게 해결하기 위해, 여기서는 "Import Dataset" 아이콘을 사용하여 일반 데이터 자료 로딩 작업으로 불러오는데 실패한 mart.rdata를 불러 오는 연습을 해 보자.

[처리결과화면]

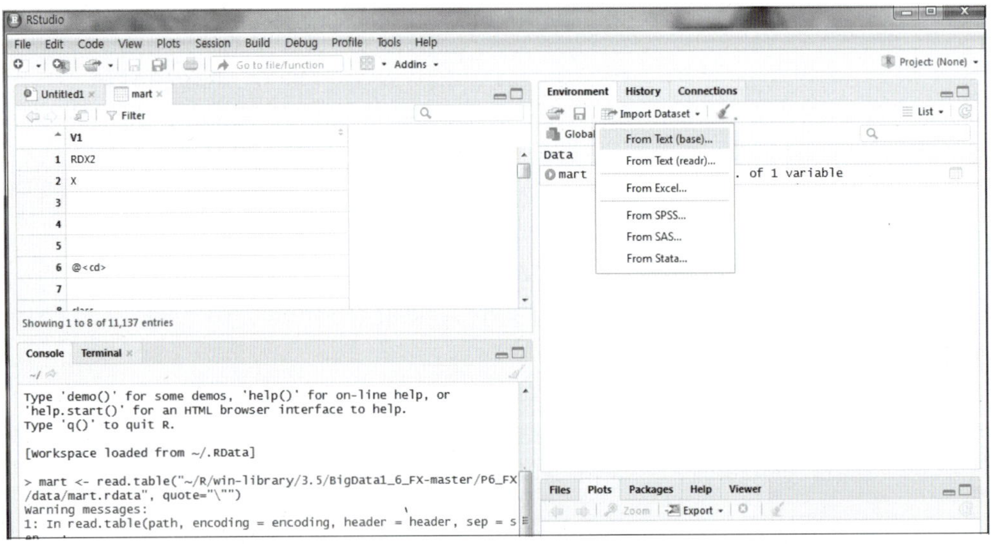

"Import Dataset"에서 "From Text(base)..."를 클릭하여 들어 가면, 로딩이 잘 되지 않는 데이터 자료를 불러 오는데 유용하다. 클릭하면 다음과 같이 불러 오려는 데이터 파일이 들어 있는 디렉토리를 지정하도록 하는 윈도우 창이 나타난다.

[처리결과화면]

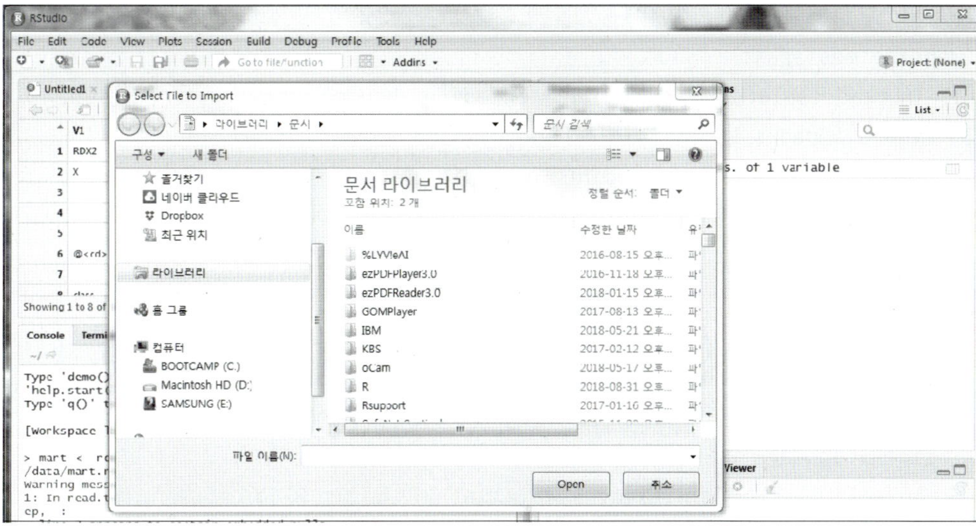

데이터 파일이 들어 있는 디렉토리를 지정하도록 하는 윈도우 창에서 불러 오고자 하는 mart.rdata가 들어 있는 디레토리를 찾아 들어가 mart.rdata 파일을 클릭하고 오른쪽 하단에 있는 "Open"을 클릭한다.

[처리결과화면]

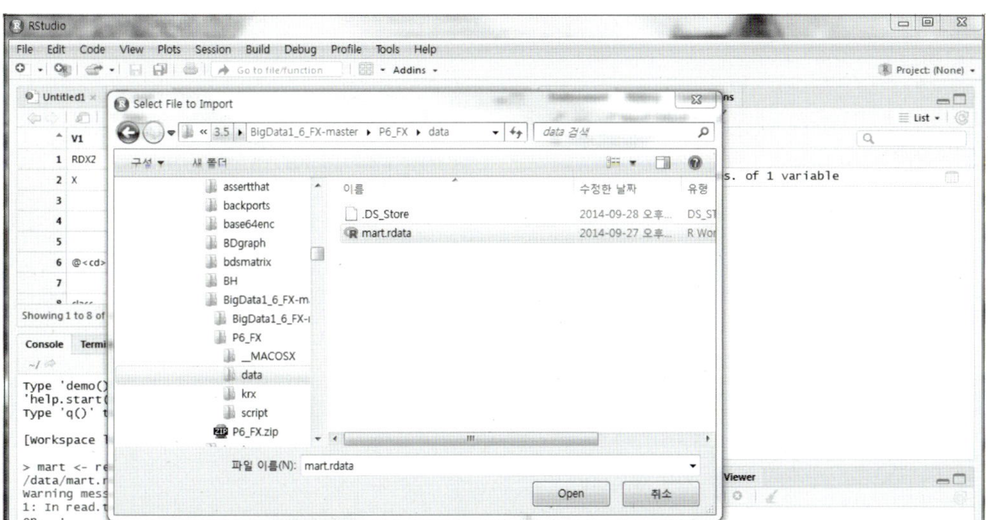

"Open"을 클릭하면, 다음과 같이 명령어가 처리되어 mart.rdata 파일이 불러 들여와 지고, 최종적으로 > View(mart) 상태가 되고, RStudio 오른쪽 상단 "Environment" 화면에 mart라는 파일이 생성된다.

```
> mart <- read.table("~/R/win-library/3.5/BigData1_6_FX-master/P6_FX/ dat
a/mart.rdata", quote="\"")
Warning messages:
1: In read.table(path, encoding = encoding, header = header, sep = sep,  :
  line 3 appears to contain embedded nulls
2: In read.table(path, encoding = encoding, header = header, sep = sep,  :
  line 4 appears to contain embedded nulls
3: In read.table(path, encoding = encoding, header = header, sep = sep,  :
  line 5 appears to contain embedded nulls
4: In scan(file = file, what = what, sep = sep, quote = quote, dec = dec,  :
  embedded nul(s) found in input
5: In read.table("~/R/win-library/3.5/BigData1_6_FX-master/P6_FX/data/mart.rdata",  :
  line 3 appears to contain embedded nulls
6: In read.table("~/R/win-library/3.5/BigData1_6_FX-master/P6_FX/data/mart.rdata",  :
  line 4 appears to contain embedded nulls
7: In read.table("~/R/win-library/3.5/BigData1_6_FX-master/P6_FX/data/mart.rdata",  :
  line 5 appears to contain embedded nulls
8: In scan(file = file, what = what, sep = sep, quote = quote, dec = dec,  :
  embedded nul(s) found in input
>   View(mart)
```

[처리결과화면]

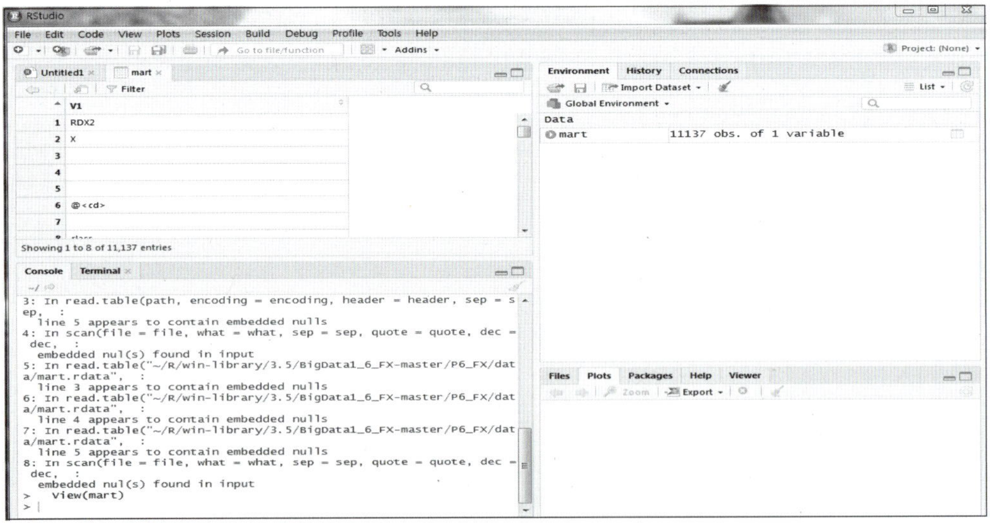

해석

처리 화면을 보면, 오른쪽 상단에 mart라는 파일이 탑재되어 있음을 볼 수 있다.

② CSV 파일 제대로 불러오기

수치형 자료가 들어 있는 CSV 파일을 처리과정에서 정상적으로 불러오고 싶을 때는 이렇게 하자.

[처리결과화면]

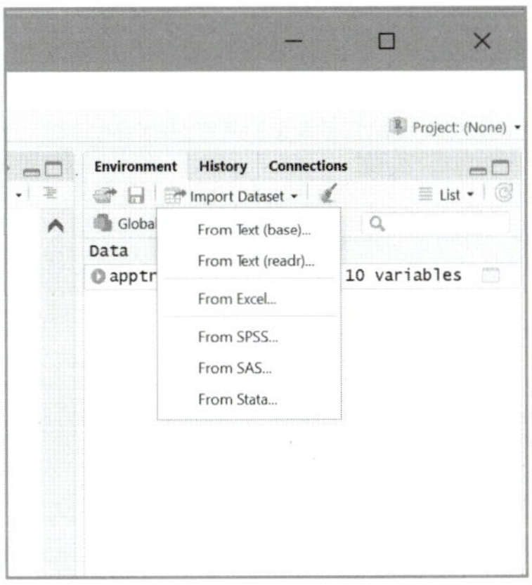

해석

처리 화면을 보면, 선택 옵션 가운데 두번째 항목인 “From Text(readr)...”을 선택한다.

[처리결과화면]

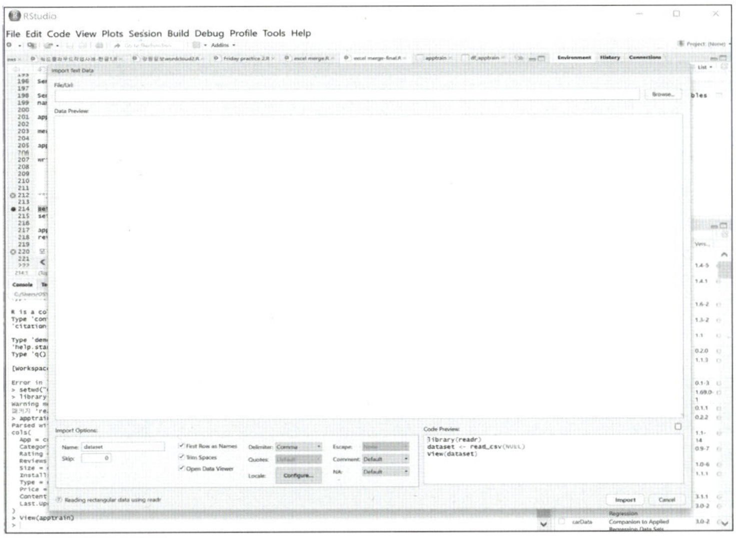

해석

처리 화면을 보면, 오른쪽에 "Browse..." 버튼이 나타나는데 이것을 클릭하여 해당 데이터 파일을 찾도록 한다.

[처리결과화면]

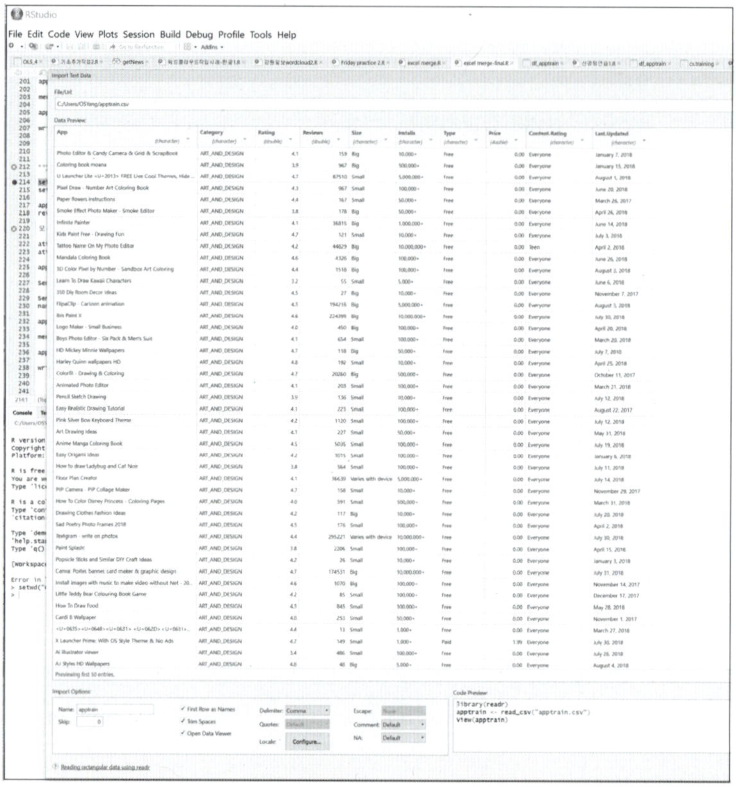

해석

처리 화면을 보면, 해당 파일 내용을 보여주며, 이를 확인한 후 아래쪽 하단 Import 버튼을 클릭한다. 이처럼 원하는 데이터 파일을 Import 방식으로 불러오면 자동으로 콘솔 안에 다음과 같은 명령어들이 처리되어 있음을 볼 수 있다.

[Import로 데이터 파일을 불러 올 때 자동으로 생성되는 콘솔 내용]

```
> library(readr)
Warning message:
```

```
패키지 'readr'는 R 버전 3.5.2에서 작성되었습니다
> apptrain <- read_csv("apptrain.csv")
Parsed with column specification:
cols(
  App = col_character(),
  Category = col_character(),
  Rating = col_double(),
  Reviews = col_double(),
  Size = col_character(),
  Installs = col_character(),
  Type = col_character(),
  Price = col_double(),
  Content.Rating = col_character(),
  Last.Updated = col_character()
)
> View(apptrain)
> library(readr)
> reviews <- read_csv("reviews.csv")
Parsed with column specification:
cols(
  App = col_character(),
  Translated_Review = col_character(),
  Sentiment_Polarity = col_double(),
  Sentiment_Subjectivity = col_double()
)
> View(reviews)
```

[처리결과화면]

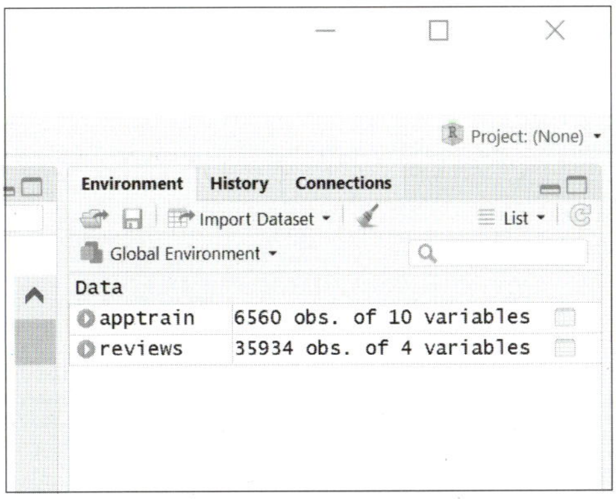

해석

처리 화면을 보면, 오른쪽 상단에 해당 파일이 정상적으로 탑재되어 있음을 알 수 있다.

5) 인터넷 사이트에서 공개된 파일 불러오기: "https://..."

Q. 인터넷 사이트에 공개된 파일은 도대체 어떻게 불러오는 건가요?

특정한 싸이트에서 제공하는 공개 데이터 파일을 불러 올때는 정확한 Url 주소가 필요하다. 대표적으로 UCLA 통계 정보 제공 싸이트(stats.idre.ucla.edu)에서 제공하는 공개 데이터 파일을 불러오는 작업을 연습해 보자. 연습 공개 자료파일인 hdp.csv를 불러오는 명령어는 다음과 같다.

명령어

```
> hdp <- read.csv("https://stats.idre.ucla.edu/stat/data/hdp.csv")
```

[처리결과화면]

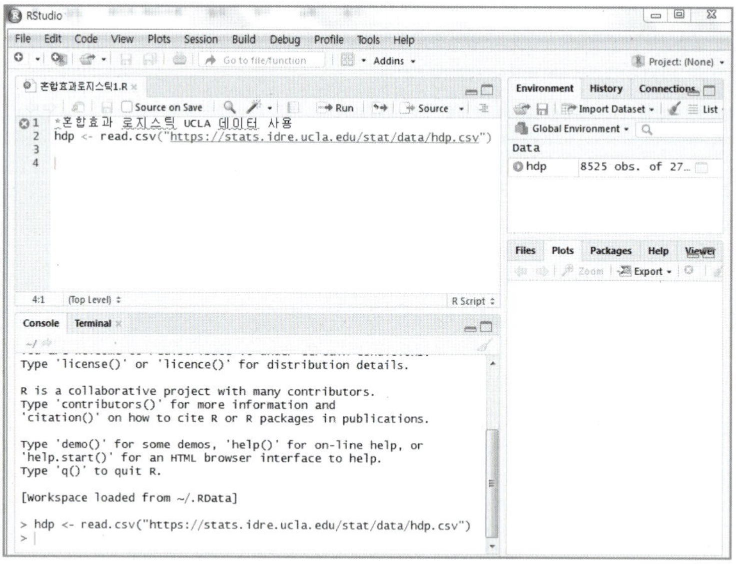

또 다른 명령어로 인터넷에 공개된 자료를 불러와 아예 파일로 저장해 보자. 이번에는 작업디렉토리를 지정해주고 인터넷 url로부터 직접 불러들이는 방식이다. 사용할 명령어는 download.file( )이고, 작업디렉토리는 작업자마다 이름이 다르다. 불러들일 데이터셋은

US_Foreign_Aid.zip 파일이고, url 주소는 다음과 같다: “http://jaredlander.com/data/US_Foreign_Aid.zip”

명령어

```
> setwd("C:/Users/osyan/")
> download.file(url="http://jaredlander.com/data/US_Foreign_Aid.
zip", destfile="./US_ForeignAid.zip") #작동함
```

```
> setwd("C:/Users/osyan/")
> download.file(url="http://jaredlander.com/data/US_Foreign_Aid.zip",
destfile="./US_ForeignAid.zip") #작동함
URL 'http://jaredlander.com/data/US_Foreign_Aid.zip'을 시도합니다
Content type 'application/zip' length 226642 bytes (221 KB)
downloaded 221 KB
```

[처리결과화면]

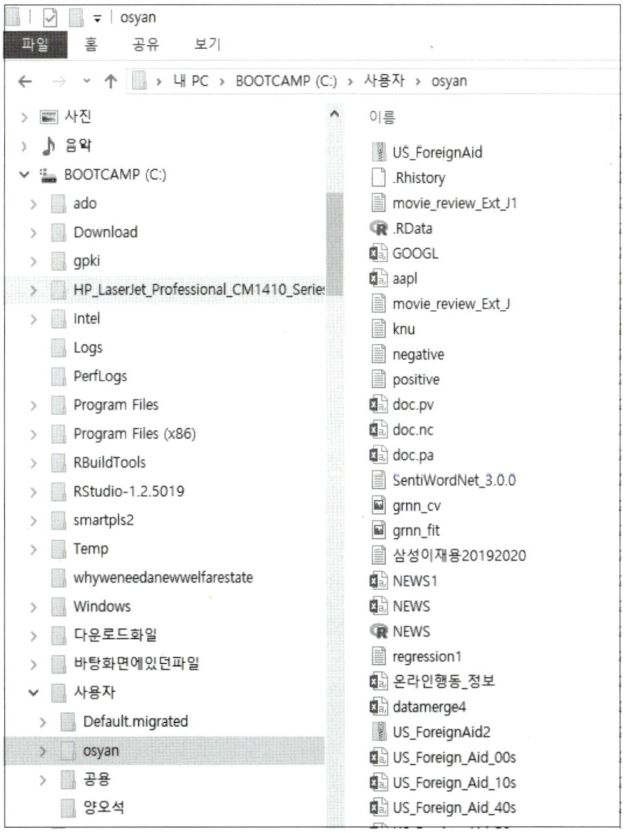

해석

처리결과 화면을 살펴보면, 지정한 작업디렉토리(C:/Users/osyan/)에 정해진 url 주소로부터 불러들여온 파일(US_Foreign_Aid.zip)이 잘 저장되어 있음을 알 수 있다.

6) 웹 사이트에서 데이터 추출하기: XML 패키지의 readHTMLTable( ), read.table("http://...")

Q. 웹 사이트에 올라가 있는 HTML로 저장되어 있는 자료를 추출하는 방법을 알려주세요. 쌤!

① 문자열 추출: XML 패키지의 **readHTMLTable( )**

웹 사이트에 HTML로 저장되어 있는 자료가 있다면, 이것을 추출해서 통계분석에 사용해 보자. 이경우 사용되는 명령어는 XML 패키지가 제공하는 readHTMLTable이다. 우선 XML 패키지를 설치하고 불러들이자. 이후에는 NBER 사이트에서 제공되는 cyclesmain.html을 불러들이자. 사이트는 http://www.nber.org/cycles/이다. 불러들인 정보는 theURL 파일에 저장하자. 이후 theURL 파일에서 readHTMLTable을 이용하여 자료를 불러와보자. 자료 상태를 보면 메인 테이블이 페이지 테이블에 내재되어 있기 때문에 두 번째가 메인 테이블이다. 두 번째 테이블 내용을 읽어들여 xt 파일에 저장하자.

명령어

```
> require(XML)
> theURL <-"http://www.nber.org/cycles/cyclesmain.html"
> tables1=getNodeSet(htmlParse(theURL), "//table")
> xt <-readHTMLTable(tables1[[2]], header=c("peak", "trough", "contraction",
                      "expansion", "trough2trough", "peak2peak"),
                 colClasses=c("character", "character", "character",
                        "character", "character", "character"),
                 trim=TRUE, stringsAsFactors=FALSE
                 )
```

```
> require(XML)
> theURL <-"http://www.nber.org/cycles/cyclesmain.html"
```

```
> tables1=getNodeSet(htmlParse(theURL), "//table")
> xt <-readHTMLTable(tables1[[2]],
+                     header=c("peak", "trough", "contraction",
+                             "expansion", "trough2trough", "peak2peak"),
+                     colClasses=c("character", "character", "character",
+                                 "character", "character", "character"),
+                     trim=TRUE, stringsAsFactors=FALSE
+                     )
```

저장된 xt 파일의 내용을 열람해 보자.

명령어

```
> xt
```

```
> xt

peak
1
BUSINESS CYCLE REFERENCE DATES

2
Peak

3
Quarterly datesare in parentheses

4 June 1857(II)\nOctober 1860(III)\nApril 1865(I)\nJune 1869(II)\nOctober
1873(III)\n\nMarch 1882(I)\nMarch 1887(II)\nJuly 1890(III)\nJanuary 1893
(I)\nDecember 1895(IV)\n\nJune 1899(III)\nSeptember 1902(IV)\nMay 1907(II)
\nJanuary 1910(I)\nJanuary 1913(I)\n\nAugust 1918(III)\nJanuary 1920(I)\nM
ay 1923(II)\nOctober 1926(III)\nAugust 1929(III)\n\nMay 1937(II)\nFebruary
1945(I)\nNovember 1948(IV)\nJuly 1953(II)\nAugust 1957(III)\nApril 1960(I
I)\nDecember 1969(IV)\nNovember 1973(IV)\nJanuary 1980(I)\nJuly 1981(III)
\n\nJuly 1990(III)March     2001(I)December 2007 (IV)
5

6
```

```
Average, all cycles:\n    1854-2009 (33 cycles)\n    1854-1919 (16 cycles)\n
   1919-1945 (6 cycles)\n     1945-2009 (11 cycles)
                                   (중략)
7
<NA>
8
<NA>

contraction
1
<NA>

2
Contraction

3
Previous trough to this peak

4 --\n18\n8\n32\n18\n65\n\n38\n13\n10\n17\n18\n\n18\n23\n13\n24\n23\n\n7
\n18\n14\n13\n43\n\n13\n8\n11\n10\n8\n\n10\n11\n16\n6\n16\n\n8\n8\n18

5
<NA>

6
38.7\n26.6\n35.0\n58.4

7
<NA>
                                   (중략)

5
<NA>

6
<NA>

7
<NA>
```

```
8
<NA>
```

② 웹 사이트에서 자료 불러오기: **read.table("http://...")**

이번에는 "http://jaredlander.com/data/acs_ny.csv"에서 acs_ny.csv 파일을 불러와보자. 사용할 명령어는 read.table( )이다.

명령어

```
> acs <-read.table("http://jaredlander.com/data/acs_ny.csv", sep=",",
                  header=TRUE, stringsAsFactors = FALSE)
```

```
> acs <-read.table("http://jaredlander.com/data/acs_ny.csv", sep=",",
                  header=TRUE, stringsAsFactors = FALSE)
```

7) 빅데이터 빠르게 불러오기: data.table 패키지의 fread( )

Q. 데이터 용량이 큰 경우에는 불러오는 시간이 너무 길어요. 어떻게 빨리 불러올 수 있는 방법이 없을까요?

사이즈가 큰 데이터는 불러오는 시간이 길어진다. 이럴 경우 사용하면 신속하게 데이터를 불러올 수 있는 함수가 fread( )이다. 실습을 위해 난수생성으로 큰 사이즈의 데이터 파일을 만들어보자. 변수 var1, var2를 생성하되 백만개 난수를 생성하여 my_data라는 파일명으로 저장해보자. 백만개 row, 변수 2개를 갖는 데이터 프레임을 생성하는 것이다. 난수생성에는 data.frame( ) 함수와 rnorm( ) 함수가 사용된다.

명령어

```
> my_data <-data.frame(var1=rnorm(n=1000000, mean=0, sd=1), var2=rnorm(n=1000000,
mean=2, sd=3))
> str(my_data)
```

```
> my_data <-data.frame(var1=rnorm(n=1000000, mean=0, sd=1),
```

```
var2=rnorm(n=1000000, mean=2, sd=3))
> str(my_data)
'data.frame':   1000000 obs. of  2 variables:
 $ var1: num  1.163 -0.586 1.785 -1.333 -0.447 ...
 $ var2: num  6.0427 -3.3992 1.8619 -3.1092 0.0733 ...
```

이제 my_data 파일을 text 파일로 지정된 작업디렉토리에 저장해 보자. 이를 위해 write.table( ) 함수가 사용된다. 여기서 주의할 점은 작업디렉토리를 정확히 지정하는 것이다. 필자의 현재 작업디렉토리는 ""/Users/OSYang/"이다.

명령어

```
> write.table(my_data, "/Users/OSYang/my_data.txt", sep="|", row.names=FALSE, quote=FALSE)
```

```
> write.table(my_data, "/Users/User/my_data.txt", sep="|",
row.names=FALSE, quote=FALSE)
```

이제 utils 패키지의 system.time( ) 함수와 read.table( )함수로 my_data 파일을 불러와 보자. 이때 걸리는 시간을 잘 측정해 보자. 정확하지는 않지만 필자가 측정한 결과 처리 시간은 00.04.66이었다.

명령어

```
> system.time(my_data_readtable <-read.table("/Users/OSYang/my_data.txt", sep="|
", header=TRUE, stringsAsFactors=FALSE))
```

```
> system.time(my_data_readtable <-read.table("/Users/User/my_data.txt", s
ep="|", header=TRUE, stringsAsFactors=FALSE))
 사용자  시스템 elapsed
   6.74    0.15    6.97
```

해석

처리 화면을 보면, user(사용자), system(시스템), elapsed 값이 도출되어 있음을 볼 수 있다.

다음에는 data.table 패키지의 fread( ) 함수로 my_data 파일을 불러와 보자. 이때 걸리는 시간도 잘 측정해 보자. 필자가 측정한 처리 시간은 00.01.83이었다. 여기서 잠깐, data.table( ) 함수는 기본 패키지가 아니기 때문에 별도로 설치한 후 library( )로 불러와야 한다.

명령어

```
> install.packages("data.table")
> library(data.table)
> system.time(my_data_fread <-fread("/Users/OSYang/my_data.txt", sep="|",
header=TRUE, stringsAsFactors=FALSE))
```

```
> library(data.table)
data.table 1.11.4  Latest news: http://r-datatable.com
Warning message:
패키지 'data.table'는 R 버전 3.5.1에서 작성되었습니다
> system.time(my_data_fread <-fread("/Users/User/my_data.txt", sep="|", h
eader=TRUE, stringsAsFactors=FALSE))
 사용자  시스템 elapsed
   0.13    0.02    0.08
```

해석

처리 화면을 보면, user(사용자), system(시스템), elapsed 값이 도출되어 있음을 볼 수 있다.

결론적으로 utils 패키지의 read.table( ) 함수보다 data.table 패키지의 fread( ) 함수를 사용해서 큰 용량의 데이터를 불러오는 작업이 속도가 더 빠르다는 사실을 확인하였다. 연구자가 사용하는 컴퓨터의 능력에 따라 다소 차이가 있겠지만 분명한 것은 전자보다 후자가 처리 속도가 신속하다는 사실이다.

8) 패키지가 제공하는 실습 데이터셋 열람하기: data(package="패키지명")

설치한 패키지가 제공하는 연습데이터들이 있다. 내가 설치한 패키지는 어떤 연습데이터를 제공하는지 열람하는 방법도 있다. 명령어는 data(package="패키지명")이다.

Q. 패키지가 제공하는 데이터 자료를 미리 열람하고 싶은데 어떻게 하나요?

여기서는 연습으로 lmtest 패키지를 깔고 해당 패키지가 제공하는 연습 데이터들을 열람해보자.

명령어

```
> install.packages("패키지명")
> library(패키지명)
> data(package="패키지명")
```

```
> install.packages("lmtest")
Installing package into 'C:/Users/osyan/Documents/R/win-library/3.6'
(as 'lib' is unspecified)
URL 'https://cran.rstudio.com/bin/windows/contrib/3.6/lmtest_0.9-37.zip'
을 시도합니다
Content type 'application/zip' length 363441 bytes (354 KB)
downloaded 354 KB

package 'lmtest' successfully unpacked and MD5 sums checked
Warning in install.packages :
  cannot remove prior installation of package 'lmtest'
Warning in install.packages :
  C:\Users\osyan\Documents\R\win-library\3.6\00LOCK\lmtest\libs\x64\lmt
est.dll를 C:\Users\osyan\Documents\R\win-library\3.6\lmtest\libs\x64\lmt
est.dll로 복사하는데 문제가 발생했습니다: Permission denied
Warning in install.packages :
  restored 'lmtest'

The downloaded binary packages are in
     C:\Users\osyan\AppData\Local\Temp\RtmpWk9SMi\downloaded_packages
> library(lmtest)
경고메시지(들):
패키지 'lmtest'는 R 버전 3.6.2에서 작성되었습니다
> data(package="lmtest")
```

[처리결과화면]

```
Data sets in package 'lmtest':

ChickEgg                        Chickens, Eggs, and Causality
Mandible                        Mandible Data
USDistLag                       US Macroeconomic Data
bondyield                       Bond Yield
currencysubstitution            Currency Substitution
ftemp                           Femal Temperature Data
fyff                            U.S. Macroeconomic Time Series
gmdc                            U.S. Macroeconomic Time Series
growthofmoney                   Growth of Money Supply
ip                              U.S. Macroeconomic Time Series
jocci                           U.S. Macroeconomic Time Series
lhur                            U.S. Macroeconomic Time Series
moneydemand                     Money Demand
pw561                           U.S. Macroeconomic Time Series
unemployment                    Unemployment Data
valueofstocks                   Value of Stocks
wages                           Wages
```

해석

처리결과 화면을 살펴보면, ChickEgg, Mandible, USDistLag 등의 연습데이터들이 해당 패키지 안에서 제공되고 있음을 볼 수 있다. 오른쪽에는 해당 데이터셋을 설명하고 있다.

※패키지가 제공하는 전체 내장 데이터셋 열람※

특정 패키지가 아니라 전체 패키지가 제공하는 내장 데이터셋을 열람해보자.

명령어

```
> Package_Data_List <- data(package = .packages(all.available = TRUE))
> Package_Data_List
```

```
> Package_Data_List <- data(package = .packages(all.available = TRUE))
경고메시지(들):
1: In data(package = .packages(all.available = TRUE)) :
  데이터셋들이 'base' 패키지에서 'datasets' 패키지로 이동되었습니다
2: In data(package = .packages(all.available = TRUE)) :
  데이터셋들이 'stats' 패키지에서 'datasets' 패키지로 이동되었습니다
> Package_Data_List
```

[처리결과화면: view(Package_Data_List)]

```
Data sets in package 'arules':

Adult                          Adult Data Set
AdultUCI                       Adult Data Set
Epub                           Epub Data Set
Groceries                      Groceries Data Set
Income                         Income Data Set
IncomeESL                      Income Data Set
Mushroom                       Mushroom Data Set
SunBai                         The SunBai Data Set

Data sets in package 'bit64':

benchmark64.data               Results of performance measurement on a Core i7 Lenovo T410 8
                               GB RAM under Windows 7 64bit
optimizer64.data               Results of performance measurement on a Core i7 Lenovo T410 8
                               GB RAM under Windows 7 64bit

Data sets in package 'boot':

acme                           Monthly Excess Returns
aids                           Delay in AIDS Reporting in England and Wales
aircondit                      Failures of Air-conditioning Equipment
aircondit7                     Failures of Air-conditioning Equipment
amis                           Car Speeding and Warning Signs
```

해석

명령어를 실행한 처리 결과를 살펴보면, 온갖 내장된 데이터셋 목록을 볼 수 있다.

9) 제공된 파일 불러 들이기: data( ) + attach( ) + detach( ) + search( )

제공되어 있는 기초자료 중에 특정한 파일을 불러 들이는 명령어는 data( ) 함수식과 attach( ) 함수식이 있다.

Q. 저장되어 있는 데이터 자료를 불러 들이고 싶은데요?

attach( )는 데이터프레임의 컬럼들을 직접 쓰게 해준다. 즉 'dataframe명'$'컬럼명'이 아닌 '컬럼명'으로만 명령어를 입력할 수 있다. detach( )는 이 작동을 해제시켜준다. 좀더 정확히 말하면 R 객체를 찾는 검색 경로에 attach( )를 통해 데이터프레임을 추가하여 $를 통한 수식 없이도 바로 컬럼에 접근할 수 있게 하는 것이다. search( )를 입력하면 무엇이 검색경로에 추가되어 있는 지 확인 할 수 있다. cars라는 데이터를 추가해보자.

```
> attach(cars)
> search()
 [1] ".GlobalEnv"        "cars"              "tools:rstudio"     "package:stats"
   "package:graphics"  "package:grDevices" "package:utils"
 [8] "package:datasets"  "package:methods"   "Autoloads"         "package:base"
```

Search( )를 통해 R 검색경로에 cars가 추가되어 있음을 알 수 있다. Detach( )를 실행하면 cars 데이터가 제거된다.

```
> detach(cars)
> search()
 [1] ".GlobalEnv"        "tools:rstudio"     "package:stats"     "package:graphi
cs"   "package:grDevices" "package:utils"     "package:datasets"
 [8] "package:methods"   "Autoloads"         "package:base"
```

10) 불러온 데이터 자료의 상세 내용 열람하기: 아이콘

Q. 저장자료를 불러 오면 파일명은 나오는데, 어떤 변수가 저장되어 있는지 내용이 안보여요?

저장되어 있는 기초자료를 RStudio에서 불러오면 오른쪽 상단에 파일명이 나온다. 이후 파일에 들어 있는 변수들을 살펴보려면 매우 간단한 클릭이면 충분하다. 변수를 알아야 연구모형 분석을 실행할 수 있으니까.

우선 R에 탑재되어 있는 데이터 파일 "cars"를 불러와서 연습해 보자. 데이터를 불러오는 명령어는 data( ) 함수식이다. 패키지는 "datasets"이다. 데이터를 불러온 후 force( ) 함수로 데이터프레임 형식으로 전환시켜주자.

명령어

```
> data(파일명, package="패키지명")
> force(파일명)
```

```
> data(cars, package="datasets")
> force(cars)
   speed dist
1      4    2
2      4   10
3      7    4
4      7   22
5      8   16
6      9   10
```

```
7     10   18
8     10   26
9     10   34
10    11   17
11    11   28
12    12   14
13    12   20
14    12   24
15    12   28
16    13   26
17    13   34
18    13   34
19    13   46
20    14   26
21    14   36
22    14   60
23    14   80
24    15   20
25    15   26
26    15   54
27    16   32
28    16   40
29    17   32
30    17   40
31    17   50
32    18   42
33    18   56
34    18   76
35    18   84
36    19   36
37    19   46
38    19   68
39    20   32
40    20   48
41    20   52
42    20   56
43    20   64
44    22   66
45    23   54
```

```
46      24   70
47      24   92
48      24   93
49      24  120
50      25   85
```

[처리결과화면]

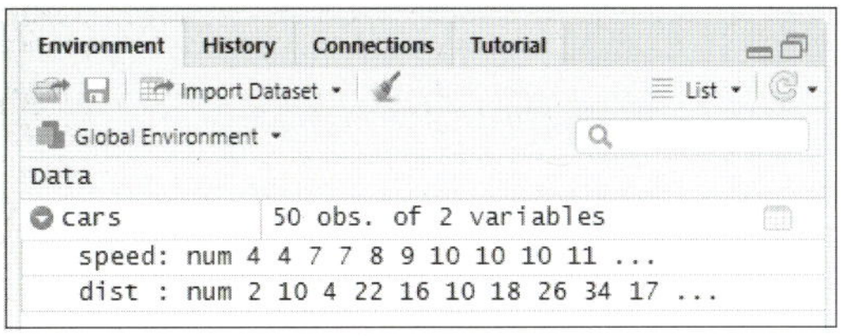

해석

처리 화면을 보면, 오른쪽 상단에 "cars"라는 데이터 파일이 탑재되었음을 알 수있다. 자 이제 이 파일에 어떤 변수가 들어 있는지 열람해 보자. 열람하는 방법은 간단하다. 오른쪽 상단에 나와 있는 파일명 앞에 붙어 있는 아이콘 ●을 클릭하면 된다.

```
> View(cars)
```

[처리결과화면: View(cars)]

	speed	dist
1	4	2
2	4	10
3	7	4
4	7	22
5	8	16
6	9	10
7	10	18
8	10	26
9	10	34
10	11	17
11	11	28
12	12	14
13	12	20
14	12	24

Showing 1 to 15 of 50 entries, 2 total columns

해석

처리 화면을 보면, 오른쪽 상단에 "cars"라는 데이터 파일이 탑재되어 있고, 그 아래 "speed"와 "dist"라는 변수가 들어 있음을 볼 수 있다.

또는 명령어 str("데이터명")을 통해서도 확인할 수 있다.

명령어

```
> str(cars)
```

```
> str(cars)
'data.frame':   50 obs. of  2 variables:
 $ speed: num  4 4 7 7 8 9 10 10 10 11 ...
 $ dist : num  2 10 4 22 16 10 18 26 34 17 ...
```

11) 테이블 만들기: ftable( ), ctab( )

Q 저장자료를 불러 오면 파일명은 나오는데, 어떤 변수가 저장되어 있는지 내용이 안보여요?

ftable( )와 ctab( ) 함수가 사용된다. 이 가운데 ctab( ) 함수를 사용하려면 패키지 "catspec"를 설치해야 한다.

명령어

```
> install.packages("catspec")
> library(catspec)
```

```
> install.packages("catspec")
Installing package into 'C:/Users/User/Documents/R/win-library/3.5'
(as 'lib' is unspecified)
trying URL 'https://cran.rstudio.com/bin/windows/contrib/3.5/catspec_0.9
7.zip'
Content type 'application/zip' length 46325 bytes (45 KB)
downloaded 45 KB
```

```
package 'catspec' successfully unpacked and MD5 sums checked

The downloaded binary packages are in
      C:\Users\User\AppData\Local\Temp\RtmpkdevnH\downloaded_packages
> library(catspec)
Warning message:
패키지 'catspec'는 R 버전 3.5.1에서 작성되었습니다
```

① **ftable( )**

우선 탑재되어 있는 데이터를 불러와서 연습해보자. 데이터를 불러오는 명령어는 ftable( ) 함수식이고, 불러올 데이터는 Titanic이다.

명령어

> ftable(파일명)

```
> ftable(Titanic)
                   Survived  No Yes
Class Sex    Age
1st   Male   Child            0   5
             Adult          118  57
      Female Child            0   1
             Adult            4 140
2nd   Male   Child            0  11
             Adult          154  14
      Female Child            0  13
             Adult           13  80
3rd   Male   Child           35  13
             Adult          387  75
      Female Child           17  14
             Adult           89  76
Crew  Male   Child            0   0
             Adult          670 192
      Female Child            0   0
             Adult            3  20
```

명령어

```
> mytab <-ftable(Titanic, row.vars=c(1, 3), type="r")
> mytab
```

```
> mytab<-ftable(Titanic,row.vars=c(1,3),type="r")
> mytab
            Sex      Male       Female
            Survived   No Yes     No Yes
Class Age
1st   Child             0   5      0   1
      Adult           118  57      4 140
2nd   Child             0  11      0  13
      Adult           154  14     13  80
3rd   Child            35  13     17  14
      Adult           387  75     89  76
Crew  Child             0   0      0   0
      Adult           670 192      3  20
```

명령어

```
> ctab(mytab)
```

```
> ctab(mytab)
            Sex      Male       Female
            Survived   No Yes     No Yes
Class Age
1st   Child             0   5      0   1
      Adult           118  57      4 140
2nd   Child             0  11      0  13
      Adult           154  14     13  80
3rd   Child            35  13     17  14
      Adult           387  75     89  76
Crew  Child             0   0      0   0
      Adult           670 192      3  20
```

명령어

```
> newtab <-ctab(mytab, type="r")
> newtab
```

```
> newtab<-ctab(mytab,type="r")
> newtab
            Sex      Male          Female
            Survived   No    Yes     No    Yes
Class Age
1st   Child          0.00 100.00   0.00 100.00
      Adult         67.43  32.57   2.78  97.22
2nd   Child          0.00 100.00   0.00 100.00
      Adult         91.67   8.33  13.98  86.02
3rd   Child         72.92  27.08  54.84  45.16
      Adult         83.77  16.23  53.94  46.06
Crew  Child           NaN    NaN    NaN    NaN
      Adult         77.73  22.27  13.04  86.96
```

② ctab( )

이번에는 ctab( ) 함수를 사용하여 Titanic 파일을 불러와 보자.

명령어

```
> ctab(Titanic)
```

```
> ctab(Titanic)
                   Survived  No Yes
Class Sex    Age
1st   Male   Child            0   5
             Adult          118  57
      Female Child            0   1
             Adult            4 140
2nd   Male   Child            0  11
             Adult          154  14
      Female Child            0  13
             Adult           13  80
```

```
3rd    Male   Child          35  13
              Adult         387  75
       Female Child          17  14
              Adult          89  76
Crew   Male   Child           0   0
              Adult         670 192
       Female Child           0   0
              Adult           3  20
```

해석

명령어를 처리한 화면에서 보면, ftable(Titanic)로 처리한 경우와 동일한 내용이 도출되었음을 알 수 있다.

이번에는 ctab( ) 함수를 사용하여 Titanic 파일을 불러와 보자.

명령어

```
> ctab(Titanic, type="r")
```

```
> ctab(Titanic,type="r")
                  Survived      No    Yes
Class Sex    Age
1st   Male   Child            0.00 100.00
             Adult           67.43  32.57
      Female Child            0.00 100.00
             Adult            2.78  97.22
2nd   Male   Child            0.00 100.00
             Adult           91.67   8.33
      Female Child            0.00 100.00
             Adult           13.98  86.02
3rd   Male   Child           72.92  27.08
             Adult           83.77  16.23
      Female Child           54.84  45.16
             Adult           53.94  46.06
Crew  Male   Child             NaN    NaN
             Adult           77.73  22.27
```

```
      Female Child              NaN    NaN
             Adult            13.04  86.96
```

명령어

```
> ctab(Titanic, type=c("n", "r"), addmargins=TRUE)
```

```
> ctab(Titanic,type=c("n","r"),addmargins=TRUE)
                         Survived      No    Yes    Sum
Class Sex    Age
1st   Male   Child Count             0.00   5.00   5.00
                   Row %             0.00 100.00 100.00
             Adult Count           118.00  57.00 175.00
                   Row %            67.43  32.57 100.00
             Sum   Count           118.00  62.00 180.00
                   Row %            67.43 132.57 200.00
      Female Child Count             0.00   1.00   1.00
                   Row %             0.00 100.00 100.00
             Adult Count             4.00 140.00 144.00
                   Row %             2.78  97.22 100.00
             Sum   Count             4.00 141.00 145.00
                   Row %             2.78 197.22 200.00
2nd   Male   Child Count             0.00  11.00  11.00
                   Row %             0.00 100.00 100.00
             Adult Count           154.00  14.00 168.00
                   Row %            91.67   8.33 100.00
             Sum   Count           154.00  25.00 179.00
                   Row %            91.67 108.33 200.00
      Female Child Count             0.00  13.00  13.00
                   Row %             0.00 100.00 100.00
             Adult Count            13.00  80.00  93.00
                   Row %            13.98  86.02 100.00
             Sum   Count            13.00  93.00 106.00
                   Row %            13.98 186.02 200.00
3rd   Male   Child Count            35.00  13.00  48.00
                   Row %            72.92  27.08 100.00
             Adult Count           387.00  75.00 462.00
                   Row %            83.77  16.23 100.00
```

```
              Sum    Count          422.00  88.00 510.00
                     Row %          156.68  43.32 200.00
       Female Child Count            17.00  14.00  31.00
                     Row %           54.84  45.16 100.00
              Adult Count            89.00  76.00 165.00
                     Row %           53.94  46.06 100.00
              Sum    Count          106.00  90.00 196.00
                     Row %          108.78  91.22 200.00
Crew   Male   Child Count             0.00   0.00   0.00
                     Row %            0.00   0.00   0.00
              Adult Count           670.00 192.00 862.00
                     Row %           77.73  22.27 100.00
              Sum    Count          670.00 192.00 862.00
                     Row %           77.73  22.27 100.00
       Female Child Count             0.00   0.00   0.00
                     Row %            0.00   0.00   0.00
              Adult Count             3.00  20.00  23.00
                     Row %           13.04  86.96 100.00
              Sum    Count            3.00  20.00  23.00
                     Row %           13.04  86.96 100.00
```

명령어

```
> ctab(Titanic, type=c("n", "c", "t", "r"), style="w")
```

```
> ctab(Titanic,type=c("n","c","t","r"),style="w")
                       Count         Column %        Total %        Row %
              Survived    No    Yes     No   Yes     No   Yes     No    Yes
Class Sex    Age
1st   Male   Child      0.00   5.00   0.00  8.06   0.00  2.78   0.00 100.00
             Adult    118.00  57.00 100.00 91.94  65.56 31.67  67.43  32.57
      Female Child      0.00   1.00   0.00  0.71   0.00  0.69   0.00 100.00
             Adult      4.00 140.00 100.00 99.29   2.76 96.55   2.78  97.22
2nd   Male   Child      0.00  11.00   0.00 44.00   0.00  6.15   0.00 100.00
             Adult    154.00  14.00 100.00 56.00  86.03  7.82  91.67   8.33
      Female Child      0.00  13.00   0.00 13.98   0.00 12.26   0.00 100.00
             Adult     13.00  80.00 100.00 86.02  12.26 75.47  13.98  86.02
3rd   Male   Child     35.00  13.00   8.29 14.77   6.86  2.55  72.92  27.08
```

```
             Adult        387.00  75.00    91.71  85.23   75.88  14.71  83.77  16.23
      Female Child         17.00  14.00    16.04  15.56    8.67   7.14  54.84  45.16
             Adult         89.00  76.00    83.96  84.44   45.41  38.78  53.94  46.06
Crew  Male   Child          0.00   0.00     0.00   0.00    0.00   0.00   0.00   0.00
             Adult        670.00 192.00   100.00 100.00   77.73  22.27  77.73  22.27
      Female Child          0.00   0.00     0.00   0.00    0.00   0.00   0.00   0.00
             Adult          3.00  20.00   100.00 100.00   13.04  86.96  13.04  86.96
```

3.2 명령어 관리

1) 명령어나 함수를 잘 모를 때 물어 보기: help(" ")

Q. R이 사용하는 명령어나 함수를 잘 모를 때는 누구한테 물어보나요?

사용하려는 명령어나 함수를 모를 때는 눈치보지 말고 별 수 없이 "도와달라고" 외치자. 우리가 도와달라고 외칠 때 하는 영어는 역시 "help"지. R 명령어의 특성 상 help("묻고싶은 명령어또는함수")라는 구조를 갖는다.

명령어

```
> help("rep") 또는 help(rep)
> ?rep
```

[처리결과화면]

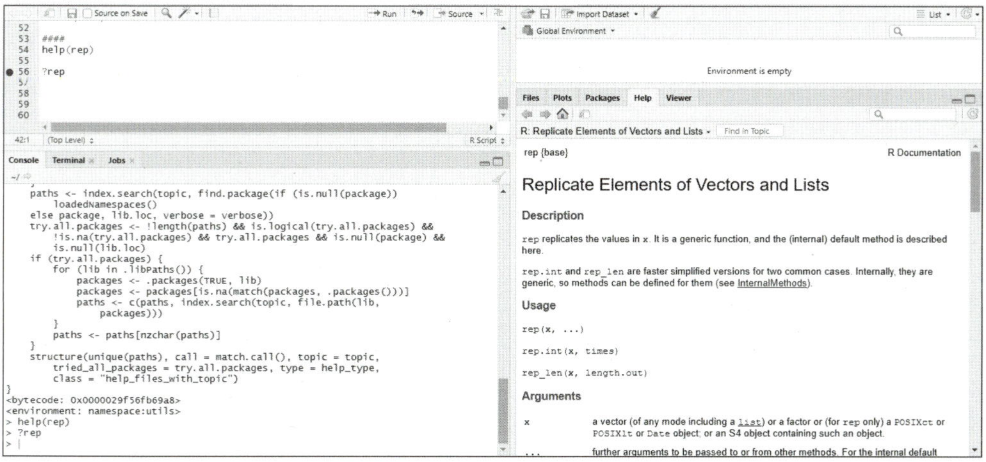

해석

명령어를 처리한 화면에서 보면 알고 싶어하던 "rep"에 대한 설명이 오른쪽 하단에 나와 있음을 알 수 있다. 여기서 명심할 것은 패키지를 로드하지 않고 help를 외치면 아무도 답하지 않는다는 점이다. 패키지를 로드하지 않고 help를 외칠 경우 어떻게 되는지 다시 한번 살펴보자.

명령어

```
> ?ggplot2
```

[처리결과화면]

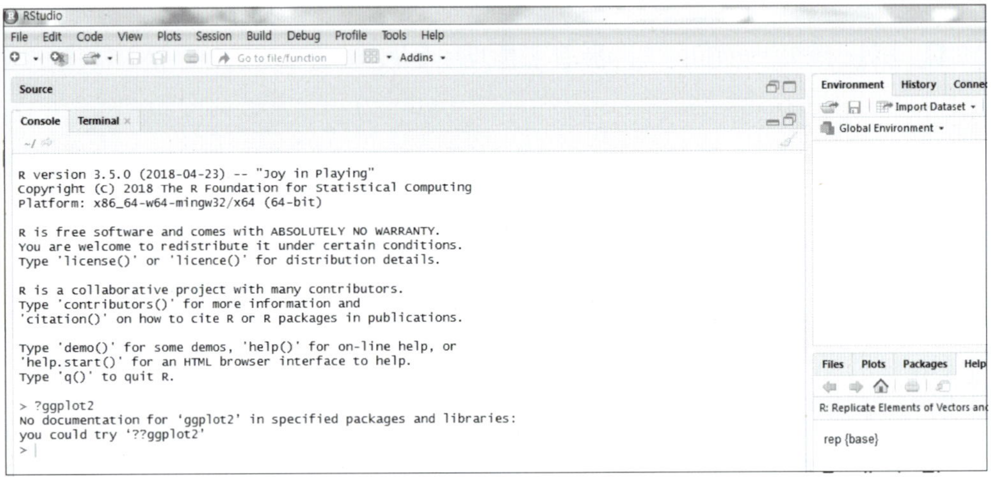

해석

명령어를 처리한 화면을 보면 "No documentation for 'ggplot2' in specified packages and libraries"라는 메시지가 나온다. 즉 패키지 인식이 안된 상태임을 알 수 있다. 이럴 때는 해당 패키지를 로드하지 않아서 나타나는 현상이다.

질문을 하려면 우선 해당되는 패키지를 로드해야 한다. 명령어를 사용해서 순차적으로 해결해 보자:

명령어

```
> library("ggplot2")
> ?ggplot2
```

[처리결과화면]

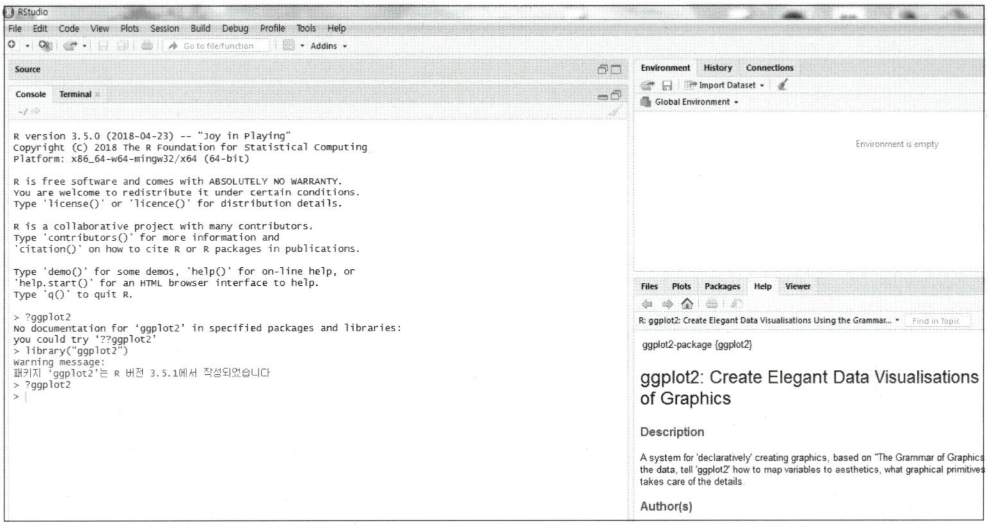

해석

명령어를 실행한 결과 화면의 우측 하단에 ggplot2에 대한 설명이 나와 있음을 볼 수 있다.

※도와줘 help※

패키지를 로드하지 않고 help를 외치는 방법도 있다. :: 기호를 사용하는 방법이다. ggplot2 패키지에서 ggplot에 대해 알려달라는 명령어를 내려보자.

명령어

```
>?ggplot2::ggplot
```

[처리결과화면]

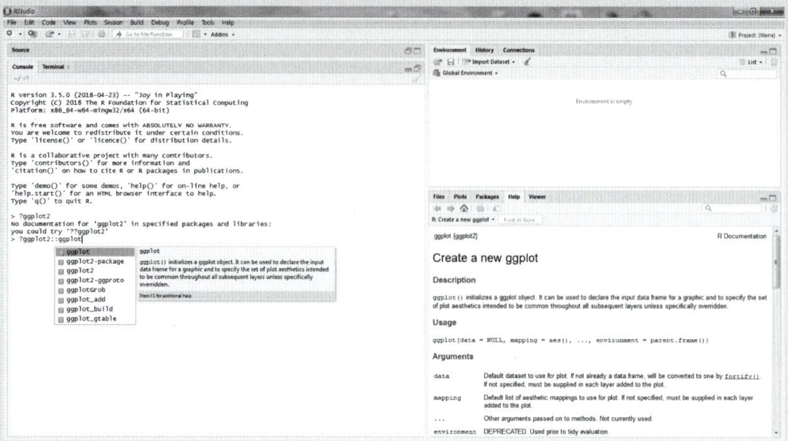

해석

명령어를 실행한 결과 우측에 ggplot에 대한 설명이 나오는 동시에, 좌측 하단에 여러가지 함수와 각 함수의 설명이 들어 있는 박스가 나타나고 있다.

2) 명령어 저장하는 스크립트 파일[3]: Ctrl + Shift + N

Q. R에도 Stata 통계 프로그램처럼 명령어를 저장해 두었다가 꺼내쓰는 편리한 도구가 있나요?

통계 프로그램 Stata에는 명령어를 저장해 두는 do 파일이 존재한다. 통계 처리할 때마다 일일이 다시 반복해서 명령어를 작성하지 않아도 되고, 때로는 통계 처리 방법을 기억하기 어려울 때 쉽게 꺼내쓰기만 하면 되는 유용한 도구가 Stata의 do 파일이다. 명령어를 적어두는 노트라고나 할까!?!?

위대한 R도 이러한 명령어 기록 노트 도구가 있다. 다름아닌 스크립트 파일이다. 다음 명령어를 통해 스크립트 파일을 열어 보자. 일반 R 명령어로 하지 않고 단순하게 Ctrl + Shift + N 키를 동시에 눌러 주면 된다.

명령어

```
Ctrl + Shift + N (누르기)
```

3 명령어 저장 파일, Stata 통계 프로그램의 do 파일에 해당.

[처리결과화면]

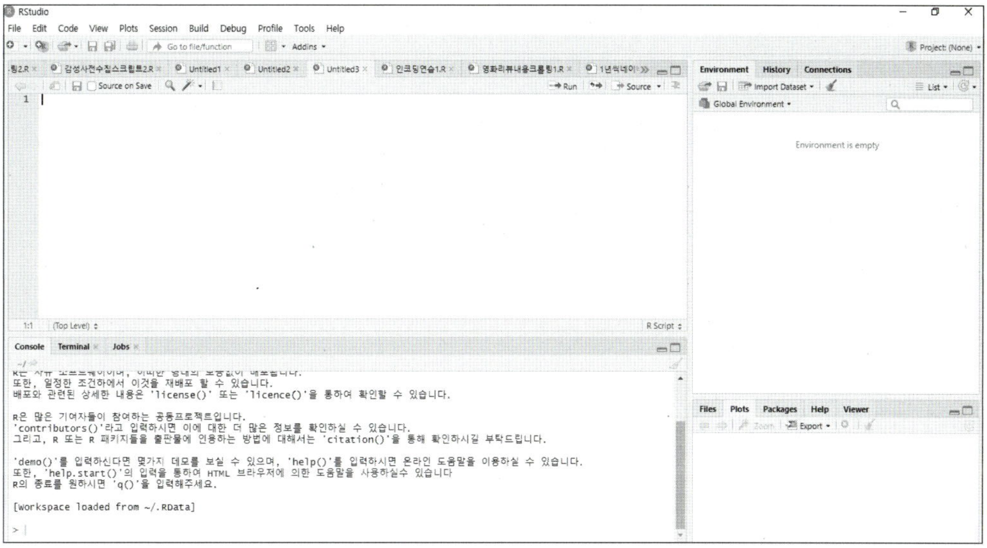

해석

명령어를 처리한 결과 RStudio 화면 왼쪽 상단에 “Untitled2”, “Untitled3” 이름으로 새로운 메모장이 나타난다. 명령어 **Ctrl + Shift + N** (누르기)를 반복할 때 마다 **“Untitled2”, “Untitled3”** 등의 순으로 새로운 메모장이 생성된다. 왼쪽에는 1번이 나타나 있고, 명령어를 한 줄씩 채워 나가면 왼쪽 번호가 차례로 2, 3, 4, 5 등으로 기록된다. Stata의 do 파일과 화면이 매우 유사함을 알 수 있다.

스크립트 파일을 사용하는 방법도 Stata의 do 파일 사용법과 완전 동일하다. 우선 명령어 한 줄씩 드래그로 선택한 뒤 우측 상단에 있는 Run 을 클릭하거나, 수동으로 Ctrl +Enter키를 누르면 해당 명령어가 실행된다. 또한 여러 줄의 명령어를 차례대로 한꺼번에 실행하려면 해당 명령어 줄을 모두 드래그해서 선택하고, 우측 상단에 있는 Run 을 클릭하거나, 수동으로 Ctrl +Enter키를 누르면 된다. 여기서는 임의로 다음과 같은 명령어들을 저장해 보자.

```
1 factorial(9)
2 plot(runif(100), runif(100))
3 library("rgl")
4 example(plot3d)
```

[처리결과화면]

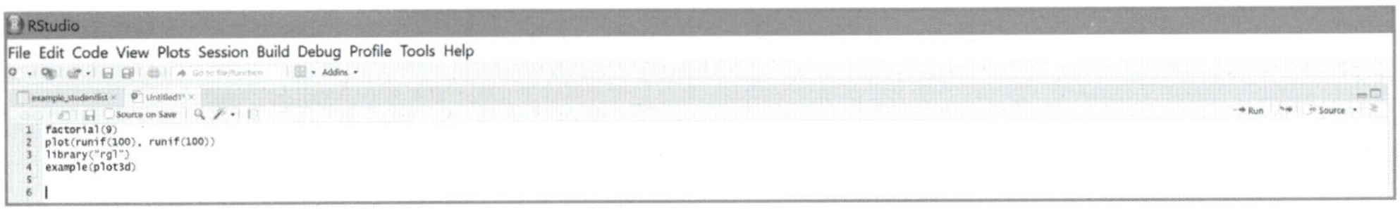

이제 첫 번째 줄 명령어를 드래그 하고 우측 상단에 있는 ➡Run 을 클릭하거나, 수동으로 Ctrl +Enter키를 누르면 해당 명령어가 실행되어 다음과 같이 자동으로 실행된다.

```
> factorial(9)
[1] 362880
```

해석

1에서 9까지의 숫자를 모두 차례로 곱하라는 명령어인 factorial( ) 함수식에 따라 과정을 자동으로 처리하고 결과 값인 362880을 보여 주고 있다.

이제 두 번째 줄 명령어를 드래그 하고 우측 상단에 있는 ➡Run 을 클릭하거나, 수동으로 Ctrl +Enter키를 누르면 해당 명령어가 실행되어 다음과 같이 자동으로 실행된다.

```
> plot(runif(100), runif(100))
```

[처리결과화면]

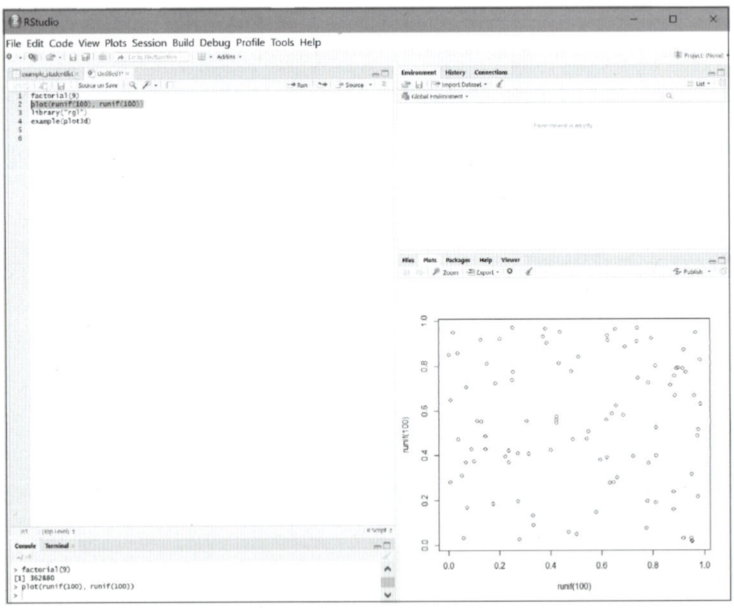

해석

100개의 행렬좌표 난수를 생성하여 그래프로 보여 달라는 명령어를 자동 실행하여 화면 오른쪽 하단에 그래프를 보여 주고 있다

이제 세 번째 줄과 네 번째 줄 명령어를 모두 드래그 하고 우측 상단에 있는 Run 을 클릭하거나, 수동으로 Ctrl +Enter키를 누르면 해당 명령어가 실행되어 다음과 같이 자동으로 실행된다.

[처리결과화면]

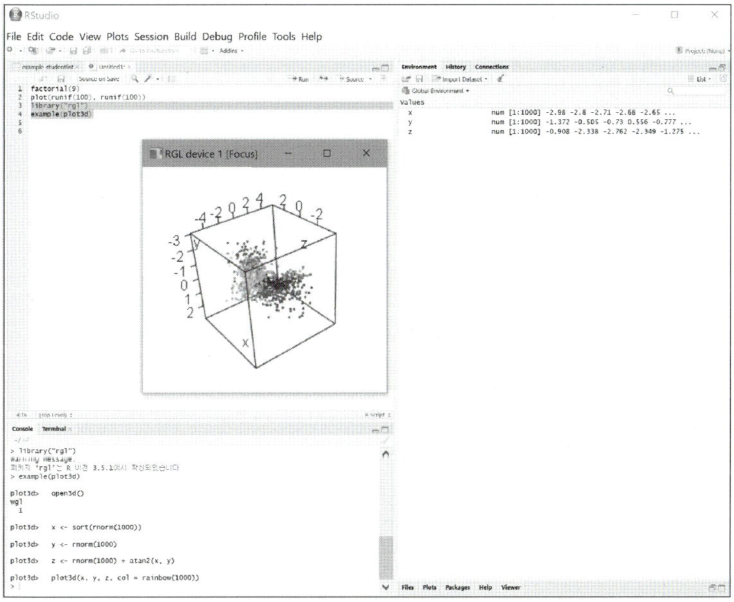

해석

3D그래프를 보여 주는 rgl 패키지를 로딩하고(명령어 library "rgl"), 예제코드인 plot3d를 처리해서 결과물을 보여 달라는 명령어(example(plot3d))를 자동 실행하여 화면 오른쪽 상단에 values를 보여주고, 화면 오른쪽 하단 콘솔(Console) 박스에는 명령어를 처리한 내용을 그대로 보여 주고 있다. 또한 최종 결과물인 3D 그래프를 별도의 화면(왼쪽 그림과 같은)을 통해 보여 주고 있다.

3) 스크립트 불러오기(깨진 스크립트 해결): Reopen with Encoding

Q. 스크립트가 깨질 때가 있어요. 바이러스인가요?

스크립트가 깨져서 나온다구요? 아니에요, 바이러스. 물론 물리적 충격이나 바이러스로 인해 깨질 때도 있지만, 모든 경우가 그런건 아니에요. 스크립트에 영어를 사용했다면 큰 문제가 없는데 혹시 한국어를 사용했다면 한국어는 encoding 종류가 있어서 이런 문제가 발생하기도 합니다. 이 내용을 잘 살펴봅시다. 우선 실습 스크립트(네이버 뉴스 크롤링-강원 가계.R)를 불러와 봅시다.

[처리결과화면]

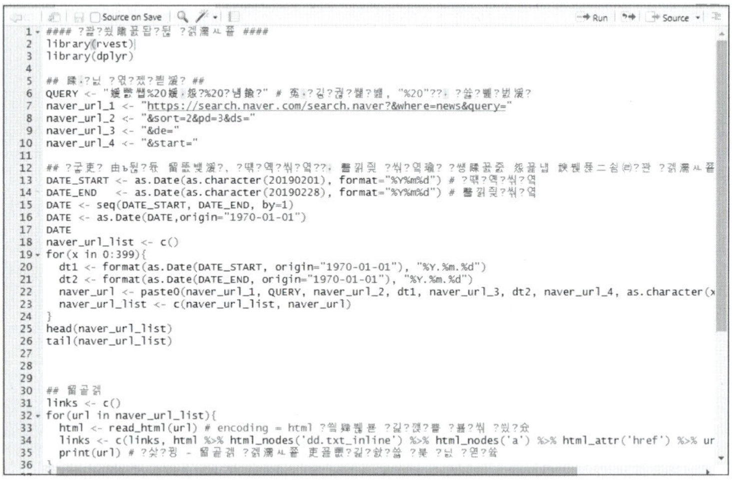

해석

처리 결과 화면을 살펴보면, 특수문자처럼 보이는 것들이 # 다음에 듬성듬성 보이고 있다. 상기 화면은 스크립트가 깨진 것이 아니라 한글로 기록한 내용들을 제대로 읽지 못해 나타나는 현상이다. 이 문제는 encoding 유형을 정확히 지정해주면 된다. 실습데이터는 UTF-8으로 작성된 스크립트이다. Encoding 지정은 File -> Reopen with Encoding...에 들어가서 하면 된다.

[처리결과화면]

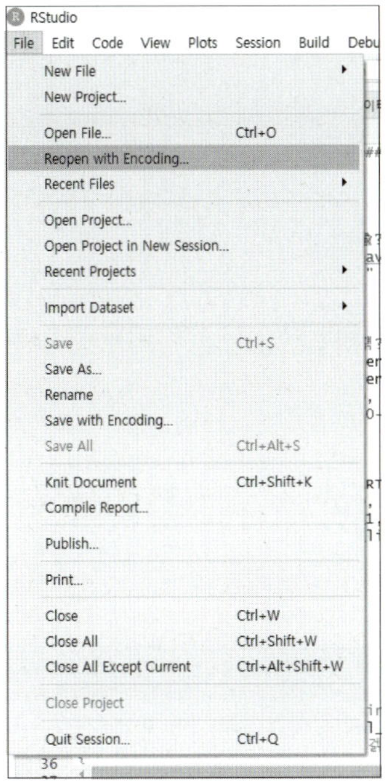

Reopen with Encoding...에 들어가면 새로운 선택창이 뜬다. 여기서 아래쪽에 있는 UTF-8을 선택해주자. 그러면 앞서 불러온 스크립트가 정상적인 형태로 변환이 되어 나타난다.

[처리결과화면]

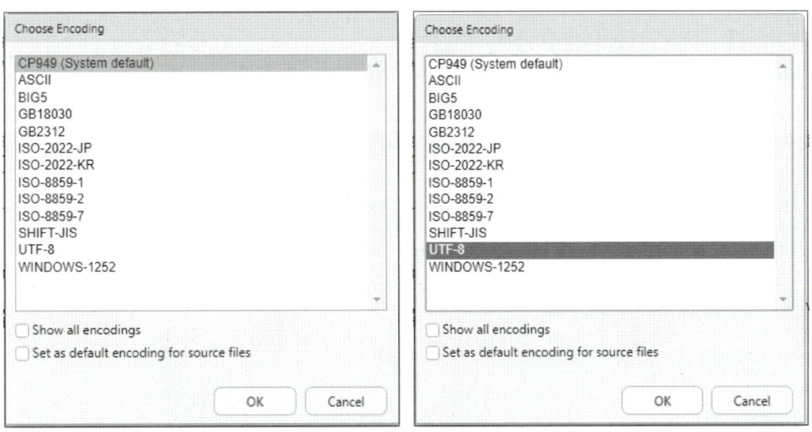

[처리결과화면: 정상화]

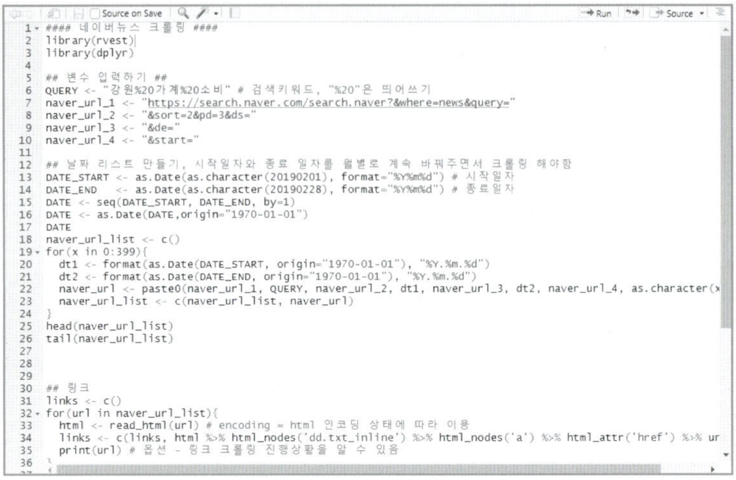

```
#### 네이버뉴스 크롤링 ####
library(rvest)
library(dplyr)

## 변수 입력하기 ##
QUERY <- "강원%20가계%20소비" # 검색키워드, "%20"은 띄어쓰기
naver_url_1 <- "https://search.naver.com/search.naver?&where=news&query="
naver_url_2 <- "&sort=2&pd=3&ds="
naver_url_3 <- "&de="
naver_url_4 <- "&start="

## 날짜 리스트 만들기, 시작일자와 종료 일자를 월별로 계속 바꿔주면서 크롤링 해야함
DATE_START <- as.Date(as.character(20190201), format="%Y%m%d") # 시작일자
DATE_END   <- as.Date(as.character(20190228), format="%Y%m%d") # 종료일자
DATE <- seq(DATE_START, DATE_END, by=1)
DATE <- as.Date(DATE,origin="1970-01-01")
DATE
naver_url_list <- c()
for(x in 0:399){
  dt1 <- format(as.Date(DATE_START, origin="1970-01-01"), "%Y.%m.%d")
  dt2 <- format(as.Date(DATE_END, origin="1970-01-01"), "%Y.%m.%d")
  naver_url <- paste0(naver_url_1, QUERY, naver_url_2, dt1, naver_url_3, dt2, naver_url_4, as.character(x
  naver_url_list <- c(naver_url_list, naver_url)
}
head(naver_url_list)
tail(naver_url_list)



## 링크
links <- c()
for(url in naver_url_list){
  html <- read_html(url) # encoding = html 인코딩 상태에 따라 이용
  links <- c(links, html %>% html_nodes('dd.txt_inline') %>% html_nodes('a') %>% html_attr('href') %>% ur
  print(url) # 옵션 - 링크 크롤링 진행상황을 알 수 있음
}
```

3.3 데이터 생성 및 가공

3.3.1 기초

만들기

1) 자료 만들기(수작업): c( )

Q. 데이터를 직접 만들어 보고 싶은데요?

저장되어 있는 기초자료를 사용하지 않고 연구자가 스스로 자료를 만들고 싶을 때 사용하는 명령어는 c( ) 함수식이다. 생성할 변수명을 x, y, z으로 정하고 숫자를 직접 입력해 보자. 숫자(수치형)는 그대로 적고, 문자(명목형)는 " " 안에 기입한다. 논리(논리형)는 TRUE와 FALSE 두 가지로 직접 기입한다.

명령어

```
> 생성할변수명=c(숫자1, 숫자2, 숫자3, 숫자4)
> 생성할변수명=c("문자1", "문자2", "문자3", "문자4")
> 생성할변수명=c(논리1, 논리2, 논리1, 논리2)
```

```
> x=c(1, 3, 5, 7, 9)
> y=c("firm", "year", "Income", "Sales")
> z=c(TRUE, FALSE, TRUE, TRUE)
```

[처리결과화면]

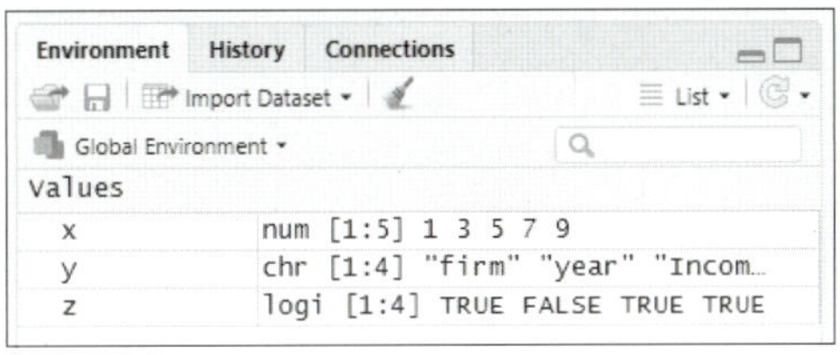

2) 자료 묶기(가장 포괄적인 데이터 구조): list( )

Q. 여러 가지 다른 유형의 객체를 한꺼번에 묶을 수 있는 위대한 명령어는 없나요?

지금까지 하나하나 소개했던 여러 가지 다른 유형의 객체를 생성시키고 처리하는 명령어들과 달리, 이들 다양한 유형의 객체를 모두 수용할 수 있는 엄청난 명령어가 있다. 이름 하야 list( ) 되시겠다. 리스트는 어떤 유형의 객체라도 이름을 지어 줄 수 있다.

숫자형 벡터, 문자형 벡터, 행렬 벡터, data.frame 등으로 생성시킨 객체들을 모두 한자리에 불러모아 보자. 앞서 연습한 것들로부터 각 유형의 객체를 다시 생성시켜 보자.

명령어

```
> 숫자형 벡터
> 문자형 벡터
> 행렬 벡터
> data.frame 벡터
> 새로저장할파일명=list(파일명1, 파일명2, 파일명3)
```

```
> x=c(1,3,5,7,9)
> y=c("firm", "year")
> analysis1=matrix(1:9, nrow=3)
> analysis5=data.frame(firm=c("R1","R2","R3"),variable=c("C1","C2","C3"))
> z=list(x,y,analysis1,analysis5)
```

[처리결과화면]

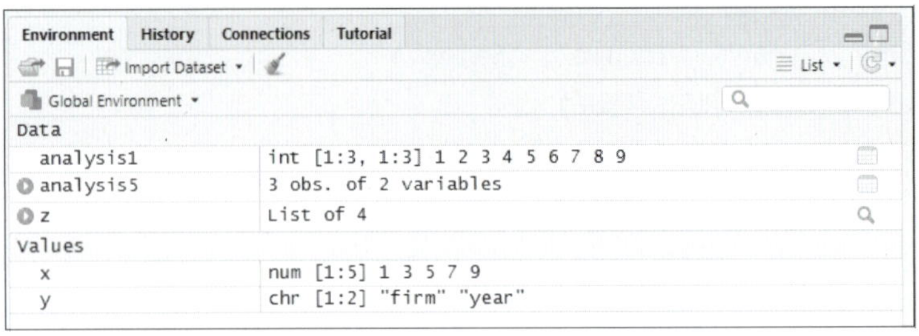

3) 파일 저장하기: write.csv( )

최종처리된 자료를 파일로 생성시키라는 명령어를 작성해보자. 우선 몇 가지 명령어를 통해 데이터작업을 실행하자. 생성시킬 파일명은 listmergefinal1.csv로 정하자. 사용할 함수는 write.csv( ) 이다. 옵션으로 "행의 이름을 생략"하라는 명령어로 "row.names=FALSE"를 추가하도록 하자. 이렇게 처리한 최종 파일은 작업디렉토리에 생성되어 있다. 작업디렉토리로 들어가서 생성된 파일을 확인해 보자.

명령어

```
> num <- factor(c(1, 2, 3, 4, 5, 6, 7))
> rev <- c(10, 20, 30, 40, 50, 60, 70)
> visits <- c(100, 200, 300, 400, 500, 600, 700)
> manager <- c("A", "B", "C", "D", "E", "F", "G")
> df <- data.frame(num, rev, visits, manager, stringsAsFactors = F)
> df #작업한 파일 열람
> write.csv(df, file = "listmergefinal1.csv", row.names = F) #작업한 것을 listmergef
inal.csv로 작업디렉토리에 저장할 것
```

```
> num <- factor(c(1, 2, 3, 4, 5, 6, 7))
> rev <- c(10, 20, 30, 40, 50, 60, 70)
> visits <- c(100, 200, 300, 400, 500, 600, 700)
> manager <- c("A", "B", "C", "D", "E", "F", "G")
> df <- data.frame(num, rev, visits, manager, stringsAsFactors = F)
> df
  num rev visits manager
1   1  10    100       A
2   2  20    200       B
```

```
3    3  30    300        C
4    4  40    400        D
5    5  50    500        E
6    6  60    600        F
7    7  70    700        G
> setwd("C:/Users/osyan/")
> write.csv(df, file = "listmergefinal1.csv", row.names = F) #작업한 것을 listmergefinal.csv로 작업디렉토리에 저장할 것
```

[처리결과화면(파일작업)]

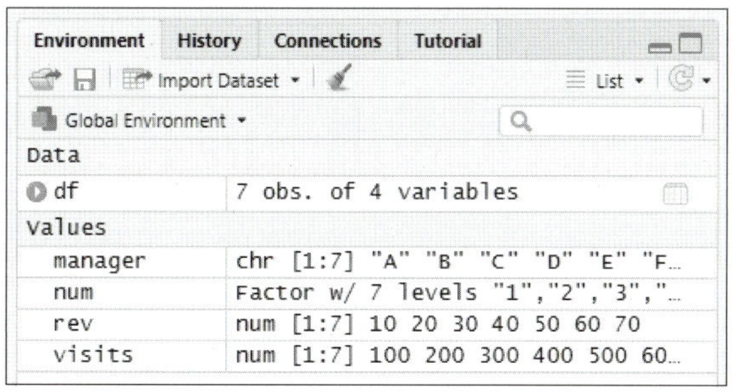

[처리결과화면(파일저장)]

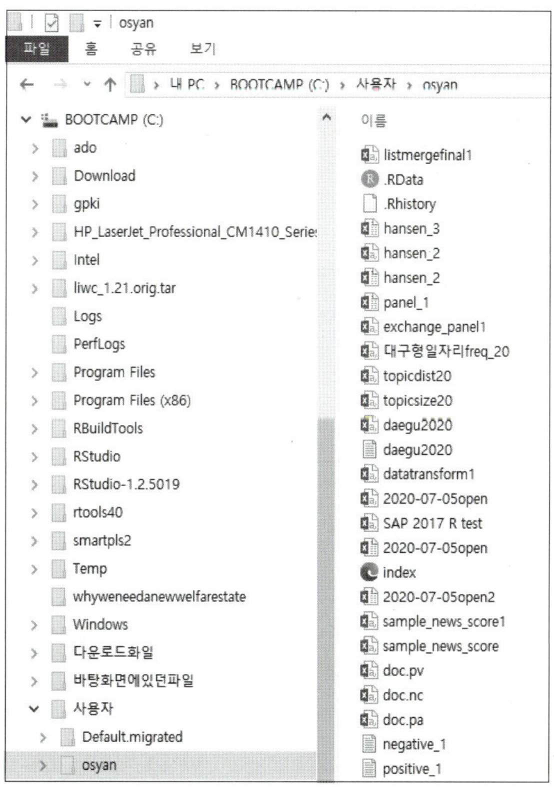

해석

처리 화면을 보면, 작업디렉토리에 listmergefinal1.csv 라는 파일이 생성되어 있음을 볼 수 있다.

4) 2X2 매트릭스 행렬 데이터 만들기: matrix( )

Q. 행렬 좌표로 이루어진 데이터 자료를 만들고 싶을 때 사용하는 함수식은 뭔가요?

① matrix( )

매트릭스 형식으로 구성된 행렬 좌표 데이터를 만들 때 사용하는 함수식은 matrix( )이다. 자료를 직접 생성하는 c( ) 함수식을 사용하여 행과 열의 이름을 생성시키고, 그 안에 숫자 자료를 만들어보자. 행의 이름은 R1, R2, R3이고, 열의 이름은 C1, C2, C3으로 정하자. 숫자 자료는 1~9까지의 정수이고, 행을 따라서 순차적으로 생성하도록 명령어를 만들어보자. 행의 변수명은 firm, 열의 변수명은 variable로 정하자. 행의 숫자는 nrow, 열의 숫자는 ncol 옵션으로 지정해준다. 행과 열의 변수명은 dimnames=list( ) 함수식으로 지정해준다. 행렬좌표 데이터를 저장할 변수명은 analysis1으로 정하자. 작업이 끝나면 생성된 행렬좌표 데이터의 내용을 구체적으로 열람해 보자. 명령어는 앞서 연습한 것처럼 생성된 변수명 자체를 지정해주면 된다.

명령어

```
> 생성할변수명=c("이름1", "이름2", "이름3")
> 생성할변수명=matrix(시작수: 끝수, nrow=행의 수, ncol=열의 수, dimnames=list(행의 변수명, 열의 변수명))
```

```
> firm=c("R1", "R2", "R3")
> variable=c("C1", "C2", "C3")
> analysis1=matrix(1: 9, nrow=3, ncol=3, dimnames=list(firm, variable))
> analysis1
   C1 C2 C3
R1  1  4  7
R2  2  5  8
R3  3  6  9
```

② **dim( )**

매트릭스 형식으로 구성된 행렬 좌표 데이터를 만들 때 사용하는 함수식은 matrix( ) 말고도 dim( ) 함수식이 있다. 이 명령어는 자료를 직접 생성하는 c( ) 함수식과 병행해서 사용해야 한다. 데이터를 생성시키는 양식을 지정해주려면 c( ) 함수식의 도움이 필요하다. 한 마디로 이 방법을 정리하자면 우선 숫자를 생성시킨 뒤, 생성된 숫자를 다시 양식을 부여하여 특정한 행렬좌표 모양을 갖추도록 재배치하는 방식이다.

행렬좌표 데이터를 저장할 변수명은 analysis2, analysis3으로 정하자. Analysis2에는 1~9의 정수를 생성시키고, analysis3에는 1~24까지의 정수를 생성시키자. Analysis2에 대해서는 3X3 매트릭스(즉 행의 수 3, 열의 수 3)를 생성시키고, analysis3에 대해서는 4X3 매트릭스 두 개(즉 행의 수 4, 열의 수 3, 행렬의 수 2)를 생성시켜보자.

명령어

```
> 생성할변수명1=c( ) 또는 생성할변수명1=처음수: 끝수
> 생성할변수명2=c( ) 또는 생성할변수명2=처음수: 끝수
> dim(생성할변수명1)=c(행의 수, 열의 수, 행렬의 수)
> dim(생성할변수명1)=c(행의 수, 열의 수, 행렬의 수)
```

```
> analysis2=c(1: 9) #또는 analysis2=1: 9
> analysis3=c(1: 24) #또는 analysis3=1: 24
> dim(analysis2)=c(3, 3, 1)
> dim(analysis3)=c(4, 3, 2)
```

자 이렇게 생성시킨 행렬 데이터를 직접 열람해 보자.

명령어

```
> analysis2
```

```
> analysis2
, , 1

     [,1] [,2] [,3]
[1,]    1    4    7
[2,]    2    5    8
```

```
[3,]    3    6    9
```

명령어

> analysis3

```
> analysis3
, , 1

     [,1] [,2] [,3]
[1,]    1    5    9
[2,]    2    6   10
[3,]    3    7   11
[4,]    4    8   12

, , 2

     [,1] [,2] [,3]
[1,]   13   17   21
[2,]   14   18   22
[3,]   15   19   23
[4,]   16   20   24
```

③ **array( )**

매트릭스 형식으로 구성된 행렬 좌표 데이터를 만들 때 사용하는 함수식은 matrix( ), dim( ) 함수식이 있다. 이 명령어들보다 좀 더 간단하게 종합적으로 행렬좌표 데이터를 생성시키는 명령어가 있다. 이는 array( ) 함수식을 사용하는 방법으로, 생성시킬 숫자를 지정해주는 벡터 명령어(예, 1~24까지의 정수를 지정해 줄 때 => 1: 24)와, 자료를 직접 생성하는 c( ) 함수식과 병행해서 사용해야 한다. 데이터를 생성시키는 양식을 지정해주려면 c( ) 함수식의 도움이 필요하다. 한 마디로 이 방법을 정리하자면 생성시키는 숫자를 지정해주는 벡터와 생성된 숫자를 다시 양식을 부여하여 특정한 행렬좌표 모양을 갖추도록 재배치하는 방식을 동시에 지정해 주는 방식이다.

행렬좌표 데이터를 저장할 변수명은 analysis4로 정하자. Analysis4에 1~24의 정수를 생성시키고, 이를 4X3 매트릭스 두 개(즉 행의 수 4, 열의 수 3, 행렬의 수 2)를 생성시키라는 명령어를 내려보자.

명령어

> 생성할변수명=array(처음수: 끝수, c(행의 수, 열의 수, 행렬의 수))

```
> analysis4=array(1: 24, c(4, 3, 2))
```

자 이렇게 생성시킨 행렬좌표 데이터를 직접 열람해 보자.

명령어

> analysis4

```
> analysis4
, , 1

     [,1] [,2] [,3]
[1,]    1    5    9
[2,]    2    6   10
[3,]    3    7   11
[4,]    4    8   12

, , 2

     [,1] [,2] [,3]
[1,]   13   17   21
[2,]   14   18   22
[3,]   15   19   23
[4,]   16   20   24
```

5) 벡터로부터 데이터 프레임 작성하기(행렬좌표 데이터와 같은 양식): data.frame( )

Q. 백터로부터 데이터 프레임을 작성하는 방법을 알려주세요. 쌤!

R에서는 다양한 형태의 데이터 프레임을 작성할 수 있다. 일반적으로 통계분석이나 자료분석에서 사용되는 데이터 자료는 행렬좌표 데이터와 동일한 양식을 갖추고 있다. 이처럼 분

석에서 사용되는 일반적인 데이터 자료의 구조를 "데이터 프레임"이라고 한다. 일반적인 데이터 자료 구조를 갖추도록 자료를 생성시키는 것이 data.frame( ) 함수식이다.

매트릭스 형식으로 구성된 행렬 좌표 데이터를 만들 때 사용하는 함수식은 matrix( )이다. 행렬에서 행은 레코드, 열은 변수로 일컫는다. 자료를 직접 생성하는 c( ) 함수식을 사용하여 행과 열의 이름을 생성시키고, 그 안에 숫자 자료를 만들어보자. 행의 이름은 R1, R2, R3이고, 열의 이름은 C1, C2, C3으로 정하자. 숫자 자료는 1~9까지의 정수이고, 행을 따라서 순차적으로 생성하도록 명령어를 만들어보자. 행의 변수명은 firm, 열의 변수명은 variable로 정하자. 행의 숫자는 nrow, 열의 숫자는 ncol 옵션으로 지정해준다. 행과 열의 변수명은 dimnames=list( ) 함수식으로 지정해준다.

앞서 생성시킨 firm 변수와 variable 변수 자료를 사용하여 데이터 프레임을 완성시켜 보자. 행렬좌표 데이터를 저장할 데이터프레임 변수명은 analysis5로 정하자. 주의할 것은 R 프로그램은 " "만을 인식할 뿐, 아래아 한글프로그램(HWP)의 큰 따옴표는 인식하지 못한다.

명령어

```
> 생성할변수명1=c("이름1", "이름2", "이름3")
> 생성할변수명2=c("이름4", "이름5", "이름6")
> 데이터프레임변수명=data.frame(생성할변수명1, 생성할변수명2)
```

```
> firm=c("R1", "R2", "R3")
> variable=c("C1", "C2", "C3")
> analysis5=data.frame(firm, variable)
```

자 이제 생성시킨 데이터프레임 변수의 자료를 직접 열람해 보자.

명령어

```
> analysis5
```

```
> analysis5
  firm variable
1   R1       C1
2   R2       C2
```

```
3   R3         C3
```

지금까지 하나하나 진행한 명령어 처리를 이제 한꺼번에 표현해보자. 사용할 명령어는 data.frame( ) 함수이다. 작성할 명령어는 다음과 같다. 비교를 위해 명령어를 처리한 결과를 반환할 파일명은 analysis6로 하자.

명령어

```
> analysis6=data.frame(firm=c("R1", "R2", "R3"), variable=c("C1", "C2", "C3"))
> analysis6
```

```
> analysis6=data.frame(firm=c("R1", "R2", "R3"), variable=c("C1", "C2", "C
3"))
> analysis6
  firm variable
1   R1         C1
2   R2         C2
3   R3         C3
```

해석

앞서 저장한 파일명(analysis5)와 비교해 보면, analysis6의 내용이 완전히 동일함을 알 수 있다.

이번에는 숫자를 변수에 할당하여 데이터셋을 만들어보자. **변수와 수치를 생성시켜 저장하고, 이를 하나의 데이터 셋으로 모아서 저장하는 방식**이다. 구체적으로는 5가지 운동 요소(Walking=WK, Aerobic=AE, Flexibility=FL, Sport=SP, Bike=BI)를 구성하는 수치를 생성시켜, 이를 exercise1이라는 파일에 담도록 명령어를 작성해보자. 배정할 숫자는 각각 다음과 같다.

명령어

```
> WK=c(4,7,16,12,8,11,14,9,4,8)
> AE=c(3,5,11,11,6,6,13,4,3,7)
> FL=c(2,5,12,17,9,6,15,6,3,9)
```

```
> SP=c(0,0,4,0,0,0,4,1,0,1)
> BI=c(3,2,5,3,1,2,6,2,1,4)
```

```
> WK=c(4,7,16,12,8,11,14,9,4,8)
> AE=c(3,5,11,11,6,6,13,4,3,7)
> WK=c(4,7,16,12,8,11,14,9,4,8)
> AE=c(3,5,11,11,6,6,13,4,3,7)
> FL=c(2,5,12,17,9,6,15,6,3,9)
> SP=c(0,0,4,0,0,0,4,1,0,1)
> BI=c(3,2,5,3,1,2,6,2,1,4)
```

[처리결과화면]

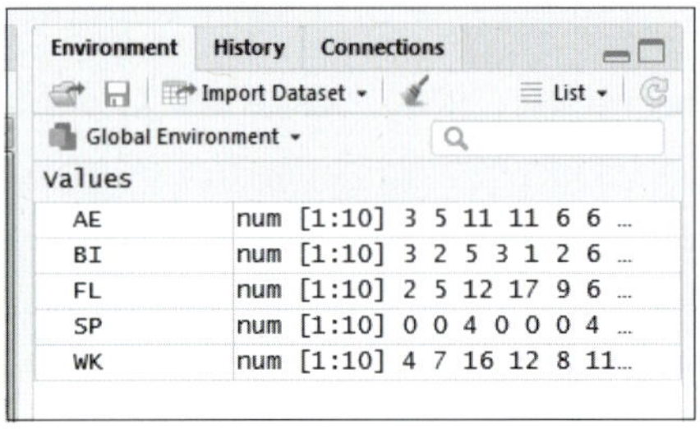

자 이제 각각 생성시킨 변수와 해당 수치 데이터를 data.frame( ) 함수를 사용하여 데이터 프레임을 작성해보자(Walking=WK, Aerobic=AE, Flexibility=FL, Sport=SP, Bike=BI). 반환할 파일명은 exercise1이다. 작성 후 최종 결과를 exercise1 명령어로 내용 열람을 하도록 한다.

명령어

```
> exercise1=data.frame(Walking=WK, Aerobic=AE, Flexibility=FL, Sport=SP, Bike=BI)
> exercise1
```

```
> exercise1=data.frame(Walking=WK, Aerobic=AE, Flexibility=FL, Sport=SP,
Bike=BI)
> exercise1
  Walking Aerobic Flexibility Sport Bike
1       4       3           2     0    3
2       7       5           5     0    2
3      16      11          12     4    5
```

```
4     12    11        17    0    3
5      8     6         9    0    1
6     11     6         6    0    2
7     14    13        15    4    6
8      9     4         6    1    2
9      4     3         3    0    1
10     8     7         9    1    4
```

[처리결과화면]

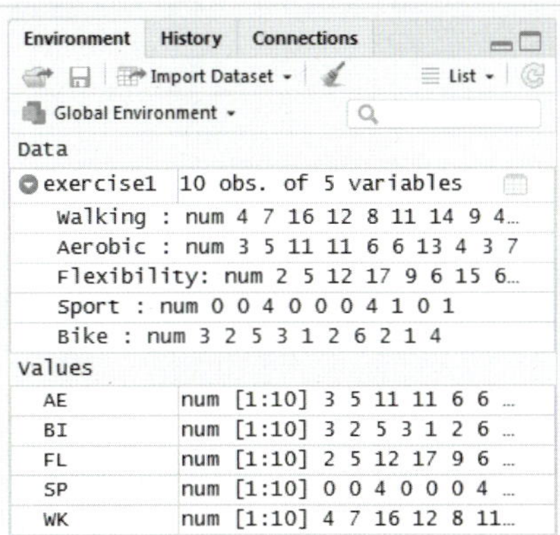

6) 텍스트로부터 데이터 프레임 작성하기: read.table( )

Q. 텍스트로부터도 데이터 프레임을 작성하는 방법이 있나요?

R에서는 텍스트로부터도 데이터 프레임을 작성할 수 있다. 우선 작업디렉토리를 지정하고 (setwd("C:/Users/User"), 작업디렉토리에 저장되어 있는 연습데이터인 exercise2.txt를 불러오자. 사용할 명령어는 read.table( ) 함수이고 반환할 파일명은 exercise2이다. 데이터셋의 첫번째 줄에 '변수명'이 들어 있는 경우에는 header=TRUE로 표기해주어야 한다. 작업이 끝난 후 결과 파일 내용을 확인해보자.

명령어

```
> setwd("C:/Users/User") #작업디렉토리
> exercise2=read.table(file="exercise2.txt", header=TRUE)
> exercise2
```

```
> setwd("C:/Users/User") #작업디렉토리
> exercise2=read.table(file="exercise2.txt", header=TRUE)
> exercise2
   Walking Aerobic Flexibility Sport Bike
1        4       3           2     0    3
2        7       5           5     0    2
3       16      11          12     4    5
4       12      11          17     0    3
5        8       6           9     0    1
6       11       6           6     0    2
7       14      13          15     4    6
8        9       4           6     1    2
9        4       3           3     0    1
10       8       7           9     1    4
```

해석

앞서 저장한 파일명(exercise1)과 내용면에서 동일한 데이터셋이 작성되었음을 알 수 있다.

• 가공하기

7) 특수문자 제거하기: gsub( )

기초 데이터에 들어 있는 특수문자를 제거하는 방법을 연습하자. 우선 Import Dataset을 통해 연습데이터(apptrain.csv와 reviews.csv)를 불러오자. 작업디렉토리에 담겨 있는 데이터셋은 쉽게 불러와 지지만, 별도의 디렉토리에 저장해 둔 데이터셋은 가끔 불러오지 못하는 경우가 있다(ㅋ 불완전한 R군).

[Import로 데이터 파일을 불러 올 때 자동으로 생성되는 콘솔 내용]

```
> library(readr)
Warning message:
패키지 'readr'는 R 버전 3.5.2에서 작성되었습니다
> apptrain <- read_csv("apptrain.csv")
Parsed with column specification:
cols(
```

```
  App = col_character(),
  Category = col_character(),
  Rating = col_double(),
  Reviews = col_double(),
  Size = col_character(),
  Installs = col_character(),
  Type = col_character(),
  Price = col_double(),
  Content.Rating = col_character(),
  Last.Updated = col_character()
)
> View(apptrain)
> library(readr)
> reviews <- read_csv("reviews.csv")
Parsed with column specification:
cols(
  App = col_character(),
  Translated_Review = col_character(),
  Sentiment_Polarity = col_double(),
  Sentiment_Subjectivity = col_double()
)
> View(reviews)
```

[처리결과화면]

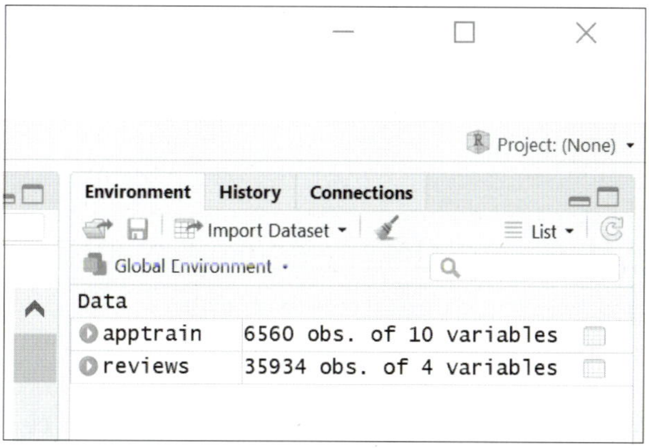

해석

처리 화면을 보면, 오른쪽 상단에 해당 파일이 정상적으로 탑재되어 있음을 알 수 있다.

자 이제 apptrain 데이터 파일에 들어 있는 변수 Installs의 자료를 처리하는 연습을 해 보자. 목적은 10000+ 형태로 되어 있는 자료들을 기호 "+"를 제거한 채 나머지 수치 자료만 저장하려고 한다. 명령어는 다음과 같다.

명령어

```
> apptrain$Installs <- gsub("[+]", "", apptrain$Installs) # apptrain파일의 installs 변수에서 기호 + 제거하고 나머지를 저장하기
```

[처리결과화면]

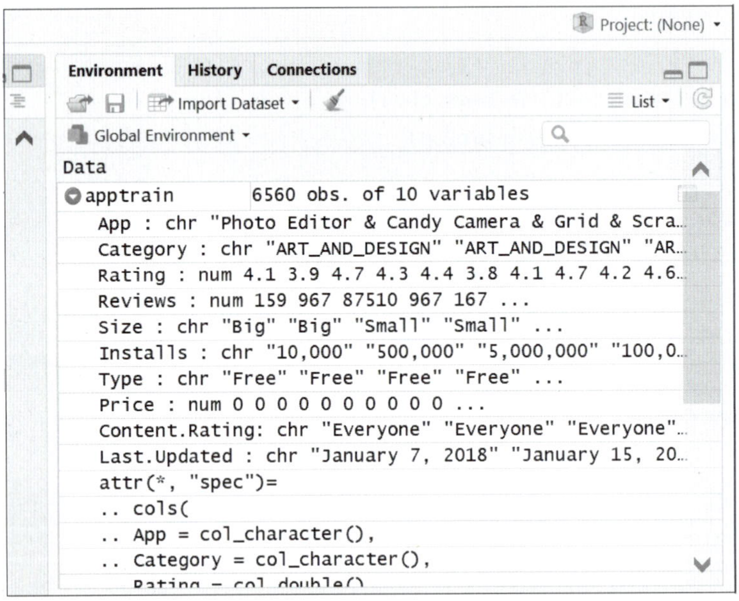

해석

처리 화면을 보면, apptrain 파일 안에 있는 변수 Installs의 자료들이 기존에 있던 + 기호가 제거된채 나머지 자료들만 저장되어 있음을 볼 수 있다.

8) 변수 삭제하기 & 정리하기: aggregate( ), NULL, c( ), merge( )

이번에는 변수를 삭제하고 변수명을 바꾸는 작업을 연습해보자. 앞서 사용한 연습데이터(apptrain.csv와 reviews.csv)를 불러와 그대로 사용하자. 먼저 reviews.csv 파일에서 App 변수를 기준으로 관련 데이터들을 모두 모아서 Sentiment 파일을 만들어보자.

명령어

```
> Sentiment=aggregate(reviews, by=list(reviews$App), FUN=mean)
```

[처리결과화면]

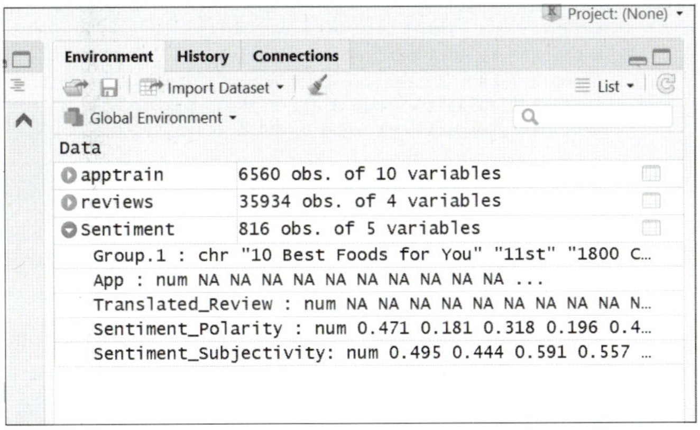

해석

처리 화면을 보면, 새로운 데이터셋 Sentiment가 생성되었고, 그 안에 Group.1, App, Translated_Review, Sentiment_Polarity, Sentiment_Subjectivity 등의 변수가 들어 있음을 볼 수 있다.

이제 데이터셋 Sentiment 안에 들어 있는 변수 Group.1, App, Translated_Review, Sentiment_Polarity, Sentiment_Subjectivity 가운데 두번 째와 세번 째 변수인 App, Translated_Review 변수를 제거해보자. 이를 위해서는 c( ) 함수와 NULL로 처리하라는, 즉 비워버리라는 명령어를 사용한다.

명령어

```
> Sentiment[,c(2,3)] <- NULL
```

[처리결과화면]

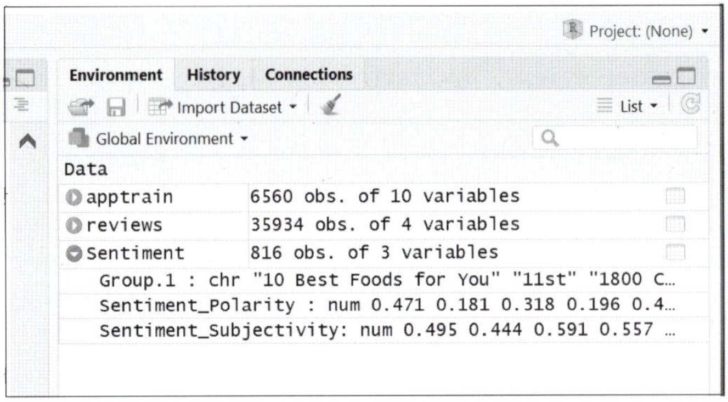

해석

처리 화면을 보면, 새롭게 생성된 데이터셋 Sentiment 안에 들어 있던 변수 Group.1, App, Translated_Review, Sentiment_Polarity, Sentiment_Subjectivity 가운데 두번 째와 세번 째 변수인 App, Translated_Review 변수가 제거되었음을 볼 수 있다.

다음 작업으로, Group.1, Sentiment_Polarity, Sentiment_Subjectivity 변수명을 App, Polarity, Subjectivity로 바꾸어 보자.

명령어

```
> names(Sentiment)= c("App","Polarity","Subjectivity")
```

[처리결과화면]

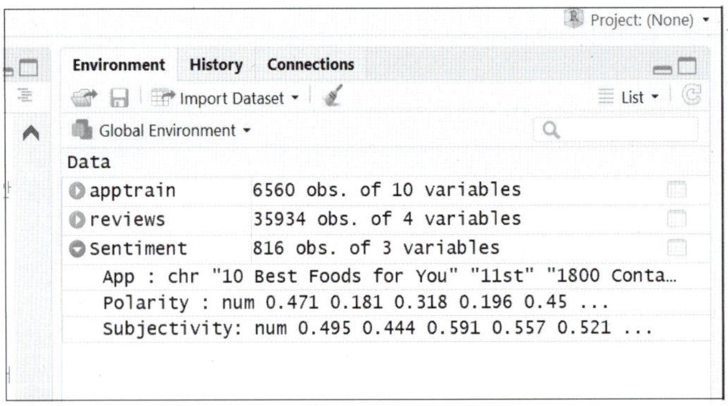

해석

처리 화면을 보면, Sentiment 안에 들어 있는 변수들의 변수명이 Group.1, Sentiment_Polarity, Sentiment_Subjectivity 였던 것이, 새로운 변수명인 App, Polarity, Subjectivity로 바뀌었음을 볼 수 있다.

이렇게 작업한 Sentiment 파일을 본래 파일인 apptrain 파일에 합치도록 하자.

명령어

```
> apptrain <-merge(apptrain,Sentiment,by="App",all.x=TRUE)
```

[처리결과화면]

(처리전)

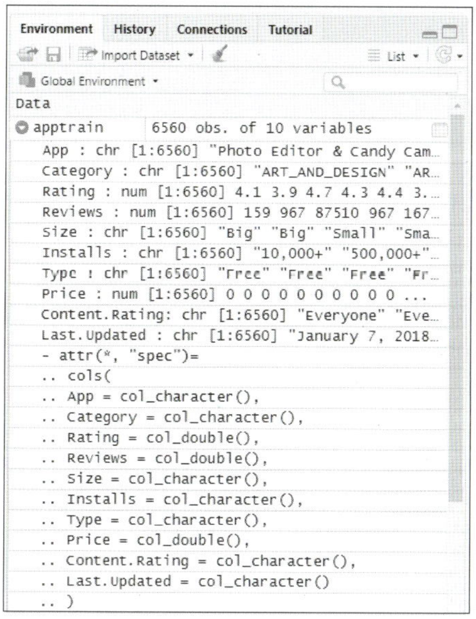

(처리후)

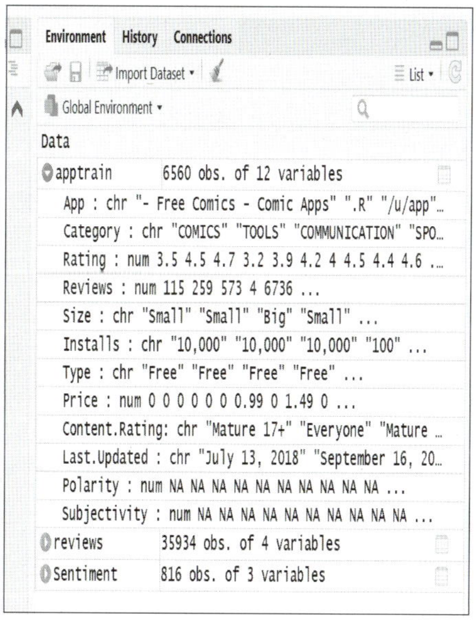

해석

처리 화면을 보면, apptrain 파일에 Sentiment가 App을 기준으로 합쳐져 있음을 볼 수 있다. 즉 apptrain에 들어 있지 않던 Sentiment의 변수 Polarity와 Subjectivity가 새롭게 첨부되었다. 단 Polarity와 Subjectivity의 내용이 num NA NA NA ....로 들어갔음을 알 수 있다.

9) 자료 병합하기

Q. 행 또는 열의 자료를 병합하고 싶은데 어떻게 하면 될까요?

① 행의 자료(같은 변수명 자료) 병합: **rbind( )**

저장되어 있는 기초자료의 내용에서 행의 자료를 병합, 즉 같은 변수명 내에서 위, 아래로 덧붙이고 싶을 때 사용하는 명령어는 rbind( ) 함수식이다. 앞서 생성시킨 firm, variable 데이터 자료에 각각 "R4", "R5", "R6"와 "C4", "C5", "C6"를 덧붙여 보자. 새로 덧붙일 파일명은 analysis6로 하고, 병합한 최종 파일명은 analysis7, 앞서 저장한 파일명은 analysis5이다. 작업이 다 되었으면 병합시킨 변수의 자료를 직접 열람해 보자.

명령어

```
> firm=c("R1", "R2", "R3")
> variable=c("C1", "C2", "C3")
> analysis5=data.frame(firm, variable)
> analysis5
> 덧붙일파일명=data.frame(파일명1=c(덧붙일자료1, 덧붙일자료2, 덧붙일자료3), 파일명2=c(덧붙일자료1, 덧붙일자료2, 덧붙일자료3))
> 병합할파일명=rbind(앞서저장한파일명, 덧붙일파일명) #앞서저장한파일명=analysis5
```

```
> firm=c("R1", "R2", "R3")
> variable=c("C1", "C2", "C3")
> analysis5=data.frame(firm, variable)
> analysis5
  firm variable
1   R1       C1
2   R2       C2
3   R3       C3
> analysis6=data.frame(firm=c("R4", "R5", "R6"),
+                      variable=c("C4", "C5", "C6"))
> analysis6
  firm variable
1   R4       C4
2   R5       C5
3   R6       C6
```

```
>
> analysis7 <- rbind(analysis5, analysis6)
> analysis7
  firm variable
1   R1       C1
2   R2       C2
3   R3       C3
4   R4       C4
5   R5       C5
6   R6       C6
```

해석

앞서 저장한 파일명(analysis5)와 비교해 보면 내용에 있어서 R4, R5, R6과 C4, C5, C6가 추가되어 있음을 볼 수 있다.

[처리결과화면]

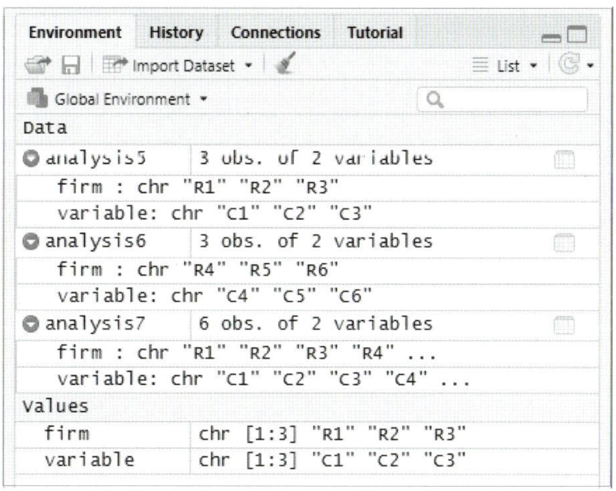

② 열의 자료(다른 변수명 자료) 병합: cbind( )

열 결합을 하고싶을 때, 즉 다른 변수들을 합칠 때(왼쪽, 오른쪽으로 결합하고싶을 때)는 cbind() 함수식을 사용한다. 앞서 저장한 파일명(여기서는 analysis7)에, 새로운 덧붙일 파일(analysis8)을 만들어, 최종 병합할 파일(여기서는 analysis9)을 생성시키라는 명령어를 작성해보자. 덧붙일 파일(analysis8)에는 새로운 변수인 roe(100, 200, 300, 400, 500, 600), civ(11, 12, 13, 14, 15, 16)을 저장하도록 하자.

명령어

> 덧붙일파일명=data.frame(변수명1=c(덧붙일자료1, 덧붙일자료2, 덧붙일자료3), 변수명2=c(덧붙일자료1, 덧붙일자료2, 덧붙일자료3))
> 병합할파일명=cbind(앞서저장한파일명, 덧붙일파일명) #앞서저장한파일명=analysis5

```
> analysis8 <-data.frame(roe=c(100, 200, 300, 400, 500, 600), civ=c(11, 12,
13, 14, 15, 16))
> analysis9 <- cbind(analysis7, analysis8)
```

[처리결과화면]

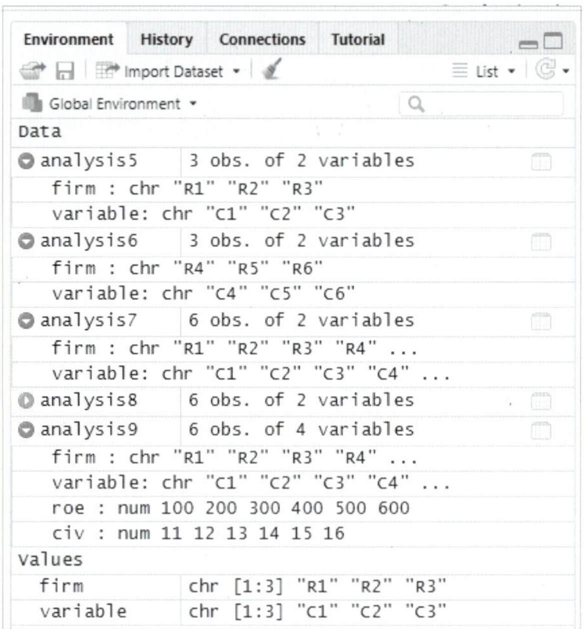

③ 같은 key 기준값 병합(각 행의 관측치가 다를 때): merge( )

같은 기준값을 이용한 결합을 하고싶을 때는 merge()를 이용하면 된다. 앞서 실행한 rbind( )와 cbind( )는 관측치가 동일해야 작동한다. 혹시 관측치가 다를 경우에는 어떻게 병합시키면 될까? 해답은 merge( )에 있다. 기준을 정해주고(by='key') 파일을 결합시키면 된다. 여기서 말하는 기준이란 길이가 일치하지 않는 해당 변수명을 의미한다. 즉 특정 변수명이 있으면 한 데이터파일에서는 7개가 있고, 다른 데이터파일에서는 4개가 있는 경우를 말한다. 여기서 key 값을 지정하지 않는 경우와 지정하는 경우를 비교해보자. 앞서 작업한 analysis9와 새로 생성할 analysis10에 대해 연습해보자.

명령어

```
> analysis7 <-data.frame(firm=c("R1", "R2", "R3", "R4", "R5", "R6"), variable=
c("C1", "C2", "C3", "C4", "C5", "C6"))
> analysis8 <-data.frame(firm=c("R4", "R5", "R6", "R7", "R8", "R9"), roe=c(10
0, 200, 300, 400, 500, 600), civ=c(11, 12, 13, 14, 15, 16))
> analysis_simple <- merge(analysis7, analysis8) #key를 지정하지 않는 경우
> analysis_simple
```

```
> analysis7 <-data.frame(firm=c("R1", "R2", "R3", "R4", "R5", "R6"), variab
le=c("C1", "C2", "C3", "C4", "C5", "C6"))
> analysis8 <-data.frame(firm=c("R4", "R5", "R6", "R7", "R8", "R9"), roe=c
(100, 200, 300, 400, 500, 600), civ=c(11, 12, 13, 14, 15, 16))
> analysis_simple <- merge(analysis7, analysis8) #key를 지정하지 않는 경우
> analysis_simple
  firm variable roe civ
1   R4       C4 100  11
2   R5       C5 200  12
3   R6       C6 300  13
```

해석

처리결과를 살펴보면, firm, variable, roe, civ 변수가 각각 모두 3개의 요소만 남기고 나머지는 삭제된 것을 볼 수 있다. 원리를 따지자면 두 데이터셋이 공통적으로 갖고 있는 변수명(여기서는 firm)에 대해서 자동으로 기준을 정하고, 다시 공통된 변수명 안에서 공통된 요소만으로 기준을 정한다는 것을 알 수 있다. 이렇게 기준을 정한 후 다른 변수들도 기준에 상응하는 해당 요소만을 남기고 나머지는 모두 제거하는 방식이다.

이번에는 key를 지정하고, join 유형을 지정하는 방식으로 연습을 해보자. 여기서 말하는 join 유형이란 Inner Join, Outer Join, Left Outer Join, Right Outer Join 등 네 가지 유형으로 세분된다. 각 방식은 연습을 통해 도출된 결과를 보면서 이해하도록 하자.

[Join 유형 시각화]

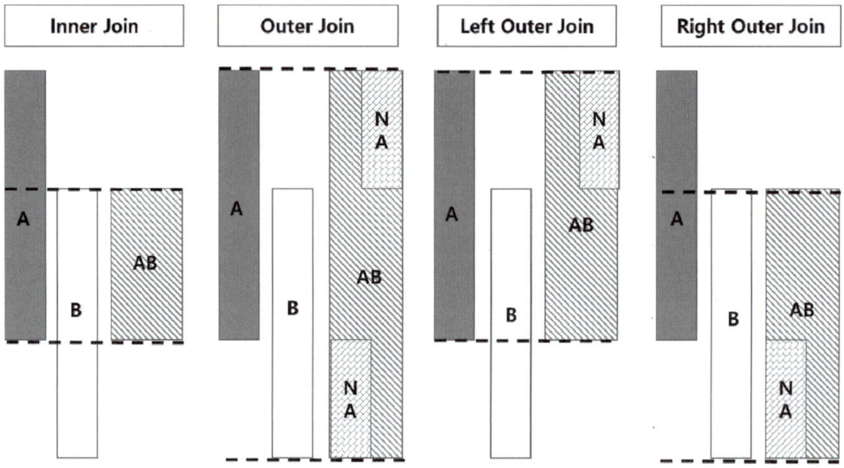

명령어

```
> analysis_inner <- merge(analysis7, analysis8, by='firm') #key 지정
> analysis_inner
```

```
> analysis_inner <- merge(analysis7, analysis8, by='firm') #key 지정
> analysis_inner
  firm variable roe civ
1   R4       C4 100  11
2   R5       C5 200  12
3   R6       C6 300  13
```

해석

처리결과를 살펴보면, firm, variable, roe, civ 변수가 각각 모두 3개의 요소만 남기고 나머지는 삭제된 것을 볼 수 있다. 원리를 따지자면 두 데이터셋에 대해, 연구자가 지정해준 key 값(여기서는 firm)을 기준으로, 다시 공통된 변수명 안에서 공통된 요소만으로 기준을 정한다는 것을 알 수 있다. 이렇게 기준을 정한 후 다른 변수들도 기준에 상응하는 해당 요소만을 남기고 나머지는 모두 제거하는 방식이다.

명령어

```
> analysis_outer <- merge(analysis7, analysis8, by='firm', all=TRUE) #key와 jo
in 유형 지정
> analysis_outer
```

```
> analysis_outer <- merge(analysis7, analysis8, by='firm', all=TRUE) #key와
join 유형 지정
> analysis_outer
  firm variable roe civ
1   R1       C1  NA  NA
2   R2       C2  NA  NA
3   R3       C3  NA  NA
4   R4       C4 100  11
5   R5       C5 200  12
6   R6       C6 300  13
7   R7     <NA> 400  14
8   R8     <NA> 500  15
9   R9     <NA> 600  16
```

해석

처리결과를 살펴보면, firm, variable, roe, civ 변수가 각각 모두 3개의 요소만 남기고 나머지는 삭제된 것을 볼 수 있다. 원리를 따지자면 두 데이터셋이 연구자가 지정해준 key(여기서는 firm)값을 기준으로, 해당 기준값(즉 변수명) 안에서 모든 요소들을 채택한다. 이후 기준값에 상응하는 다른 변수들의 요소값들을 가져올 때, 자신만의 요소를 남기고 나머지(즉 다른 데이터셋의 요소값)는 NA로 처리한다.

명령어

```
> analysis_leftouter <- merge(analysis7, analysis8, by='firm', all.x=TRUE) #ke
y와 join 유형 지정
> analysis_leftouter
```

```
> analysis_leftouter <- merge(analysis7, analysis8, by='firm', all.x=TRUE)
#key와 join 유형 지정
```

```
> analysis_leftouter
  firm variable roe civ
1   R1        C1  NA  NA
2   R2        C2  NA  NA
3   R3        C3  NA  NA
4   R4        C4 100  11
5   R5        C5 200  12
6   R6        C6 300  13
```

해석

처리결과를 살펴보면, firm, variable, roe, civ 변수가 각각 모두 3개의 요소만 남기고 나머지는 삭제된 것을 볼 수 있다. 원리를 따지자면 두 데이터셋이 연구자가 지정해준 key(여기서는 firm)값을 기준으로, 해당 기준값(즉 변수명) 안에서 첫번째 데이터셋(이것이 left 데이터셋이자 x)에 해당되는 요소만을 채택한다. 이후 기준값에 상응하는 다른 변수들의 요소값들을 가져올 때, 자신만의 요소를 남기고 나머지(즉 다른 데이터셋의 요소값)는 NA로 처리한다.

명령어

```
> analysis_rightouter <- merge(analysis7, analysis8, by='firm', all.y=TRUE) #k
ey와 join 유형 지정
> analysis_rightouter
```

```
> analysis_rightouter <- merge(analysis7, analysis8, by='firm', all.y=TRU
E) #key와 join 유형 지정
> analysis_rightouter
  firm variable roe civ
1   R4        C4 100  11
2   R5        C5 200  12
3   R6        C6 300  13
4   R7      <NA> 400  14
5   R8      <NA> 500  15
6   R9      <NA> 600  16
```

해석

처리결과를 살펴보면, firm, variable, roe, civ 변수가 각각 모두 3개의 요소만 남기고 나머지는 삭제된 것을 볼 수 있다. 원리를 따지자면 두 데이터셋이 연구자가 지정해준 key(여기서는 firm)값을 기준으로, 해당 기준값(즉 변수명) 안에서 두번째 데이터셋(이것이 right 데이터셋이자 y)에 해당되는 요소만을 채택한다. 이후 기준값에 상응하는 다른 변수들의 요소값들을 가져올 때, 자신만의 요소를 남기고 나머지(즉 다른 데이터셋의 요소값)는 NA로 처리한다.

10) 데이터 분리하기: which( )

Q. 저장된 데이터 자료에서 일부 자료만 추출하여 작업을 하려면 일일이 삭제하지 않고 쉽게 정리하는 방법이 있으면 좋겠어요.

저장되어 있는 기초자료의 내용에서 일부 자료만 사용해서 분석 모형을 처리하고 싶을때, 일일이 자료를 정리하는 것보다는 명령어 처리를 통해 손쉽고 빠르게 작업하는 것이 효율적이다. 이럴 때 사용하는 명령어는 which( ) 함수식이다. 자료를 분리하는 기준으로 여기서는 "날짜"를 중심으로 연습을 해보자. Stata 데이터 파일인 "polandbank2005-2017.dta"을 사용하도록 하자. 스타타 파일은 RStudio 초기화면의 오른쪽 상단에 있는 "Import Dataset"의 "From Stata..."를 사용해서 불러온다.

[처리결과화면]

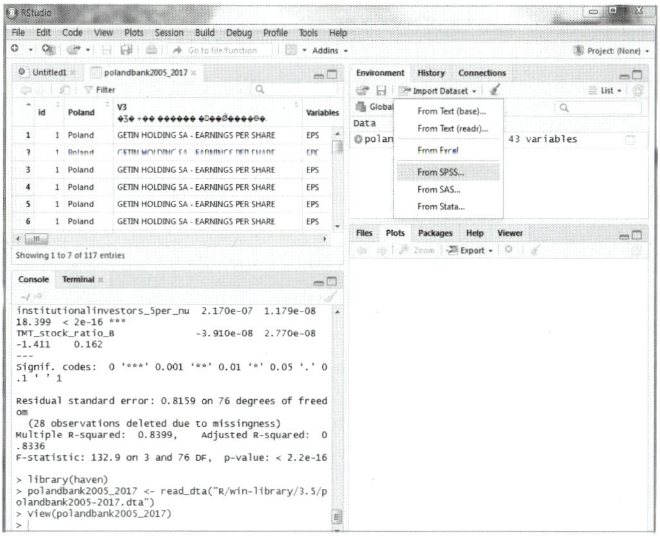

```
> library(haven)
> polandbank2005_2017 <- read_dta("R/win-library/3.5/polandbank2005-2017.
dta")
> View(polandbank2005_2017)
```

자 이제 데이터 파일을 탑재했으니, 분리하는 기준으로 "날짜"를 중심으로 특정 기간 데이터만 남기도록 명령어를 작성해 보자. 날짜는 본 데이터 파일에 2005~2017년 자료가 담겨 있는 상태이니, 여기서는 2013-01-01에서 2017-12-31까지의 데이터만 남도록 명령어를 작성해 보자. 처리 결과를 저장할 파일명은 "polandbank1"으로 하자. 저장된 날짜 변수명은 "date_neo1"이다.

명령어

```
> 저장한파일명 <-which(파일명$변수명 >="연도-월-일" & 파일명$변수명 <="연도-월-일")
```

```
> polandbank1 <-which(polandbank2005_2017$date_neo1 >="2013-01-01" & polan
dbank2005_2017$date_neo1 <="2017-12-31")
```

11) 특정한 변수만 따로 저장하기: [, c(" ")] 또는 subset(, select=c( ))

Q. 여러 변수가 들어 있는 기존 파일에서 일부 변수만 골라서 따로 파일로 저장하고 싶어요.

다음에는 전환시킨 변수만 별도로 새로운 파일에 저장해 보자. 우선 연습파일 "secu_com_finance_2007"를 불러오자. 여기서 주의할 점은 엑셀 자료를 불러올 때 엑셀자료는 흔히 첫 줄에 변수명이 기재되어 있고 두 번째 줄부터 데이터가 기록되어 있기 때문에 이를 구별해서 불러와야 한다는 점이다.

명령어

```
> 저장할파일명 <- read.csv("작업디렉토리/불러올파일명",
+                            header = TRUE,
+                            stringsAsFactors = FALSE)
```

```
> secu_com_finance_2007 <- read.csv("C:/Users/osyan/secu_com_finance_2007.csv",
+                                     header = TRUE,
+                                     stringsAsFactors = FALSE)
```

[처리결과화면]

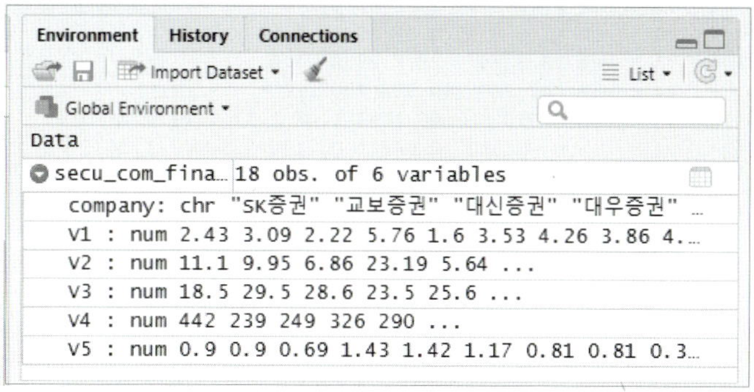

해석

처리 결과 화면을 보면, 첫 줄 내용은 chr 양식으로 불러왔고, 나머지 데이터들은 모두 num 형식으로 불러왔음을 알 수 있다. 이는 모두 앞서 파일을 불러올 때 지정한 옵션 내용인 header=TRUE, stringsAsFactors=FALSE 때문이다. 이 조치가 없었으면 모든 자료가 chr 형식으로 불어와진다.

다음에는 불러온 데이터를 변수별 scale의 영향을 없애기 위해 표준화한 관측값으로 전환시킨다. 이를 위해 변수 V1~V5에 대해 transform( ) 함수를 사용하자.

명령어

```
> 전환해저장할파일명 <-transform(본래파일명, 전환한변수명1=scale(본래변수명1), 전환한변수명2=scale(본래변수명2), 전환한변수명3=scale(본래변수명3), 전환한변수명4=scale(본래변수명4), 전환한변수명5=scale(본래변수명5))
```

```
> secu_com_finance_2007 <- transform(secu_com_finance_2007, V1_s=scale(V1), V2_s=scale(V2), V3_s=scale(V3), V4_s=scale(V4), V5_s=scale(V5))
```

[처리결과화면]

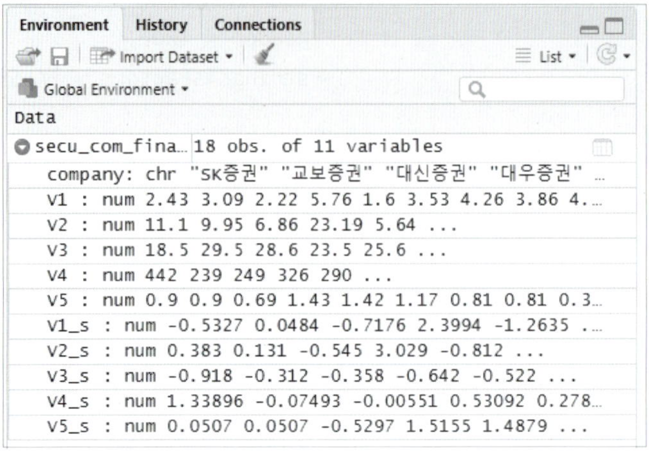

해석

처리 결과 화면을 보면, 표준화 작업을 한 새로운 수치들이 새로운 변수명과 함께 추가적으로 생성되어 있음을 볼 수 있다.

① 특정 변수만 골라서 추출하기: 파일명[, c("변수명")]

자 이제 데이터 파일이 준비되었으니, 하려던 작업을 진행해 보자. 본래 파일은 연습파일 "secu_com_finance_2007"이고, 새로 저장할 파일명은 "secu1"으로 한다. 저장할 변수는 company, V1_s, V2_s, V3_s, V4_s, V5_s 등이다.

명령어

```
> 전환해저장할파일명 <-본래파일명[, c("변수1", "변수2", "변수3", "변수4")]
```

```
> secu1 <-secu_com_finance_2007[,c("company", "V1_s", "V2_s", "V3_s", "V4_
s", "V5_s")])] #큰 따옴표 조심할 것-인식되지 않는 큰 따옴표가 있음
```

[처리결과화면]

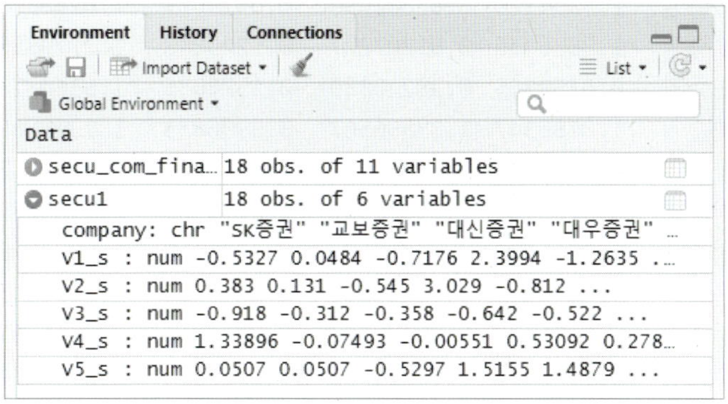

② 특정 변수만 골라서 추출하기: **subset(파일명, select=c(변수명))**

같은 목적을 위해 사용되는 또 다른 명령어는 다음과 같다. 본래 파일은 동일하게 "secu_com_finance_2007"이고, 새로 저장할 파일명은 "secu2"로 한다. 저장할 변수는 company, V1_s, V2_s, V3_s, V4_s, V5_s 등이다.

명령어

```
> 전환해저장할파일명 <-subset(본래파일명, select=c(변수1, 변수2, 변수3, 변수4))
```

```
> secu2 <-subset(secu_com_finance_2007, select=c(company, V1_s, V2_s, V3_
s, V4_s, V5_s))
```

작업이 끝나고 새로 저장된 파일 secu1과 secu2의 내용을 확인해 비교해 보자.

명령어

```
> secu1
> secu2
```

```
> secu1
     company     V1_s        V2_s        V3_s       V4_s        V5_s
1     SK증권 -0.5327135  0.38287402 -0.9182381  0.2174949  0.05067071
2   교보증권  0.0484285  0.13119119 -0.3116550  1.6313866  0.05067071
3   대신증권 -0.7176223 -0.54506962 -0.3579759  1.5619644 -0.52973922
```

```
4       대우증권  2.3994120  3.02882650 -0.6419671  1.0255329  1.51551482
5       동부증권 -1.2635436 -0.81207227 -0.5223048  1.2779836  1.48787625
6     메리츠증권  0.4358565  0.28220089 -0.1578035  1.8364373  0.79691205
7   미래에셋증권  1.0786347  1.35896567 -0.5906833  1.1395587 -0.19807641
8       부국증권  0.7264275 -0.84271191  1.9646859  3.0161252 -0.19807641
9     브릿지증권  0.9289467 -0.63698856  1.6139706  2.9185287 -1.55236624
10      삼성증권 -0.2685580  0.29095507 -0.5901318  1.1408870 -0.66793206
11      서울증권 -0.8849208 -1.06156655  0.4090760  2.3606343 -0.80612490
12      신영증권 -0.9465570 -0.09422908 -0.9171353  0.2208507  0.52052637
13      신흥증권  0.1893114 -0.30432952  0.2927223  2.2747130  0.85218918
14  우리투자증권 -0.9025311  0.20341322 -0.9733821  0.0000000  1.01802059
15      유화증권 -0.6647912 -1.24759298  1.5770241  2.9070632 -2.10513761
16      한양증권  1.2987643 -0.40500265  1.5665468  2.9037074 -0.22571497
17      한화증권  0.2245321  0.66081940 -0.5868232  1.1475985 -0.86140204
18      현대증권 -1.1490762 -0.38968283 -0.8559255  0.4357589  0.85218918

> secu2
       company       V1_s        V2_s       V3_s      V4_s        V5_s
1       SK증권 -0.5327135  0.38287402 -0.9182381  0.2174949  0.05067071
2       교보증권  0.0484285  0.13119119 -0.3116550  1.6313866  0.05067071
3       대신증권 -0.7176223 -0.54506962 -0.3579759  1.5619644 -0.52973922
4       대우증권  2.3994120  3.02882650 -0.6419671  1.0255329  1.51551482
5       동부증권 -1.2635436 -0.81207227 -0.5223048  1.2779836  1.48787625
6     메리츠증권  0.4358565  0.28220089 -0.1578035  1.8364373  0.79691205
7   미래에셋증권  1.0786347  1.35896567 -0.5906833  1.1395587 -0.19807641
8       부국증권  0.7264275 -0.84271191  1.9646859  3.0161252 -0.19807641
9     브릿지증권  0.9289467 -0.63698856  1.6139706  2.9185287 -1.55236624
10      삼성증권 -0.2685580  0.29095507 -0.5901318  1.1408870 -0.66793206
11      서울증권 -0.8849208 -1.06156655  0.4090760  2.3606343 -0.80612490
12      신영증권 -0.9465570 -0.09422908 -0.9171353  0.2208507  0.52052637
13      신흥증권  0.1893114 -0.30432952  0.2927223  2.2747130  0.85218918
14  우리투자증권 -0.9025311  0.20341322 -0.9733821  0.0000000  1.01802059
15      유화증권 -0.6647912 -1.24759298  1.5770241  2.9070632 -2.10513761
16      한양증권  1.2987643 -0.40500265  1.5665468  2.9037074 -0.22571497
17      한화증권  0.2245321  0.66081940 -0.5868232  1.1475985 -0.86140204
18      현대증권   -1.14907
2  -0.38968283     -0.855
255 0
43
7589 0.852
8918
```

이번에는 특정 변수의 크기를 제한해서 새로 저장하도록 작업을 해보자. 여기서는 연습을 위해 V4_s가 1보다 큰 경우만 저장하라는 명령어를 내려보자. 기존 파일은 "secu_1"이고, 새로 저장할 파일명은 "secu3"으로 한다. 저장할 변수는 Company, V1_s, V2_s, V3_s, V4_s, V5_s 등이다.

명령어

```
> 전환해저장할파일명 <-subset(본래파일명, 변수1>1, select=c(변수1, 변수2, 변수3, 변수4))
```

```
> secu3 <-subset(secu1, V4_s>1, select=c(company, V1_s, V2_s, V3_s, V4_s, V5_s))
```

작업이 끝나고 새로 저장된 파일 secu1과 secu3의 내용을 확인해 비교해 보자.

명령어

```
> secu1
> secu3
```

```
> secu1
      company     V1_s       V2_s       V3_s      V4_s        V5_s
1      SK증권 -0.5327135  0.38287402 -0.9182381 0.2174949  0.05067071
2     교보증권  0.0484285  0.13119119 -0.3116550 1.6313866  0.05067071
3     대신증권 -0.7176223 -0.54506962 -0.3579759 1.5619644 -0.52973922
4     대우증권  2.3994120  3.02882650 -0.6419671 1.0255329  1.51551482
5     동부증권 -1.2635436 -0.81207227 -0.5223048 1.2779836  1.48787625
6   메리츠증권  0.4358565  0.28220089 -0.1578035 1.8364373  0.79691205
7 미래에셋증권  1.0786347  1.35896567 -0.5906833 1.1395587 -0.19807641
8     부국증권  0.7264275 -0.84271191  1.9646859 3.0161252 -0.19807641
9   브릿지증권  0.9289467 -0.63698856  1.6139706 2.9185287 -1.55236624
10    삼성증권 -0.2685580  0.29095507 -0.5901318 1.1408870 -0.66793206
11    서울증권 -0.8849208 -1.06156655  0.4090760 2.3606343 -0.80612490
12    신영증권 -0.9465570 -0.09422908 -0.9171353 0.2208507  0.52052637
13    신흥증권  0.1893114 -0.30432952  0.2927223 2.2747130  0.85218918
14 우리투자증권 -0.9025311  0.20341322 -0.9733821 0.0000000  1.01802059
```

```
15    유화증권 -0.6647912 -1.24759298  1.5770241  2.9070632 -2.10513761
16    한양증권  1.2987643 -0.40500265  1.5665468  2.9037074 -0.22571497
17    한화증권  0.2245321  0.66081940 -0.5868232  1.1475985 -0.86140204
18    현대증권 -1.1490762 -0.38968283 -0.8559255  0.4357589  0.85218918
> secu3
       company        V1_s       V2_s       V3_s      V4_s        V5_s
2     교보증권  0.0484285  0.1311912 -0.3116550  1.631387  0.05067071
3     대신증권 -0.7176223 -0.5450696 -0.3579759  1.561964 -0.52973922
4     대우증권  2.3994120  3.0288265 -0.6419671  1.025533  1.51551482
5     동부증권 -1.2635436 -0.8120723 -0.5223048  1.277984  1.48787625
6   메리츠증권  0.4358565  0.2822009 -0.1578035  1.836437  0.79691205
7 미래에셋증권  1.0786347  1.3589657 -0.5906833  1.139559 -0.19807641
8     부국증권  0.7264275 -0.8427119  1.9646859  3.016125 -0.19807641
9   브릿지증권  0.9289467 -0.6369886  1.6139706  2.918529 -1.55236624
10    삼성증권 -0.2685580  0.2909551 -0.5901318  1.140887 -0.66793206
11    서울증권 -0.8849208 -1.0615665  0.4090760  2.360634 -0.80612490
13    신흥증권  0.1893114 -0.3043295  0.2927223  2.274713  0.85218918
15    유화증권 -0.6647912 -1.2475930  1.5770241  2.907063 -2.10513761
16    한양증권  1.2987643 -0.4050027  1.5665468  2.903707 -0.22571497
17    한화증권  0.2245321  0.6608194 -0.5868232  1.147599 -0.86140204
```

해석

처리 결과 화면을 보면, secu1과 달리 secu3에서는 V4_s가 1보다 작은 경우(1, 12, 14, 18번 기업)가생략되어 있음을 볼 수 있다.

③ 월별 데이터 만들기: subset(데이터셋, 일자>" " & 일자<" ")

Q. 연도 데이터에서 월별 데이터로 구분해서 월별 변화를 보고 싶어요.

이번에는 연도 전체 데이터셋에서 월별로 데이터를 잘라 월별 변화를 보는 작업을 진행해보자. 작업디렉토리를 지정해주고, 연습데이터(g_2017.xlsx)를 불러오자. 불러온 데이터셋은 news_2017로 파일명을 주고 저장하자.

명령어

```
> setwd("C:/Users/yangohsuk/") #작업디렉토리 지정
> news_2017 <-read_excel("C:/Users/yangohsuk/g_2017.xlsx")
```


```
> setwd("C:/Users/yangohsuk/") #작업디렉토리 지정
> news_2017 <-read_excel("C:/Users/yangohsuk/g_2017.xlsx")
```


[처리결과화면]

```
Environment  History  Connections
Import Dataset ▾                                   List ▾
Global Environment ▾
Data
news_2017                    133 obs. of 19 variables
  뉴스 식별자 : chr "01300201.20171230234904002" "01300201.20171226234412001" "01300201.20...
  일자 : chr "20171230" "20171226" "20171222" "20171218" ...
  언론사 : chr "강원일보" "강원일보" "강원일보" "강원도민일보" ...
  기고자 : chr "남궁현" NA NA "신관호" ...
  제목 : chr ""“농가소득 5천만원 달성 역량 집중"" "[포토뉴스]저소득층 연탄 전달" "[포토뉴스]저소득층 ...
  통합 분류1 : chr "경제>산업_기업" "지역>강원" "경제>산업_기업" "경제>부동산" ...
  통합 분류2 : chr "지역>경남" "경제>산업_기업" "지역>전북" NA ...
  통합 분류3 : chr NA "경제>금융_재테크" "지역>강원" NA ...
  사건/사고 분류1: chr NA NA NA NA ...
  사건/사고 분류2: logi NA NA NA NA NA NA ...
  사건/사고 분류3: logi NA NA NA NA NA NA ...
  인물 : chr NA NA NA NA ...
  위치 : chr "강릉,강원" "춘천시,강남동" "정선군,남면" "강원,강원도" ...
  기관 : chr "강릉고,평창동계올림픽,강원농협,서울대,농협중앙회,본부 조합감사위원회" "통장협의회,사회복...
  키워드 : chr "농가,소득,5천만,집중,달성,역량,함용문,농협중앙회,강원,지역,본부장,취임식,본격적,업무,...
  특성추출 : chr "농협,본부장,농업인,5천만,농가소득,농축협,농협중앙회,취임식,서울올림픽,부본부장,강원,...
  본문 : chr "함용문(54) 농협중앙회 강원지역본부장이 29일 취임식을 갖고 본격적인 업무에 들어갔다.\r\n...
  URL : chr "http://www.kwnews.co.kr/nview.asp?s=401&aid=217122900068" "http://www.kwnew...
  분석제외 여부 : chr NA "예외, 사용자 분석 제외" "예외, 사용자 분석 제외" NA ...
```

[처리결과화면]

Filter

	뉴스 식별자	일자	언론사	기고자	제목	통합 분류1	통합 분류2	통합 분류3
1	01300201.20171230234904002	20171230	강원일보	남궁현	"농가소득 5천만원 달성 역량 집중"	경제>산업_기업	지역>경남	NA
2	01300201.20171226234412001	20171226	강원일보	NA	[포토뉴스]저소득층 연탄 전달	지역>강원	경제>산업_기업	경제>금
3	01300201.20171222234043002	20171222	강원일보	NA	[포토뉴스]저소득층 연탄 전달	경제>산업_기업	지역>전북	지역>강
4	01300101.20171218004534003	20171218	강원도민일보	신관호	도내 부동산 경기 활황 측량산업 성장 활발	경제>부동산	NA	NA
5	01300201.20171208232637001	20171208	강원일보	유재규	주택경기실사지수 '75.9' 4개월 만에 상승세 전환	경제>경제일반	정치>정치일반	NA
6	01300201.20171204231754001	20171204	강원일보	윤종현	연말 대목 앞두고 외식산업 경기 회복세	경제>산업_기업	NA	NA
7	01300101.20171202004038003	20171202	강원도민일보	최훈	양양 청정산채 신소득 작목 부상	경제>경제일반	지역>지역일반	NA
8	01300101.20171130004534005	20171130	강원도민일보	김도운	"공정하고 합리적 소비활동 뒷받침 할것"	경제>서비스_쇼핑	경제>산업_기업	경제>유
9	01300101.20171123004529001	20171123	강원도민일보	정태욱	식용곤충 소득화 모델 구축	경제>산업_기업	지역>충남	경제>지
10	01300201.20171121230552003	20171121	강원일보	김설영	소득 반영 건강보험료 조정	경제>금융_재테크	경제>국제경제	NA

Showing 1 to 13 of 133 entries, 19 total columns

이제 '본문' 내용을 분석하려고 한다. 따라서 '본문'만을 추출하여 이를 별도로 저장하라는 명령어를 작성해보자. '본문'은 변수 순서로 보면 17번째 변수이다. 따라서 옵션 select를 사용하여 변수 순서 17을 지정해주면 된다. 그리고 가장 중요한 함수는 subset ( ) 함수이다. 월별 자료를 만들어야 하니 '일자' 변수를 사용하여 일자를 월별로 지정해주면 된다. 월별로 구분된 자료는 각각 news_01, news_02, ... news_12로 저장해 주자.

명령어

```
> news_01 <- subset(news_2017, 일자>"20170101" & 일자<"20170131" , select=c(1
7)) #17번째 변수명인 '본문'만을 골라서 저장하라는 명령어
> news_02 <- subset(news_2017, 일자>"20170201" & 일자<"20170228" , select=c(17))
> news_03 <- subset(news_2017, 일자>"20170301" & 일자<"20170331" , select=c(17))
> news_04 <- subset(news_2017, 일자>"20170401" & 일자<"20170430" , select=c(17))
> news_05 <- subset(news_2017, 일자>"20170501" & 일자<"20170531" , select=c(17))
> news_06 <- subset(news_2017, 일자>"20170601" & 일자<"20170630" , select=c(17))
> news_07 <- subset(news_2017, 일자>"20170701" & 일자<"20170731" , select=c(17))
> news_08 <- subset(news_2017, 일자>"20170801" & 일자<"20170831" , select=c(17))
> news_09 <- subset(news_2017, 일자>"20170901" & 일자<"20170930" , select=c(17))
> news_10 <- subset(news_2017, 일자>"20171001" & 일자<"20171031" , select=c(17))
> news_11 <- subset(news_2017, 일자>"20171101" & 일자<"20171130" , select=c(17))
> news_12 <- subset(news_2017, 일자>"20171201" & 일자<"20171231" , select=c(17))
```

```
> news_01 <- subset(news_2017, 일자>"20170101" & 일자<"20170131" , select=c(17))
  #17번째 변수명인 '본문'만을 골라서 저장하라는 명령어
> news_02 <- subset(news_2017, 일자>"20170201" & 일자<"20170228" , select=c(17))
> news_03 <- subset(news_2017, 일자>"20170301" & 일자<"20170331" , select=c(17))
> news_04 <- subset(news_2017, 일자>"20170401" & 일자<"20170430" , select=c(17))
> news_05 <- subset(news_2017, 일자>"20170501" & 일자<"20170531" , select=c(17))
> news_06 <- subset(news_2017, 일자>"20170601" & 일자<"20170630" , select=c(17))
> news_07 <- subset(news_2017, 일자>"20170701" & 일자<"20170731" , select=c(17))
> news_08 <- subset(news_2017, 일자>"20170801" & 일자<"20170831" , select=c(17))
> news_09 <- subset(news_2017, 일자>"20170901" & 일자<"20170930" , select=c(17))
> news_10 <- subset(news_2017, 일자>"20171001" & 일자<"20171031" , select=c(17))
> news_11 <- subset(news_2017, 일자>"20171101" & 일자<"20171130" , select=c(17))
> news_12 <- subset(news_2017, 일자>"20171201" & 일자<"20171231" , select=c(17))
```

[처리결과화면]

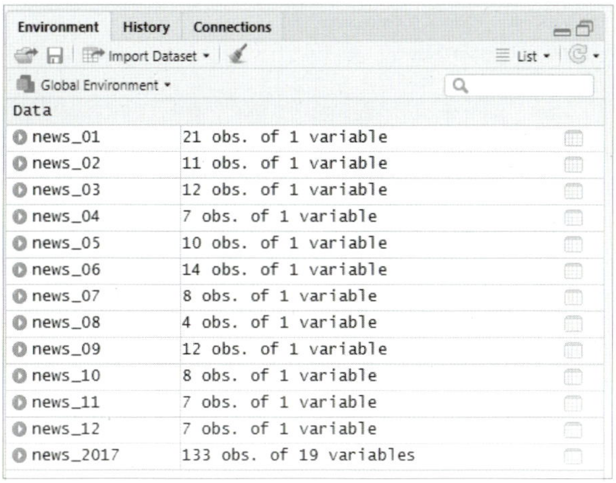

12) 파생변수 만들기: 파일명$파생변수명

파생변수를 만든다는 것은 새로운 변수를 생성시키는 것과 같다. 이에 사용되는 특별한 함수보다는 계산식에 의해 새로운 변수를 만들라는 명령어가 사용되기 쉽다. 실습데이터(2020-07-05open.csv)를 사용하여 연습해보자. 데이터셋을 열람해보면 A46 변수가 '기혼'과 '미혼'으로 되어 있음을 알 수 있다. 이 변수 데이터를 기혼은 1, 미혼은 0으로 표시하고 이를 새로운 변수명(status)으로 생성시키라는 명령어를 작성해보자. 사용할 함수는 ifelse( )이다.

명령어

```
> setwd("C:/Users/osyan/")
> data <- read.csv("2020-07-05open.csv") #factor형태로 불러들여짐
> data$status <- ifelse(data$A46 =='기혼', "1", "0")
```


```
> setwd("C:/Users/osyan/")
> data <- read.csv("2020-07-05open.csv") #factor형태로 불러들여짐
> data$status <- ifelse(data$A46 =='기혼', "1", "0")
```

[처리결과화면]

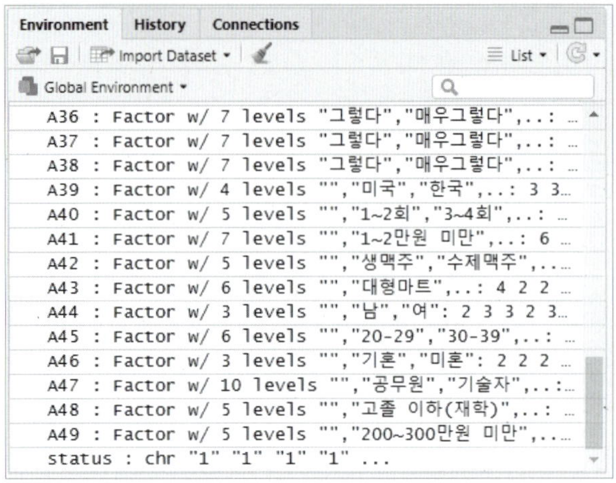

해석

처리 결과 화면을 보면, 데이터셋 맨 아래쪽에 새로운 변수인 status가 생성되었음을 볼 수 있다.

이번에는 여러 변수값을 한꺼번에 처리하는 명령어를 작성해보자. 사용할 함수는 ifelse( ) 함수이다. 프리미엄맥주는 1, 일반맥주는 2, 수제맥주는 3, 그리고 나머지는 4로 표기하는 새로운 변수(type)을 생성하라는 명령어이다.

명령어

```
> data$type <- ifelse(data$A42=='프리미엄 맥주', "1", ifelse(data$A42=='일반 맥주', "2", ifelse(data$A42=='수제맥주', "3", "4")))
```


```
> data$type <- ifelse(data$A42=='프리미엄 맥주', "1", ifelse(data$A42=='일반 맥주', "2", ifelse(data$A42=='수제맥주', "3", "4")))
```

[처리결과화면]

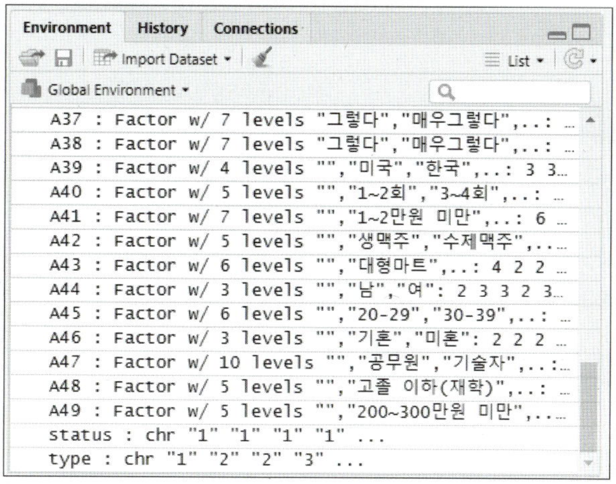

해석

처리 결과 화면을 보면, 데이터셋 맨 아래쪽에 새로운 변수인 type이 생성되었음을 볼 수 있다.

13) 이진(1과 0값) 변수 만들기: [, c(" ")] 또는 subset(, select=c( ))

Q. 로지스틱 모형처럼 특정한 변수가 이진(1과 0)값을 갖도록 만드려면 어떻게 해야 하나요?

로지스틱 모형처럼 특정한 변수가 이진(1과 0)값을 갖도록 작업하는 방법을 연습해보자. 우선"http://jaredlander.com/data/acs_ny.csv"에서 acs_ny.csv 파일을 불러오자. 사용할 명령어는 read.table( )이고, 불러온 자료를 저장할 파일명은 acs로 한다.

명령어

```
> acs <-read.table("http://jaredlander.com/data/acs_ny.csv", sep=",",
                   header=TRUE, stringsAsFactors = FALSE)
> summary(acs)
```


```
> acs <-read.table("http://jaredlander.com/data/acs_ny.csv", sep=",",
                   header=TRUE, stringsAsFactors = FALSE)
> summary(acs)
```

```
    Acres             FamilyIncome       FamilyType          NumBedrooms
  NumChildren
 Length:22745       Min.   :      50   Length:22745        Min.   :0.000
 Min.   : 0.0000
 Class :character   1st Qu.:   52540   Class :character    1st Qu.:3.000
 1st Qu.: 0.0000
 Mode  :character   Median :   87000   Mode  :character    Median :3.000
 Median : 0.0000
                    Mean   : 110281                        Mean   :3.385
 Mean   : 0.9012
                    3rd Qu.: 133800                        3rd Qu.:4.000
 3rd Qu.: 2.0000
                    Max.   :1605000                        Max.   :8.000
 Max.   :12.0000
   NumPeople       NumRooms        NumUnits           NumVehicles     NumWorkers
    OwnRent
 Min.   : 2.00   Min.   : 1.000   Length:22745       Min.   :0.000   Min.
 :0.000   Length:22745
 1st Qu.: 2.00   1st Qu.: 6.000   Class :character   1st Qu.:2.000   1st
Qu.:1.000   Class :character
 Median : 3.00   Median : 7.000   Mode  :character   Median :2.000   Median
:2.000   Mode  :character
 Mean   : 3.39   Mean   : 7.175                      Mean   :2.113   Mean
 :1.745
 3rd Qu.: 4.00   3rd Qu.: 8.000                      3rd Qu.:3.000   3rd
Qu.:2.000
 Max.   :18.00   Max.   :21.000                      Max.   :6.000   Max.
 :3.000
  YearBuilt          HouseCosts    ElectricBill  FoodStamp         HeatingFuel
        Insurance
 Length:22745       Min.   :   4   Min.   :  1   Length:22745       Length:22745
     Min.   :    0.0
 Class :character   1st Qu.: 650   1st Qu.:100   Class :character   Class
:character    1st Qu.: 400.0
 Mode  :character   Median :1200   Median :150   Mode  :character   Mode
:character    Median : 720.0
                    Mean   :1480   Mean   :175
              Mean   : 960.9
                    3rd Qu.:2000   3rd Qu.:220
```

```
                3rd Qu.:1200.0
                     Max.   :7090   Max.   :580
                Max.   :6600.0
   Language
 Length:22745
 Class :character
 Mode  :character
```

FamilyIncome의 경우 평균이 110,281이다. 여기서는 연습을 위해 FamilyIncome 값이 150,000보다클 경우 1값을 부여하고, 그렇지 않으면 0값을 부여하는 이진 변수로 만들어보자. 명령어는 기준치보다 높으면 TRUE, 낮으면 FALSE를 갖는 이진 변수로 만들도록 구성하면 된다.

명령어

```
> acs$Income <-with(acs, FamilyIncome>=150000)
> summary(acs)
```

```
> acs$Income <-with(acs, FamilyIncome>=150000)
> summary(acs)
    Acres              FamilyIncome       FamilyType          NumBedrooms
  NumChildren
 Length:22745        Min.   :     50    Length:22745        Min.   :0.000
 Min.   : 0.0000
 Class :character    1st Qu.:  52540    Class :character    1st Qu.:3.000
 1st Qu.: 0.0000
 Mode  :character    Median :  87000    Mode  :character    Median :3.000
 Median : 0.0000
                     Mean   : 110281                        Mean   :3.385
 Mean   : 0.9012
                     3rd Qu.: 133800                        3rd Qu.:4.000
 3rd Qu.: 2.0000
                     Max.   :1605000                        Max.   :8.000
 Max.   :12.0000
   NumPeople        NumRooms         NumUnits           NumVehicles       NumWorkers
    OwnRent
 Min.   : 2.00    Min.   : 1.000    Length:22745        Min.   :0.000    Min.
```

```
 :0.000   Length:22745
 1st Qu.: 2.00   1st Qu.: 6.000   Class :character   1st Qu.:2.000   1st
Qu.:1.000   Class :character
 Median : 3.00   Median : 7.000   Mode  :character   Median :2.000   Median
:2.000   Mode  :character
 Mean   : 3.39   Mean   : 7.175                      Mean   :2.113   Mean
 :1.745
 3rd Qu.: 4.00   3rd Qu.: 8.000                      3rd Qu.:3.000   3rd
Qu.:2.000
 Max.   :18.00   Max.   :21.000                      Max.   :6.000   Max.
 :3.000
  YearBuilt          HouseCosts    ElectricBill  FoodStamp        HeatingFuel
        Insurance
 Length:22745       Min.   :  4   Min.   :  1   Length:22745       Length:22745
     Min.   :   0.0
 Class :character   1st Qu.: 650   1st Qu.:100   Class :character   Class
:character   1st Qu.: 400.0
 Mode  :character   Median :1200   Median :150   Mode  :character   Mode
:character   Median : 720.0
                    Mean   :1480   Mean   :175
               Mean   : 960.9
                    3rd Qu.:2000   3rd Qu.:220
               3rd Qu.:1200.0
                    Max.   :7090   Max.   :580
               Max.   :6600.0
   Language             Income
 Length:22745       Mode :logical
 Class :character   FALSE:18180
 Mode  :character   TRUE :4565
```

해석

처리 결과 화면을 보면, 앞에서는 없었던 새로운 변수로 Income이 생성되었고, Income 변수는 logical형이며 TRUE가 4565개, FALSE가 18180개 인 것으로 나타났다.

자 이제 이렇게 이진 변수 작업을 한 자료를 가지고 ggplot2 그래프를 그려보자. 사용할 그림도구는 useful 패키지이며, geom_density( )와 geom_vline( ), scale_x_continuous( ) 등이다. 필요한 패키지가 설치되어 있지 않으면 추가로 설치하고 시작하자.

명령어

```
> install.packages("useful")
> require(useful)
> require(ggplot2)
```

```
> install.packages("useful")
Installing package into ‘C:/Users/User/Documents/R/win-library/3.5’
(as ‘lib’ is unspecified)
trying URL 'https://cran.rstudio.com/bin/windows/contrib/3.5/useful_1.2.
6.zip'
Content type 'application/zip' length 160535 bytes (156 KB)
downloaded 156 KB

package ‘useful’ successfully unpacked and MD5 sums checked

The downloaded binary packages are in
      C:\Users\User\AppData\Local\Temp\RtmpYdwq7f\downloaded_pack
> require(useful)
필요한 패키지를 로딩중입니다: useful
Warning message:
패키지 ‘useful’는 R 버전 3.5.1에서 작성되었습니다
> require(ggplot2)
필요한 패키지를 로딩중입니다: ggplot2
Warning message:
패키지 ‘ggplot2’는 R 버전 3.5.1에서 작성되었습니다
```

이제 그래프 그리기를 위한 win.graph( )를 사용하여 FamilyIncome에 대해 기준치 150000을 나타내는 vline과 밀도를 보여주는 그래프를 파란색으로 채워 보자. FamilyIncome이 x축이 되며, x축의 범위는 0~1,000,000으로 하자.

명령어

```
> win.graph()
> ggplot(acs, aes(x=FamilyIncome))+
  geom_density(fill="blue", color="blue")+
  geom_vline(xintercept=150000)+
  scale_x_continuous(label=multiple.dollar, limits=c(0, 1000000))
```

```
> win.graph()
> ggplot(acs, aes(x=FamilyIncome))+
+   geom_density(fill="blue", color="blue")+
+   geom_vline(xintercept=150000)+
+   scale_x_continuous(label=multiple.dollar, limits=c(0, 1000000))
Warning message:
Removed 13 rows containing non-finite values (stat_density).
```

[처리결과화면]

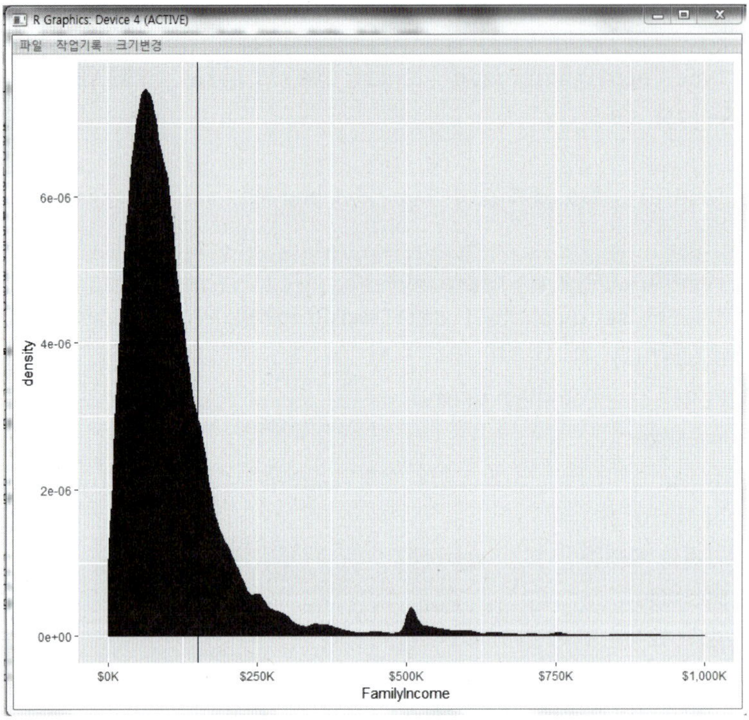

해석

처리 결과 화면을 보면, FaimilyIncome을 x축으로 해서 기준치 150,000을 표시하는 vline이 그려져 있음을 볼 수 있다. X축 범위는 부여한 대로 최대치 1,000,000(1,000K)까지 표기되어 있고, 색깔은 파란색으로 채워져 있다.

이제 작업한 acs 데이터셋을 열람해 보자.

명령어

```
> head(acs)
```

```
> head(acs)
  Acres FamilyIncome  FamilyType NumBedrooms NumChildren NumPeople NumRoom
s         NumUnits NumVehicles
1  1-10          150     Married           4           1         3
  9 Single detached           1
2  1-10          180 Female Head           3           2         4
  6 Single detached           2
3  1-10          280 Female Head           4           0         2
  8 Single detached           3
4  1-10          330 Female Head           2           1         2
  4 Single detached           1
5  1-10          330   Male Head           3           1         2
  5 Single attached           1
6  1-10          480   Male Head           0           3         4
  1 Single detached           0
  NumWorkers  OwnRent   YearBuilt HouseCosts ElectricBill FoodStamp Heating
Fuel Insurance        Language
1             0 Mortgage    1950-1959        1800          90        No
     Gas      2500          English
2             0    Rented Before 1939         850          90        No
     Oil         0          English
3             1 Mortgage    2000-2004        2600         260        No
     Oil      6600 Other European
4             0    Rented    1950-1959        1800         140        No
     Oil         0          English
5             0 Mortgage Before 1939         860         150        No
     Gas       660          Spanish
6             0    Rented Before 1939         700         140        No
     Gas         0          English
  Income
1  FALSE
2  FALSE
3  FALSE
4  FALSE
5  FALSE
6  FALSE
```

14) 소수점 자리수 조정하기: sprintf( )

Q. 데이터의 소수점 자리수를 조정하는 방법을 알려주세요. 쌤!

우선 연습을 위해 1234.567890이라는 숫자 자료를 임의로 만들어 보자. 만든 뒤 안내하는 명령어에 따라 연습해 보자.

명령어

```
> e <-c(1234.567890)
> sprintf("%.0f", e)
> sprintf("%.1f", e) #소수점 한 자리 - 반올림 됨
> sprintf("%.2f", e) #소수점 두 자리 - 반올림 됨
> sprintf("%.3f", e) #소수점 세 자리 - 반올림 됨
> sprintf("%.4f", e) #소수점 네 자리 - 반올림 됨
> sprintf("%1.0f", e) #소수점 앞 한 자리 + 소수점 아래 자리 없음 - 반올림 됨
> sprintf("%1.2f", e) #소수점 앞 한 자리 + 소수점 아래 두 자리 - 반올림 됨
> sprintf("%2.0f", e) #소수점 앞 두 자리 + 소수점 아래 자리 없음 - 반올림 됨
> sprintf("%7.2f", e) #소수점 앞 일곱 자리 + 소수점 아래 두 자리 - 반올림 됨
> sprintf("%20.2f", e) #소수점 앞 두 자리 + 소수점 아래 두 자리 - 반올림 됨
> sprintf("%10.2f", e) #소수점 앞 두 자리 + 소수점 아래 두 자리 - 반올림 됨
> sprintf("%8.2f", e) #소수점 앞 두 자리 + 소수점 아래 두 자리 - 반올림 됨
```

```
> e <-c(1234.567890)
> sprintf("%.0f", e)
[1] "1235"
> sprintf("%.1f", e) #소수점 한 자리 - 반올림 됨
[1] "1234.6"
> sprintf("%.2f", e) #소수점 두 자리 - 반올림 됨
[1] "1234.57"
> sprintf("%.3f", e) #소수점 세 자리 - 반올림 됨
[1] "1234.568"
> sprintf("%.4f", e) #소수점 네 자리 - 반올림 됨
[1] "1234.5679"
> sprintf("%1.0f", e) #소수점 앞 한 자리 + 소수점 아래 자리 없음 - 반올림 됨
[1] "1235"
> sprintf("%1.2f", e) #소수점 앞 한 자리 + 소수점 아래 두 자리 - 반올림 됨
[1] "1234.57"
```

```
> sprintf("%2.0f", e) #소수점 앞 두 자리 + 소수점 아래 자리 없음 - 반올림 됨
[1] "1235"
> sprintf("%7.2f", e) #소수점 앞 일곱 자리 + 소수점 아래 두 자리 - 반올림 됨
[1] "1234.57"
> sprintf("%20.2f", e) #소수점 앞 두 자리 + 소수점 아래 두 자리 - 반올림 됨
[1] "             1234.57"
> sprintf("%10.2f", e) #소수점 앞 두 자리 + 소수점 아래 두 자리 - 반올림 됨
[1] "   1234.57"
> sprintf("%8.2f", e) #소수점 앞 두 자리 + 소수점 아래 두 자리 - 반올림 됨
[1] " 1234.57"
```

15) 래그 변수 만들기: mutate( )와 lag( )

Q. 데이터의 과거값을 새로운 변수로 만들려면 어떻게 해야 하나요?

특정 변수의 과거값을 새로운 변수로 만들어야 할때가 있다. 이때 사용할 함수는 lag( )이다. 사용할 패키지를 불러오고 1~9까지의 숫자를 생성시켜 x에 저장해 보자.

명령어

```
> library(dplyr)
> x <- c(1:10)
```

```
> library(dplyr)

다음의 패키지를 부착합니다: 'dplyr'

The following objects are masked from 'package:stats':

    filter, lag

The following objects are masked from 'package:base':

    intersect, setdiff, setequal, union

> x <- c(1:10)
```

[처리결과화면]

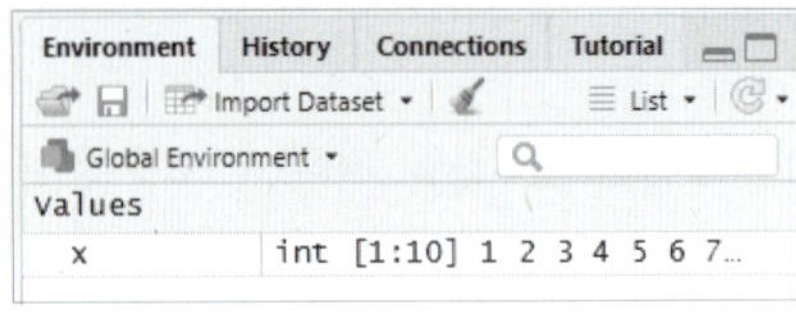

이제 생성된 1~9까지의 숫자를 대상으로 과거 1년치 값(래그 1)을 데이터값으로 갖는 데이터셋을 만들고, 이어서 과거 2년치 값(래그 2)을 데이터값으로 갖는 데이터셋을 만들어보자. 과거 1년치 또는 2년치를 지정하는 방법은 n=1, n=2 또는 단순히 1 또는 2로 표기하면 된다.

명령어

```
> lag(x, n = 1) #과거 1년치 값 처리(래그 1)
> lag(x, 2) #과거 2년치 값 처리(래그 2)
```

```
> lag(x, n = 1)
 [1] NA  1  2  3  4  5  6  7  8  9
> lag(x, 2)
 [1] NA NA  1  2  3  4  5  6  7  8
```

해석

처리 결과 화면을 보면, 1~9의 숫자로 된 데이터셋 x가 과거 1년치 값으로 된 데이터셋으로 전환되었고, 이어서 과거 2년치 값으로 된 데이터셋으로 전환된 것을 볼 수 있다. 그 만큼 과거값은 그 전 과거값이 없기 때문에 가져올 수 없어 NA로 표기되어 있음을 알 수 있다. 따라서 래그 변수를 취하게 되면 데이터 관측치가 줄어드는 것을 알 수 있다. 연구자가 데이터셋을 균형데이터를 얻고자 한다면 그만큼 래그변수까지 고려해서 사전에 연구기간보다 긴 연구기간 데이터를 확보해야 할 것이다(예를 들어 연구기간이 2000~2010년이면 데이터는 애초에 1998~2010년까지 확보해야 래그변수 1년 또는 2년을 취해도 2000~2010년까지 균형데이터를 만들 수 있다).

자 이번에는 데이터셋 안에서 래그변수를 만들어서 새로운 변수로 저장시키는 연습을 해보자. 실습데이터(panel_2.dta)를 불러와 roe 변수에 대해 과거 1값과 과거 2값을 새로운 변수로 생성하라는 명령어를 작성해보자. 사용할 함수는 mutate( )와 lag( )이다.

명령어

```
> library(haven)
> panel_2 <- read_dta("C:/Users/osyan/panel_2.dta")
> View(panel_2)
> panel_lag <- mutate(panel_2,
+                           roe_lag1 = lag(roe, 1), #래그 1
+                           roe_lag2 = lag(roe, 2)) #래그 2
```


```
> library(haven)
> panel_2 <- read_dta("C:/Users/osyan/panel_2.dta")
> View(panel_2)
> panel_lag <- mutate(panel_2,
+                           roe_lag1 = lag(roe, 1), #래그 1
+                           roe_lag2 = lag(roe, 2)) #래그 2
```


[처리결과화면]

(처리전)

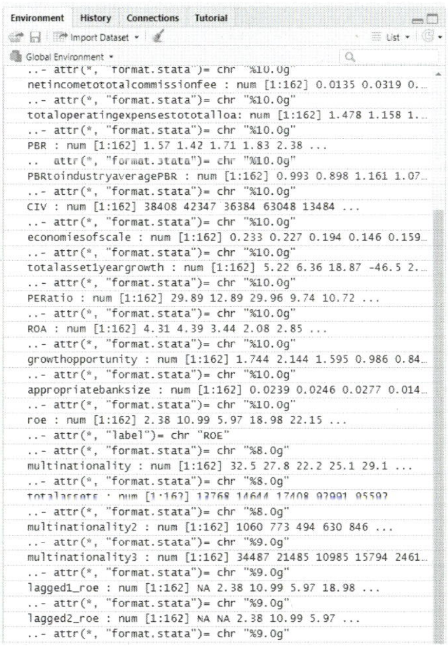

(처리후)

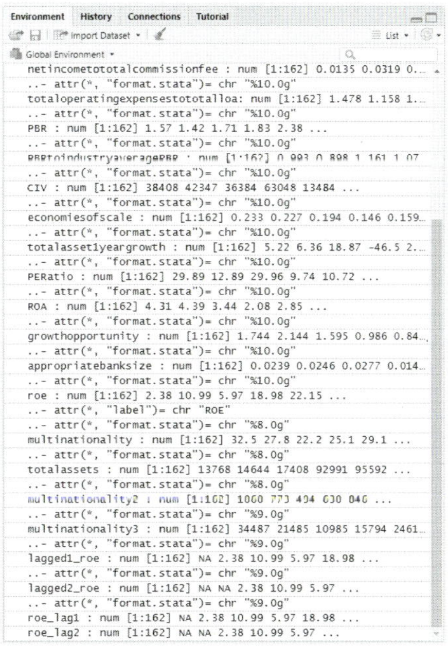

해석

처리 결과 화면을 보면, 처리전에는 없던 roe_lag1과 roe_lag2 변수가 새롭게 생성되어 저장되어 있음을 볼 수 있다. 래그 1에서는 NA가 하나, 래그 2에서는 NA가 2개 생성되어 있음을 알 수 있다. 이는 가져올 수 있는 과거값이 없기 때문에 NA로 처리한 것이다.

16) zip 파일 풀어 헤치기: unzip( )

Q. zip 파일 뭉치는 어떻게 풀어 헤치나요?

연습데이터(US_ForeignAid.zip)를 가지고 zip 파일을 풀어 헤쳐보자. 두 가지 방식을 생각해 보자. 하나는 걍 풀어 헤치는 거고, 다른 하나는 폴더를 정해주고 그 안에 풀어 헤치는 거다. 사용할 함수는 unzip( )이다. 작업디렉토리를 지정해주고 작업디렉토리(이는 "."로 표시)에 풀어 헤치는 작업과, 특정한 폴더(여기서는 zipdata)를 정해주고 이 폴더를 생성시켜서 그 안에 파일을 풀어 헤치라는 명령어를 작성해보자.

명령어

```
> setwd("C:/Users/osyan/") #필자의 작업 디렉토리 지정(이는 작업자마다 다르다)
> unzip("작업디렉토리명/zip파일명", exdir=".") #작업디렉토리에 풀어 헤치기
```

```
> setwd("C:/Users/osyan/") #필자의 작업 디렉토리 지정(이는 작업자마다 다르다)

> unzip("./US_ForeignAid.zip", exdir=".")
```

[처리결과화면]

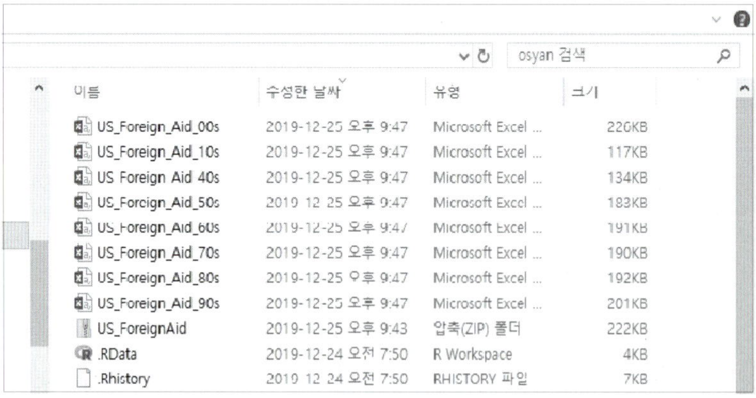

해석

처리 결과 화면을 보면, 작업디렉토리에 별도의 폴더가 생성되지 않은 채 걍 모든 파일이 풀어 헤쳐져 있음을 볼 수 있다.

이번에는 특정한 폴더를 생성시켜서 그 안에 파일을 풀어 헤치라는 명령어를 작성해보자. 특정한 폴더명은 zipdata로 하자. 이 폴더는 작업자가 수동으로 미리 만들어두어야 한다.

명령어

```
> unzip("작업디렉토리명/zip파일명", exdir="생성시킬폴더명") #디렉토리 새로 만들어서 거기에 풀기
```

```
> unzip("./US_ForeignAid.zip", exdir="zipdata") #디렉토리 새로 만들어서 거기에 풀기
```

[처리결과화면]

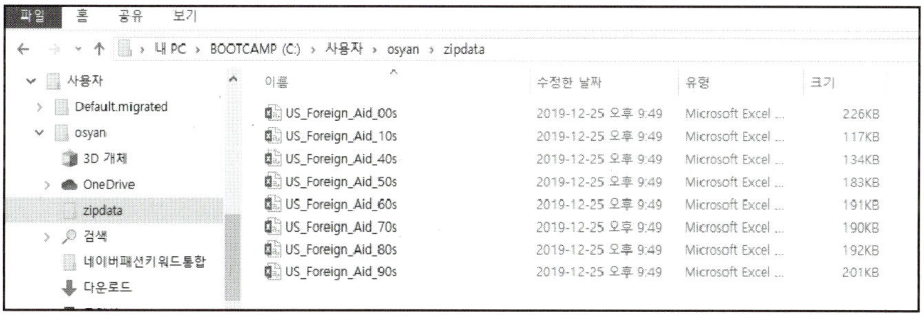

해석

처리 결과 화면을 보면, 작업디렉토리에 별도의 폴더인 zipdata 폴더가 생성되고 그 안에 모든 파일이 풀어 헤쳐져 있음을 볼 수 있다.

당연히 파일을 풀어헤쳐 저장할 폴더를 작업자가 미리 수동으로 만들지 않아도 된다. 명령어 처리로 폴더를 만들어서 그 안에 zip 파일을 풀어헤치라는 명령어를 작성해보자. 이 작업은 작업디렉토리 지정을 시작으로 진행한다.

명령어

```
> setwd("C:/Users/osyan/")
> outDir <-"C:/Users/osyan/unzipfolder"
> unzip("./US_ForeignAid.zip", exdir="outDir") #디렉토리 새로 만들어서 거기에 풀기
```



```
> setwd("C:/Users/osyan/")
> outDir <-"C:/Users/osyan/unzipfolder"
> unzip("./US_ForeignAid.zip", exdir="outDir") #디렉토리 새로 만들어서 거기에 풀기
```


[처리결과화면]

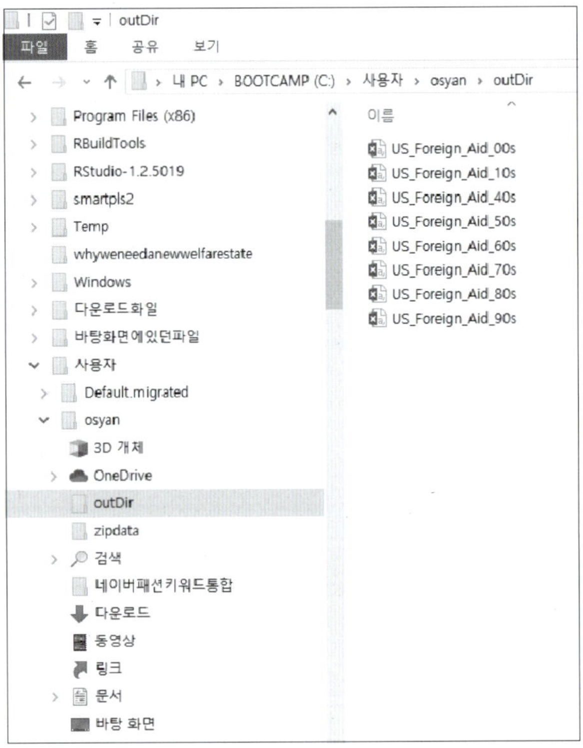

해석

처리 결과 화면을 보면, 작업디렉토리(C:/Users/osyan/) 아래에 존재하지 않던 새로운 지정 폴더(outDir)가 생성되었고, 그 안에 원래의 zip 파일이 풀어헤쳐져 저장되어 있음을 볼 수 있다.

혹시 추가 작업으로, 다운로드한 원래의 zip 파일은 용량만 차지하니까 제거하고 싶으면 다음 명령어로 제거하면 된다.

Q. R이 제공하는 패키지를 사용할 때 어떻게 시작하나요?

명령어

```
> file.remove("제거할zip파일명")
```

```
> file.remove("US_ForeignAid.zip")
[1] TRUE
```

바꾸기

17) 변수명 바꾸기: rename( )

실습데이터(2020-07-05open.csv)를 불러와 변수명을 바꾸는 연습을 해보자. 불러온 데이터셋에서 A1변수명을 Power1으로, A2 변수명을 Power2로 바꾸는 명령어를 작성해보자.

명령어

```
> file.remove("제거할zip파일명")> library(dplyr)
> setwd("C:/Users/osyan/") #작업디렉토리 지정(연구자마다 다름)
> data <- read.csv("2020-07-05open.csv") #factor형태로 불러들여짐
> data <- rename(data, Power1 = A1)
> data <- rename(data, Power2 = A2)
```

```
> library(dplyr)

다음의 패키지를 부착합니다: 'dplyr'

The following object is masked from 'package:car':

    recode

The following objects are masked from 'package:stats':

    filter, lag
```

```
The following objects are masked from ‘package:base’:

    intersect, setdiff, setequal, union
> setwd("C:/Users/osyan/")
> data <- read.csv("2020-07-05open.csv") #factor형태로 불러들여짐
> data <- rename(data, Power1 = A1)
> data <- rename(data, Power2 = A2)
```

[처리결과화면]

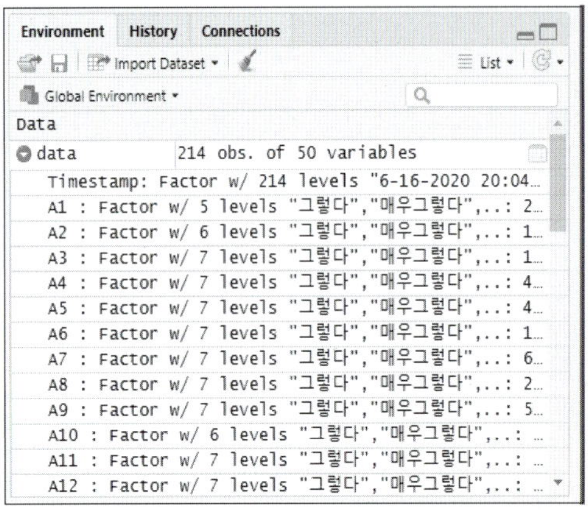

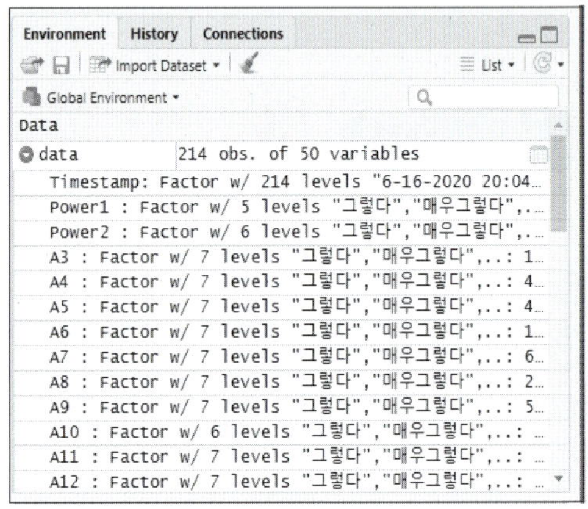

해석

처리 결과 화면을 보면, 변수명이 A1->Power1, A2->Power2로 바뀌어 있음을 볼 수 있다.

18) 데이터값 바꾸기: gsub( ), recode( )

데이터셋에서 기존 기입된 데이터값을 바꾸는 작업을 해보자. 실습데이터(2020-07-05open.xlsx)를 불러와 명령어를 작성해보자. 사용할 함수는 gsub( ) 함수이다.

명령어

```
> setwd("C:/Users/OSYang/") #작업디렉토리 지정
> data <- read_excel("2020-07-05open.xlsx")
> data$A1 <- gsub("약간그렇다", "5", data$A1)
> data$A1 <- gsub("약간아니다", "3", data$A1)
> data$A1 <- gsub("매우그렇다", "7", data$A1)
> data$A1 <- gsub("전혀아니다", "1", data$A1)
```

```
> data$A1 <- gsub("그렇다", "6", data$A1)
> data$A1 <- gsub("보통이다", "4", data$A1)
> data$A1 <- gsub("아니다", "2", data$A1)
```

```
> setwd("C:/Users/OSYang/") #작업디렉토리 지정
> data <- read_excel("2020-07-05open.xlsx")
> data$A1 <- gsub("약간그렇다", "5", data$A1)
> data$A1 <- gsub("약간아니다", "3", data$A1)
> data$A1 <- gsub("매우그렇다", "7", data$A1)
> data$A1 <- gsub("전혀아니다", "1", data$A1)
> data$A1 <- gsub("그렇다", "6", data$A1)
> data$A1 <- gsub("보통이다", "4", data$A1)
> data$A1 <- gsub("아니다", "2", data$A1)
```

[처리결과화면]

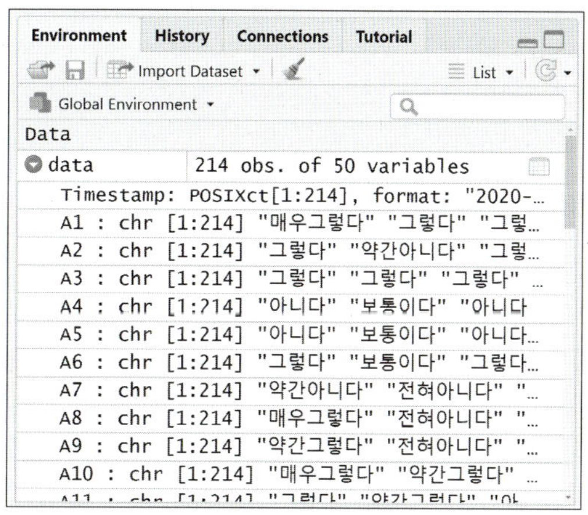

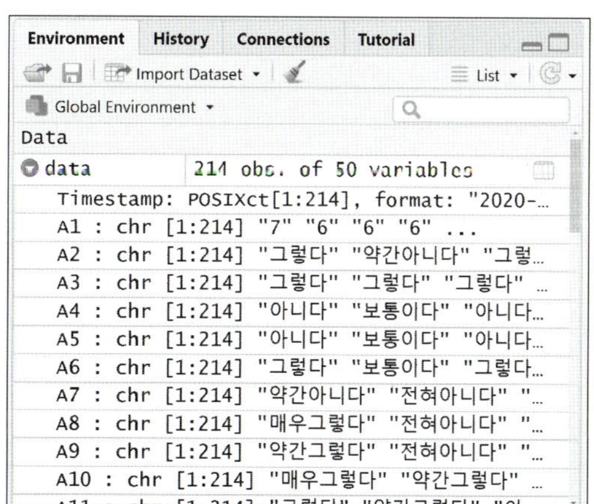

[처리결과화면: View(data)]

Filter | Cols: « < 1 - 50 > »

	Timestamp	A1	A2	A3	A4	A5	A6
1	2020-06-16 20:04:55	매우그렇다	그렇다	그렇다	아니다	아니다	그렇다
2	2020-06-19 16:01:58	그렇다	약간아니다	그렇다	보통이다	보통이다	보통이다
3	2020-06-19 17:11:46	그렇다	그렇다	그렇다	아니다	아니다	그렇다
4	2020-06-19 17:41:39	그렇다	그렇다	보통이다	보통이다	약간그렇다	그렇다
5	2020-06-20 06:28:16	그렇다	그렇다	약간아니다	약간그렇다	아니다	아니다
6	2020-06-20 09:23:39	매우그렇다	보통이다	보통이다	약간아니다	약간그렇다	약간그렇다
7	2020-06-20 15:56:46	매우그렇다	약간그렇다	보통이다	아니다	아니다	아니다
8	2020-06-20 16:05:25	그렇다	그렇다	보통이다	약간그렇다	약간그렇다	그렇다

Showing 1 to 10 of 214 entries, 50 total columns

Filter | Cols: « < 1 - 50 > »

	Timestamp	A1	A2	A3	A4	A5	A6	A7
1	2020-06-16 20:04:55	7	그렇다	그렇다	아니다	아니다	그렇다	약
2	2020-06-19 16:01:58	6	약간아니다	그렇다	보통이다	보통이다	보통이다	전
3	2020-06-19 17:11:46	6	그렇다	그렇다	아니다	아니다	그렇다	아
4	2020-06-19 17:41:39	6	그렇다	보통이다	보통이다	약간그렇다	그렇다	약
5	2020-06-20 06:28:16	6	그렇다	약간아니다	약간그렇다	아니다	아니다	아
6	2020-06-20 09:23:39	7	보통이다	보통이다	약간아니다	약간그렇다	약간그렇다	약
7	2020-06-20 15:56:46	7	약간그렇다	보통이다	아니다	아니다	아니다	약
8	2020-06-20 16:05:25	6	그렇다	보통이다	약간그렇다	약간그렇다	그렇다	보

Showing 1 to 10 of 214 entries, 50 total columns

해석

처리 결과 화면을 보면, A1변수가 문자형에서 숫자형으로 전부 바뀌어 있음을 볼 수 있다.

이번에는 csv 파일에 대해 작업을 해보자. csv파일을 불러오게 되면 데이터값이 factor 형태로 불러와진다. 이번에 사용할 함수는 recode( ) 함수이다.

명령어

```
> setwd("C:/Users/osyan/")
> data <- read.csv("2020-07-05open.csv") #factor형태로 불러들여짐
```

```
> setwd("C:/Users/osyan/")
> data <- read.csv("2020-07-05open.csv") #factor형태로 불러들여짐
> data$A1 <- recode(data$A1, "'매우그렇다'=7") #문자열은 ' ' 필요
```

[처리결과화면]

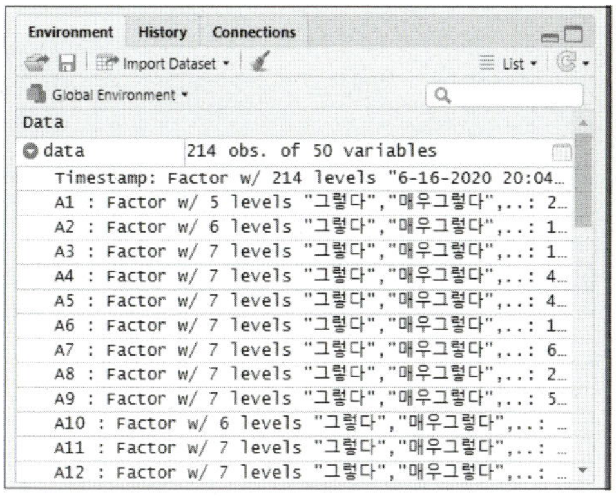

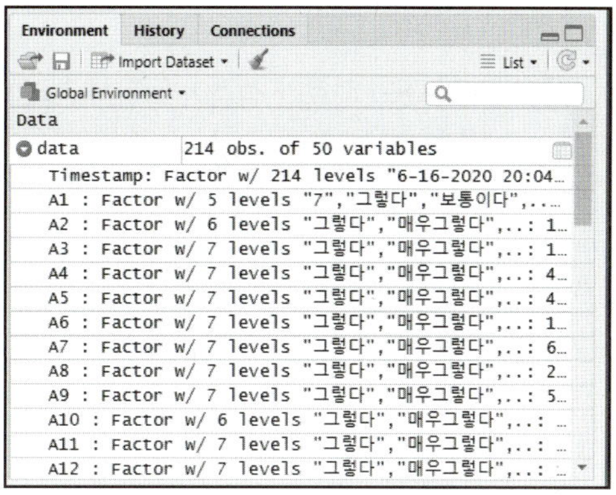

[처리결과화면]

Filter Cols: « ‹ 1 - 50 › »

	Timestamp	A1	A2	A3	A4	A5	A6	A7	A8	A9	A10	A11
1	6-16-2020 20:04:56	매우그렇다	그렇다	그렇다	아니다	아니다	그렇다	약간아니다	매우그렇다	약간그렇다	매우그렇다	그렇다
2	6-19-2020 16:01:59	그렇다	약간아니다	그렇다	보통이다	보통이다	보통이다	전혀아니다	전혀아니다	전혀아니다	약간그렇다	약간그렇다
3	6-19-2020 17:11:46	그렇다	그렇다	그렇다	아니다	아니다	그렇다	아니다	아니다	아니다	그렇다	아니다
4	6-19-2020 17:41:40	그렇다	그렇다	보통이다	보통이다	약간그렇다	그렇다	약간그렇다	약간그렇다	보통이다	그렇다	그렇다
5	6-20-2020 6:28:16	그렇다	그렇다	약간아니다	약간그렇다	아니다	아니다	아니다	아니다	아니다	그렇다	아니다
6	6-20-2020 9:23:39	매우그렇다	보통이다	보통이다	약간아니다	약간그렇다	약간그렇다	약간아니다	그렇다	약간그렇다	매우그렇다	약간그렇다
7	6-20-2020 15:56:46	매우그렇다	약간그렇다	보통이다	아니다	아니다	아니다	약간아니다	보통이다	아니다	약간그렇다	약간그렇다
8	6-20-2020 16:05:26	그렇다	그렇다	보통이다	약간그렇다	약간그렇다	그렇다	보통이다	그렇다	약간그렇다	그렇다	약간그렇다
9	6-20-2020 16:06:27	매우그렇다	매우그렇다	보통이다	전혀아니다	전혀아니다	전혀아니다	전혀아니다	보통이다	전혀아니다	보통이다	보통이다
10	6-20-2020 16:07:24	그렇다	그렇다	그렇다	아니다	아니다	보통이다	약간아니다	약간그렇다	보통이다	그렇다	그렇다
11	6-20-2020 16:11:04	그렇다	보통이다	보통이다	보통이다	보통이다	아니다	아니다	보통이다	아니다	보통이다	아니다

Showing 1 to 13 of 214 entries, 50 total columns

Filter Cols: « ‹ 1 - 50 › »

	Timestamp	A1	A2	A3	A4	A5	A6	A7	A8	A9	A10	A11
1	6-16-2020 20:04:56	7	그렇다	그렇다	아니다	아니다	그렇다	약간아니다	매우그렇다	약간그렇다	매우그렇다	그렇다
2	6-19-2020 16:01:59	그렇다	약간아니다	그렇다	보통이다	보통이다	보통이다	전혀아니다	전혀아니다	전혀아니다	약간그렇다	약간그렇다
3	6-19-2020 17:11:46	그렇다	그렇다	그렇다	아니다	아니다	그렇다	아니다	아니다	아니다	그렇다	아니다
4	6-19-2020 17:41:40	그렇다	그렇다	보통이다	보통이다	약간그렇다	그렇다	약간그렇다	약간그렇다	보통이다	그렇다	그렇다
5	6-20-2020 6:28:16	그렇다	그렇다	약간아니다	약간그렇다	아니다	아니다	아니다	아니다	아니다	그렇다	아니다
6	6-20-2020 9:23:39	7	보통이다	보통이다	약간아니다	약간그렇다	약간그렇다	약간아니다	그렇다	약간그렇다	매우그렇다	약간그렇다
7	6-20-2020 15:56:46	7	약간그렇다	보통이다	아니다	아니다	아니다	약간아니다	보통이다	아니다	약간그렇다	약간그렇다
8	6-20-2020 16:05:26	그렇다	그렇다	보통이다	약간그렇다	약간그렇다	그렇다	보통이다	그렇다	약간그렇다	그렇다	약간그렇다
9	6-20-2020 16:06:27	7	매우그렇다	보통이다	전혀아니다	전혀아니다	전혀아니다	전혀아니다	보통이다	전혀아니다	보통이다	보통이다
10	6-20-2020 16:07:24	그렇다	그렇다	그렇다	아니다	아니다	보통이다	약간아니다	약간그렇다	보통이다	그렇다	그렇다
11	6-20-2020 16:11:04	그렇다	보통이다	보통이다	보통이다	보통이다	아니다	아니다	보통이다	아니다	보통이다	아니다

Showing 1 to 13 of 214 entries, 50 total columns

해석

처리 결과 화면을 보면, A1 변수에서 "매우그렇다"가 숫자 7로 변환되어 있음을 볼 수 있다.

19) 자료의 속성 변환하기: factor( ), as.numeric( )

Q. 데이터 셋의 자료가 성격이 달라서 처리하기가 난처하네요.. 원하는 자료형태로 만들려면 어떻게 하나요?

데이터 셋의 자료는 저장하는 방식에 따라 성질이 달라진다. 여기서 자료는 '객체'이고, 어떻게 저장할 것인가를 말해주는 것이 '모드'이다.

[객체와 모드]

객체	모드	코드 예
숫자	수치형	`2.3456`
숫자벡터	수치형	`c(2, 5)`
문자열	문자형	`"Domestic"`
문자열벡터	문자형	`c("Domestic", "Foreign", "National")`
요인	범주형	`factors(c("NY", "CA", "IL"))`
리스트	리스트	`list("Domestic", "Foreign", "National")`
데이터 프레임	리스트	`data.frame(x=1: 3, y=c("Domestic", "Foreign", "National"))`
함수	함수	`factor( )`

데이터 셋의 자료를 특정한 모드에서 원하는 다른 모드로 변환할 수 있다. 이때 사용되는 변환 관련 명령어는 다음과 같다.

[변환 명령어]

변환 방향	방법	비고
벡터 -> 리스트	`as.list(vec)`	
벡터 -> 행렬	`cbind(), as.matrix()` `rbind(), as.matrix(vec, n, m)`	 n by m 행렬생성
벡터 -> 데이터프레임	`as.data.frame(vec)` `as.data.frame(rbind(vec))`	열 한개짜리 데이터프레임 행 한개짜리 데이터프레임
리스트 -> 벡터	`unlist(list)`	as.vector 보다 unlist가 좋음

리스트 -> 행렬	`as.matrix(list)`
	`as.matrix(rbind(list))`
	`matrix(list, n, m)`
		열 한개짜리 행렬
		행 한개짜리 행렬
		n by m 행렬

리스트 -> 데이터프레임	`as.data.frame(list)`	목록 원소가 데이터의 열
행렬 -> 벡터	`as.vector(mat)`	행렬의 모든 원소를 벡터로 변환

변환 방향	방법	비고
행렬 -> 리스트	as.list(mat)	행렬의 모든 원소를 리스트로 변환
데이터프레임 -> 벡터	dfm[1,] dfm[,1] or dfm[[1]]	행 하나짜리 데이터프레임 변환 열 하나짜리 데이터프레임 변환
데이터프레임 -> 리스트	as.list(dfm)	
데이터프레임 -> 행렬	as.matrix(dfm)	
문자 -> 요인	factor()	
-> 수치	as.numeric	

여기서 유념할 점은 모드는 메모리에 저장되는 형태일 뿐 논리적으로 프로그래밍할 때 쓰는 단위가 아니라는 사실이다. 예를 들어 모드가 어떤 숫자로 이루어져 있다고 해도 숫자형(numeric)임을 의미할 뿐 **클래스(class)**가 다를 수 있다. 거리, 시간, 무게를 좋은 예로 들 수 있다. 이들은 모두 숫자형이지만 같은 숫자(예, 거리 2와 시간 2, 무게 2라는 숫자)라도 그 클래스가 다르다. R에서는 데이터 처리 방식이 클래스에 의해 결정된다. 그리고 이러한 클래스에 따라서 데이터 처리를 다르게 하는 명령어가 **print( )**이다.

① 요인(범주형)으로 전환하기: **factor( )**

Q 단수한 문자 또는 명목형 자료를 분석자료로 만들려면 어떻게 하나요?

저장되어 있는 기초자료 가운데 문자(명목형) 데이터는 단순한 문자에 지나지 않는다. 문자 데이터는 문학적 느낌이나 의미를 파악하는데 사용될 수는 있어도 통계 분석 자료로서는 기능하지 못한다. 그냥 문자일 뿐이니까.

이 경우 문자(명목형) 데이터를 분석자료화 하기 위해서는 요인 자료로 전환시켜 주어야 한다. 이럴 때 사용하는 명령어가 factor( ) 함수식이다. Factor( ) 함수식을 사용하여 요인으로 전환한 자료는 일반적으로 "f.변수명"으로 기재하는 것이 통례이다. 반드시 그럴 필요는 없지만.

앞서 연습한 자료 생성에서 z 변수는 논리형으로 이 자료는 R 통계분석에서 기본적으로 인지된다. 그러나 문자(명목형)은 " " 안에 기입하는 자료로서 R 통계분석 프로그램이 자동으로 요인 자료로 인식하지 못한다. 따라서 이들 문자(명목형) 자료를 요인으로 전환시켜 주어야 한다. 자 이제 명목형 자료를 생성하여 요인 자료로 전환시켜 보자. 생성할 변수명은 gender로 하자. 자료를 직접 생성하는 명령어는 c( ) 함수식이다.

명령어

```
> 생성할변수명=c("문자1", "문자2", "문자3", "문자4")
> f.생성한변수명=factor(생성한변수명)
```

```
> gender=c("Male", "Male", "Female", "Male", "Female")
> f.gender=factor(gender)
```

자 이제 요인으로 변환시킨 gender의 상태를 다음과 같이 직접 열람해 보자.

명령어

```
> gender
> f.gender
> table(f.gender)
```

```
> gender=c("Male", "Male", "Female", "Male", "Female")
> f.gender <-factor(gender)

> gender
[1] "Male"   "Male"   "Female" "Male"   "Female"
> f.gender
[1] Male   Male   Female Male   Female
Levels: Female Male
> table(f.gender)
f.gender
Female   Male
     2      3
```

해석

처리 결과 화면을 보면, gender 파일 내용과 f.gender 파일 내용이 표시방식이 다름을 알 수 있다. 또한 table(f.gender) 명령어로 처리하면 표시방식이 또 다르게 Female과 Male의 개수가 계산되어 나타나고 있음을 알 수 있다.

② 수치형으로 전환하기: **as.numeric( )**

Q. factor 자료를 numeric 자료로 전환하려면 어떻게 하나요?

저장되어 있는 기초자료 가운데 factor 형 데이터를 수치형 자료로 전환하려면 as.numeric( ) 함수를 사용하면 된다. 우선 실습데이터 apptest2를 불러오자.

명령어

```
> setwd("C:/Users/OSYang/") #작업디렉토리 고정: 이는 작업자마다 다르다
> apptest2 <-read.csv(file.choose()) #파일을 직접 폴더에서 선택: apptest2를 클릭
```


```
> setwd("C:/Users/OSYang/") #작업디렉토리 고정: 이는 작업자마다 다르다
> apptest2 <-read.csv(file.choose()) #파일을 직접 폴더에서 선택: apptest2를 클릭
```


[처리결과화면]

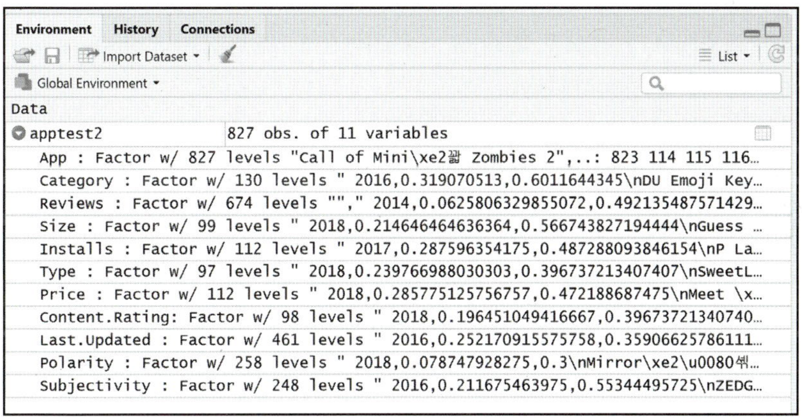

해석

처리화면을 보면, 모든 변수가 factor 속성으로 되어 있음을 알 수 있다.

이제 factor 변수인 Reviews, Installs, Price, Polarity, Subjectivity를 모두 수치형 자료로 변환시켜보자.

명령어

```
> attach(작업파일명) #작업화일 고정
> 반환파일명 <-as.numeric(변환할변수명) #데이터 불러오기
```

```
> attach(apptest2) #작업화일 고정
The following objects are masked from apptest2 (pos = 3):

    App, Category, Content.Rating, Installs, Last.Updated, Polarity, Price,
Reviews, Size, Subjectivity,
    Type

The following objects are masked from apptest2 (pos = 4):

    App, Category, Content.Rating, Installs, Last.Updated, Polarity, Price,
Reviews, Size, Subjectivity,
    Type

The following objects are masked from apptest2 (pos = 5):

    App, Category, Content.Rating, Installs, Last.Updated, Polarity, Price,
Reviews, Size, Subjectivity,
    Type

The following objects are masked from apptrain2 (pos = 6):

    App, Category, Content.Rating, Installs, Last.Updated, Polarity, Price,
Reviews, Size, Subjectivity,
    Type

The following objects are masked from apptrain2 (pos = 7):

    App, Category, Content.Rating, Installs, Last.Updated, Polarity, Pric
e, Reviews, Size, Subjectivity,
    Type
> apptest2$Reviews <-as.numeric(Reviews)
> apptest2$Installs <-as.numeric(Installs)
> apptest2$Price <-as.numeric(Price)
> apptest2$Polarity <-as.numeric(Polarity)
> apptest2$Subjectivity <-as.numeric(Subjectivity)
```

[처리결과화면]

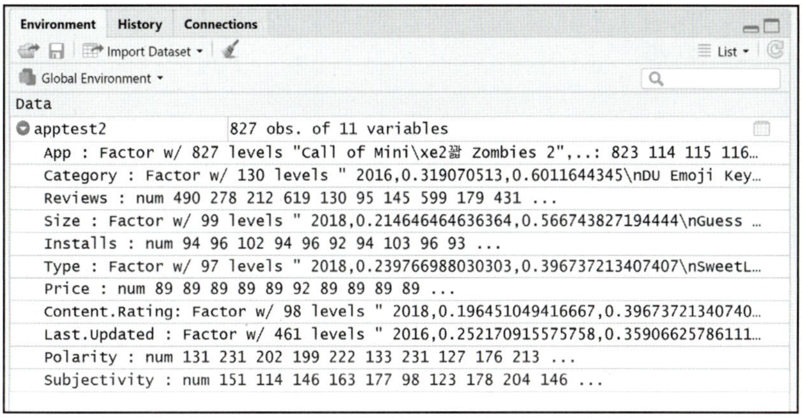

해석

처리화면을 보면, 처리 대상 변수가 factor에서 수치형(num)으로 변환되었음을 알 수 있다.

● 조건걸기

20) 제어문 작성하기: else if ( ), ifelse( )

Q. 조건을 만들어 데이터를 처리하는 방법을 알려주세요. 쌤!

① 기초작업 1: else if ( )

데이터를 처리할 때 조건을 만들어 처리해야 하는 경우가 흔하다. 몇 가지 구문을 연속적으로 사용할 경우 "else if"를 사용하면 된다. 이때 함께 사용하는 함수가 function( )이다. 입력값이 1이면 "hello"를 출력하고, 0이면 "goodbye"를 출력하고, 그렇지 않으면 "confused"를 출력하라는 명령어를 작성해보자. 입력값 x에 대한 함수는 function(x)이며, 이렇게 함수 처리된 결과 자료를 저장하는 파일명은 check1으로 한다.

명령어

```
> check1 <-function(x)
+ {
+   if(x==1)
```

```
+   {
+      print("hello") #입력값 x가 1이면 hello를 출력하고
+   } else if (x==0)
+   {
+      print("goodbye") #입력값 x가 0이면 goodbye를 출력하고
+   } else
+   {
+      print("confused") #그렇지 않으면 confused를 출력하라
+   }
+ }
```

```
> check1 <-function(x)
+ {if(x==1)
+ {print("hello") #입력값 x가 1이면 hello를 출력하고
+ } else if (x==0)
+ {print("goodbye") #입력값 x가 0이면 goodbye를 출력하고
+ } else
+ {print("confused") #그렇지 않으면 confused를 출력하라
+ }
+ }
```

이제 앞서 처리한 명령어가 어떻게 작동하는지 살펴보자. 입력값을 1, 0, 2로 넣어보자.

명령어

```
> check1(1)
> check1(0)
> check1(2)
```

```
> check1(1)
[1] "hello"
> check1(0)
[1] "goodbye"
> check1(2)
[1] "confused"
```

② 기초작업 2: **ifelse ( )**

이번에는 벡터화된 인자를 사용할 수 있는 ifelse( ) 함수를 사용해 제어문을 처리하는 방법을 연습해보자. 구성을 살펴보면 세 가지로 이루어지며, **첫 번째는 테스트될 조건이고, 두 번째**

는 테스트가 **TRUE**이면 반환되는 값이고, 세 번째는 테스트가 **FALSE**이면 반환되는 값이다. For 루프를 피할 수 있고 속도를 높일 수 있다. 우선 임의의 숫자로 구성된 파일을 생성시키고, 생성된 숫자에 따라 1값을 가질 경우 "Yes"로 나타내고, 그렇지 않으면 "No"로 나타내라는 명령어를 작성해보자. 반환되는 값을 저장할 파일명은 test1으로 한다.

명령어

```
> test1 <-c(1, 1, 0, 0, 1, 0, 1)
> ifelse(test1==1, "Yes", "No")
```

```
> test1 <-c(1, 1, 0, 0, 1, 0, 1)
> ifelse(test1==1, "Yes", "No")
[1] "Yes" "Yes" "No"  "No"  "Yes" "No"  "Yes"
```

이번에는 좀 더 복잡한 제어문을 작성해보자. 두 가지 조건을 한꺼번에 만족시키는 경우를 반영해서 명령어를 작성해보자. 두 가지 조건은 and의 경우 &, &&로 표현하고, or의 경우 l, ll로 표현한다.

명령어

```
> a <-c(1, 1, 0, 0, 1, 0, 1)
> b <-c(2, 1, 0, 0, 1, 0, 1)
> ifelse(a==1 & b==1, "Yes", "No")
```

```
> a <-c(1, 1, 0, 0, 1, 0, 1)
> b <-c(2, 1, 0, 0, 1, 0, 1)
> ifelse(a==1 & b==1, "Yes", "No")
[1] "No"  "Yes" "No"  "No"  "Yes" "No"  "Yes"
```

③ 조건문으로 색깔입히기: **col=ifelse(변수명=="1", 1, 2)**

이번에는 ifelse( ) 함수를 사용하여 색깔을 조건에 따라 지정되도록 명령어를 작성해보자. 우선 편의를 위해 setwd( ) 함수를 사용하여 작업디렉토리를 지정해주자. 여기서는 작업디렉토리가 C:/Users/User/로 지정된다(이는 작업자의 컴퓨터 디렉토리에 따라 달라진다). 그리고 작업디렉토리에 연구자가 저장해 놓은 wholesale.csv 데이터 파일을 불러오자.

명령어

```
> setwd("C:/Users/User/") #작업디렉토리 지정하기
> read.csv("wholesale.csv")
```

```
> setwd("C:/Users/User/") #작업디렉토리 지정하기
> read.csv("Wholesale.csv")
    Channel Region  Fresh  Milk Grocery Frozen Detergents_Paper Delicassen
1         2      3  12669  9656    7561    214             2674       1338
2         2      3   7057  9810    9568   1762             3293       1776
3         2      3   6353  8808    7684   2405             3516       7844
4         1      3  13265  1196    4221   6404              507       1788
5         2      3  22615  5410    7198   3915             1777       5185
6         2      3   9413  8259    5126    666             1795       1451
7         2      3  12126  3199    6975    480             3140        545
8         2      3   7579  4956    9426   1669             3321       2566
9         1      3   5963  3648    6192    425             1716        750
                               (중간생략)
123       1      3  12212   201     245   1991               25        860
124       2      3  11170 10769    8814   2194             1976        143
125       1      3  36050  1642    2961   4787              500       1621
 [ reached getOption("max.print") -- omitted 315 rows ]
```

또는 해당 파일을 특정한 파일명을 부여하여 새로 데이터 셋을 형성할 수도 있다. 여기서는 새로운 파일명으로 wholesale1을 사용해 보자.

명령어

```
> wholesale1 <-read.csv("wholesale.csv")
```

[처리결과화면]

해석

처리 결과 화면을 보면, wholesale.csv 데이터가 불러와졌고, 그 안에는 Channel, Region, Fresh, Milk, Grocery, Frozen ...등의 변수가 포함되어 있음을 볼 수 있다.

다음으로 Grocery와 Fresh에 대해, Channel이 1값을 가지면 검은색으로 표기하고, 그렇지 않으면 빨간색으로 표시하도록 하자. 색인은 왼쪽상단에 위치시키고("topleft"), 1과 2로 표기하되(c("1", "2")), 색인 심벌은 동그라미(pch=1)로 하고, 검은색과 빨간색으로 표시하고(col=1:2), 타이틀은 "Channel"로 만들어보자. 작업을 위해 attach() 함수를 이용해 wholesale1 작업 파일을 고정시키고, win.graph() 함수를 이용해 그래프를 그리기 위한 도화지를 열어보자.

명령어

```
> attach(wholesale1)
> win.graph()
```


```
> attach(wholesale1)
> win.graph()
```


[처리결과화면]

[색깔 번호]

Index	0	1	2	3	4	5	6	7	8
Color	White	Black	Red	Green	Blue	Turquoise	Magenta	Yellow	Gray

명령어

```
> plot(Grocery, Fresh, col=ifelse(Channel=="1", 1, 2))
> legend("topleft", legend=c("1", "2"), pch=1, col=1:2, title="Channel")
```


```
> plot(Grocery, Fresh, col=ifelse(Channel=="1", 1, 2))
> legend("topleft", legend=c("1", "2"), pch=1, col=1:2, title="Channel")
```


[처리결과화면]

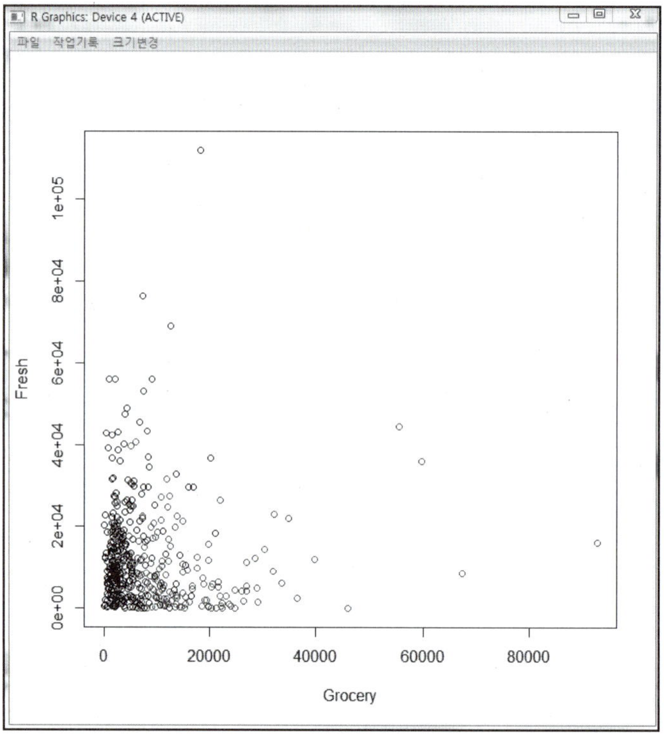

Chapter 2. R찬 통계

1. 기술통계

1) 요약: summary( )

Q. 기술통계란 무엇인가요? 알기 쉽게 설명해 주세요!

데이터를 분석하기에 앞서 연구자는 데이터 상태(성질 포함)를 관찰하게 된다. 연구자는 데이터 자체를 설명할 수 있어야 하며, 데이터의 상태를 충분히 이해해야 분석을 위한 기법이나 연구모델을 제대로 선택할 수 있다. 이 모든 업무가 기술통계에서 이루어진다.

기술통계에서는 데이터의 특성, 집단(샘플링된 데이터의 집합)의 특성을 나타내준다. 여기서 말하는 집단의 특성은 평균, 표준편차, 최대값, 최소값 등으로 드러난다. 이처럼 특정 개체나 집단에 내포된 현상을 수리의 결과로 요약하고 기술하는 것을 '기술통계(descriptive statistics)'라고 한다. 여기서 중요한 사실 하나: 기술통계는 모집단이 아니라 표본에 해당되는 값들을 보여준다.

기술통계를 구성하는 각 지표를 구하는 방식이 개별적으로 존재한다. 그러나 여기서는 모든 지표를 한꺼번에 보여주는 명령어를 연습하도록 하자. 우선 미리 제공된 연습 데이터인 OLS_4.dta(Stata 자료)를 불러오자. R Studio 프로그램의 오른쪽 상단에 있는 "Import Dataset"을 이용하도록 하자. 옵션에서 "from Stata"를 선택하고, 열리는 창에서 "File/Url:"을 통해 OLS_4.dta를 선택하면 된다.

[처리결과화면]

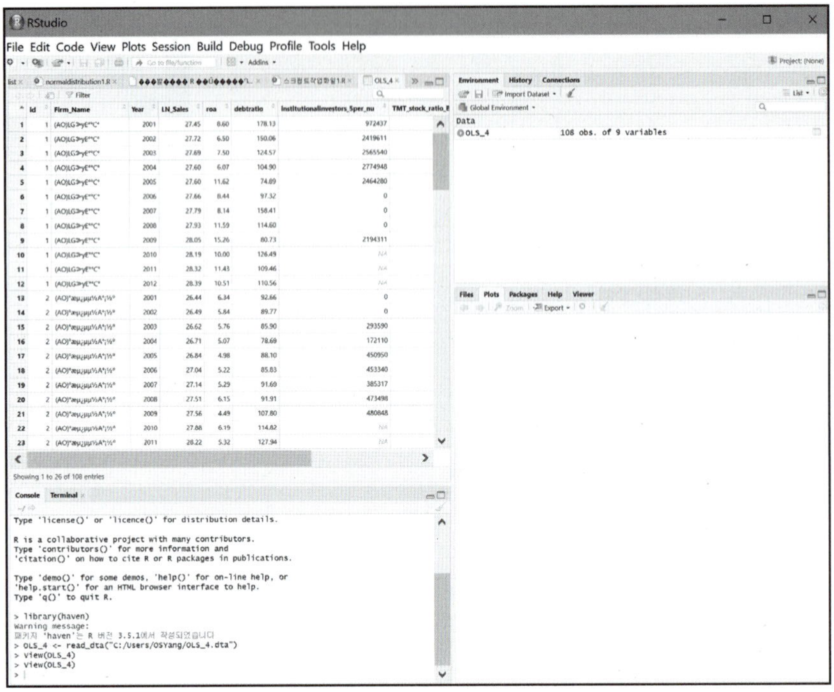

이렇게 불러들인 OLS_4.dta를 가지고 summary( ) 함수식을 사용하여 다음과 같이 명령어를 작성해 보자.

명령어

```
> summary(파일명)
```

```
> summary(OLS_4)
       id          Firm_Name              Year     
 Min.   : 1.000   Length:108         Min.   :2001  
 1st Qu.: 3.000   Class :character   1st Qu.:2004  
 Median : 5.000   Mode  :character   Median :2006  
 Mean   : 5.222                      Mean   :2006  
 3rd Qu.: 7.000                      3rd Qu.:2009  
 Max.   :10.000                      Max.   :2012  

    LN_Sales          roa            debtratio     
 Min.   :24.53   Min.   :-3.370   Min.   :  9.68  
 1st Qu.:25.52   1st Qu.: 5.878   1st Qu.: 28.74  
```

```
 Median :27.32   Median : 8.150   Median : 69.86
 Mean   :27.34   Mean   : 8.161   Mean   : 73.38
 3rd Qu.:28.25   3rd Qu.:10.523   3rd Qu.:107.52
 Max.   :32.58   Max.   :24.620   Max.   :186.32

 institutionalinvestors_5per_nu TMT_stock_ratio_B
 Min.   :       0               Min.   :     766
 1st Qu.:  225851               1st Qu.:   19866
 Median :  492654               Median : 1198637
 Mean   : 4802303               Mean   : 2767416
 3rd Qu.: 2708440               3rd Qu.: 5032398
 Max.   :32890414               Max.   :13791917
 NA's   :28                     NA's   :27
 foreign_insti_investor_ratio
 Min.   :0.00000
 1st Qu.:0.05350
 Median :0.08450
 Mean   :0.08265
 3rd Qu.:0.12800
 Max.   :0.21500
 NA's   :28
```

해석

처리 결과 화면을 보면, 각 변수별로 최저치, Q1(25%), 중앙값, 평균값, Q_3(75%), 최고치 등 여섯 개의 통계량를 보여주고 있다.

이번에는 특정 변수에 대해서만 다음과 같은 명령어를 작성해 보자. 연습을 위해 LN_Sales 변수에 대해 명령어를 작성해 보자. 옵션 "na.rm=T"는 NA값이 있으면 제거하라는 명령어이다(NA값이 있으면 평균이 NA가 된다. 따라서 제거하고 평균을 구하는 것이 바람직하다).

명령어

```
> summary(파일명$변수명, na.rm=T) 또는 summary(파일명$변수명)
```

```
> summary(OLS_4$LN_Sales)
   Min. 1st Qu.  Median    Mean 3rd Qu.    Max. 
  24.53   25.52   27.32   27.34   28.25   32.58 
> summary(OLS_4$LN_Sales, na.rm=T)
   Min. 1st Qu.  Median    Mean 3rd Qu.    Max. 
  24.53   25.52   27.32   27.34   28.25   32.58 
```

2) 이상치(outlier) 확인

① 그래프로 관찰하기: **botplot( )**

일반적으로 통계에서 아웃라이어(outlier)는 '이상치'라는 별명을 갖고 있다. 아웃라이어는 평균을 크게 변하게 만든다는 점에서 제거되거나, 고려 대상에서 배제하는 것이 일반적이다.[4] 이와 같은 아웃라이어는 찾는 방법은 Grubb's Test, Robust Test, 그래프로 관찰하기 등이 있다. 여기서 그래프로 아웃라이어를 찾는 방법으로 대표적인 작업이 Box Plot이다. Box Plot은 4분위수 가운데 Q_1(25%)과 Q_3(75%)을 기준으로 표시해준다. 그래프에서 보여주는 굵은 선은 4분위수 가운데 50%(중앙값)에 해당된다. 이로써 IQR, 즉 interquartile range($Q_3 - Q_1$)로 구하며, 이들 두 4분위수 간 퍼진 정도를 측정)를 그래프로 보여주는 셈이다.

[처리결과화면]

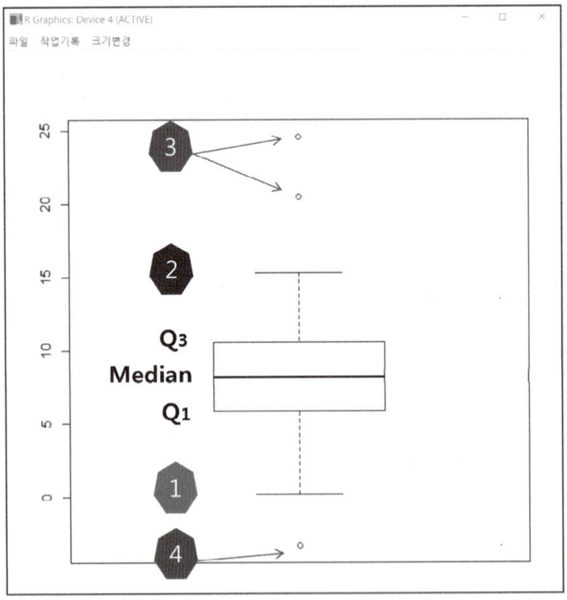

4 아웃라이어를 무조건적인 제거대상으로 보지 않고, 오히려 아웃라이어가 왜 발생했는지, 아웃라이어가 데이터에 어떤 영향을 미치는지를 궁금해 한다.

그래프 그림에서 살펴보면, 중앙에 있는 박스는 4분위수 가운데 Q1(25%)과 Median(중앙값), 그리고 Q_3(75%)을 나타낸다. ❶은 수용가능한 분포 상의 해당 변수의 최저치를 나타내고, ❷는 수용가능한 분포 상의 최고치를 나타낸다. ❸과 ❹는 이상치를 나타낸다.

자 이제, 평균과 멀리 떨어져 있어 평균에 영향을 주는 데이터들을 찾아보자. 여기서는 변수 LN_Sales, roa, debtratio, TMT_stock_ratio_B 등에 대해 연습해 보자. 잠깐 여기서 기억할 것은 boxplot( ) 함수는 NA값을 기본적으로 제거한다. 따라서 na.rm=T 옵션을 작성하지 않아도 된다. 사용하는 파일에 들어 있는 변수들이 모두 숫자로 이루어진 데이터일 경우에는 전체 변수에 대해 "> boxplot(파일명)"으로만 처리해도 개별 변수에 대한 Box Plot 그래프가 도출된다. 여기서는 실습데이터 파일(OLS_4.dta)에 들어 있는 변수가 모두 숫자로 이루어진 데이터는 아니기 때문에(일부 데이터는 명목형이다) 별도의 변수명을 지정해 주어야 한다.

명령어

```
> boxplot(파일명$변수명)
```

```
> boxplot(OLS_4$LN_Sales)
> boxplot(OLS_4$roa)
> boxplot(OLS_4$debtratio)
> boxplot(OLS_4$TMT_stock_ratio_B)
```

[처리결과화면]

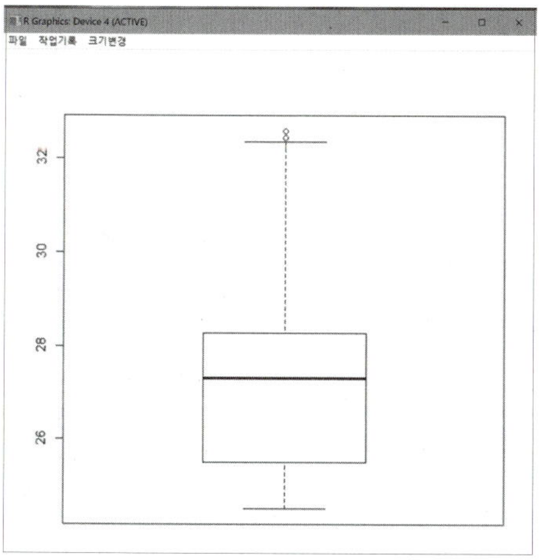

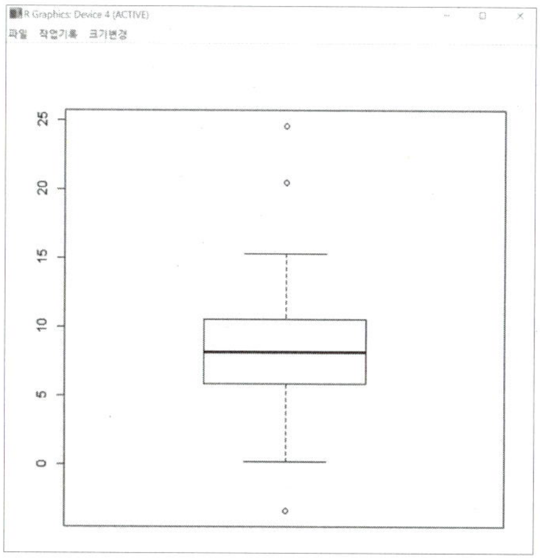

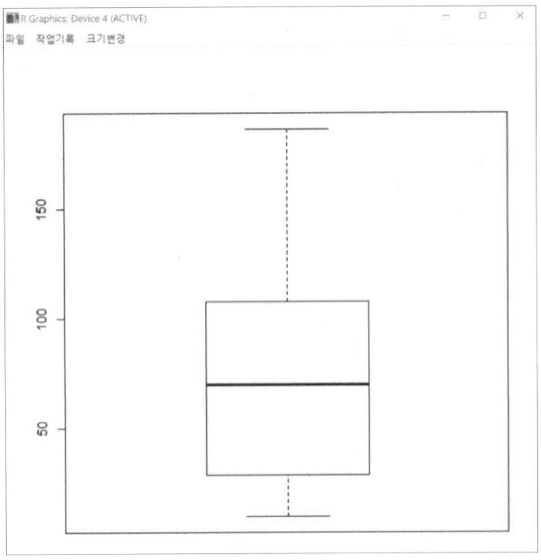

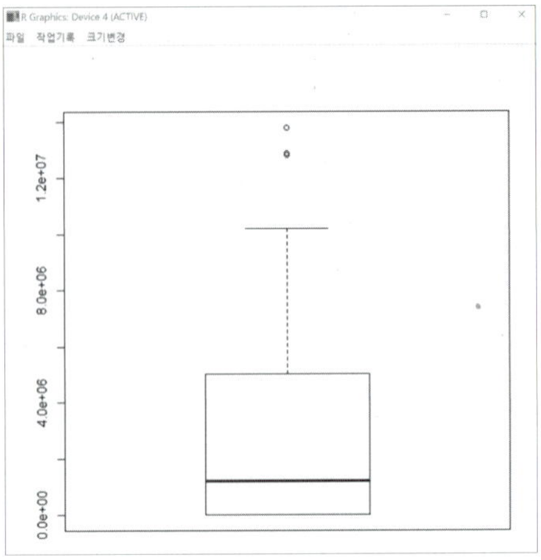

해석

처리 결과 화면을 보면, 박스 안의 굵은 선은 중앙값(4분위수 중 50%)을 나타내고, 아래선은 4분위수 중 25%(Q1), 윗선은 4분위수 중 75%(Q3)을 나타낸다. 여기서 일반적인 눈으로 살펴보자면 왼쪽 상단 그래프에서는 이상치가 32 이상에서 발견되고, 왼쪽 하단 그래프에서는 이상치가 발견되지 않았다. 오른쪽 상단 그래프에서는 이상치가 20, 25에서, 그리고 음수 쪽에서 발견되었고, 오른쪽 하단 그래프에서는 1.2e+07 이상에서 이상치가 발견되었다.

지금까지 각각의 변수에 대해 Box Plot 그래프를 도출한 것과 달리 모든 변수(단 숫자로 된 데이터이어야함)를 한꺼번에 나타나게 해보자. 여기서는 해당 변수의 순서번호를 파악해야 한다. 연습데이터 OLS_4.dta에 들어 있는 숫자로 된 변수들에 대해 실습해보자. 각 변수의 순서번호는 LN_Sales(변수순서번호4), roa(변수순서번호5), debtratio(변수순서번호6), institutionalinvestors_5per_nu(변수순서번호7), TMT_stock_ratio_B(변수순서번호8), foreign_insti_investor_ratio(변수순서번호9) 등이다.

명령어

```
> boxplot(파일명[, c(변수순서번호1, 변수순서번호2, 변수순서번호3, 변수순서번호4)
```

```
> boxplot(OLS_4[, c(4, 5, 6, 7, 8, 9)])
```

[처리결과화면]

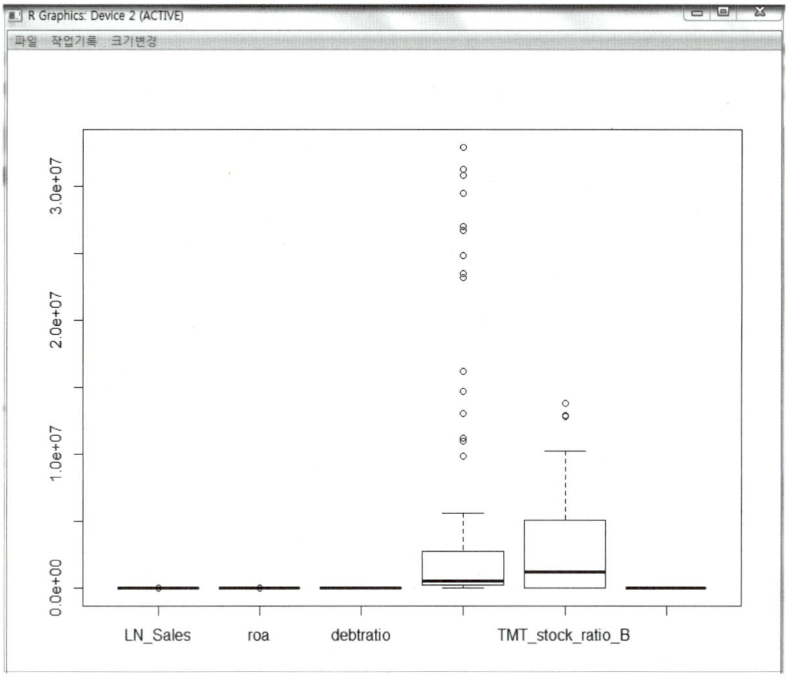

해석

처리 결과 화면을 보면, 각 변수별로 Box Plot 그래프가 나타나 있다. 7번째와 9번째 변수명은 너무 길어서 생략되어 있고, 4번째, 5번째, 6번째, 9번째 변수는 7번째와 8번째 변수에 비해 측정단위가 크게 달라 제대로 된 박스 형태로 나타나지 않고 축소된 선의 모양으로 나타나고 있다. 앞서 도출한 각 변수의 Box Plot 그래프를 참조하기 바란다. 이와 같은 변수 상태를 보면 연구자로서 모든 변수에 대해 표준화 작업이 필요하다고 판단할 수 있다. 그리고 이상치를 제거하는 것이 바람직한 것으로 보인다.

자 여기서 일반적인 눈으로 볼 것이 아니라, 통계학적으로 아웃라이어를 찾아보도록 하자. 통계에서 이상치는 눈으로 관찰하는 것이 아니라, 수식을 통해 절사분계치를 계산해서 결정한다. 여기서 말하는 수식은 다음과 같다:

하위 절삭치: $Q_1 - 1.5*IQR$

상위 절삭치: $Q_3 + 1.5*IQR$

단, Q_1은 4분위수 중 25%, Q_3은 75%, IQR은 interquartile range($=Q_3 - Q_1$)

이와 같은 수식을 통해 이상치 결정을 위한 절삭치를 계산하게 된다. 연습데이터 파일 OLS_4.dta에 들어 있는 LN_Sales와 roa에 대해 이를 실습해보자. 여기서 fivenum( ) 함수에서 도출되는 다섯 개 통계량 가운데 Q1은 2번이고, Q3은 4번이다. 이 정보를 사용해서 명령어를 작성하게 된다.

※fivenum( )으로 도출되는 통계량 정보※

fivenum( ) 함수는 minimum, Q_1(25%), median(=Q_2), Q_3(75%), maximum 등 다섯 가지 통계량을 보여준다. 연습데이터 OLS_4.dta에 들어 있는 LN_Sales 변수에 대해 fivenum( ) 함수를 처리하면 다음과 같은 결과를 보여준다. 여기서 주의할 점음 > attach(OLS_4)를 먼저 처리한 후 변수명만 기재하면 되도록 되어 있다.

```
> fivenum(LN_Sales)
[1] 24.530 25.520 27.315 28.270 32.580
```

결과에서 보여주는 통계량의 순서를 보면 minimum(1번), Q_1(2번), median(3번), Q_3(4번), maximum(5번) 등이다. 이 순서 번호는 fivenum( ) 함수 사용에서 [2], [4] 등의 방식으로 활용된다. 예를 들어 > fivenum(변수명)[2], > fivenum(변수명)[4] 등이다.

명령어

```
> fivenum(OLS_4$LN_Sales)[2] - 1.5*IQR(OLS_4$LN_Sales)
> fivenum(OLS_4$LN_Sales)[4] +1.5*IQR(OLS_4$LN_Sales)
```

해당 파일을 반복해서 지정하지 않으려면 attach( ) 함수를 사용해서 파일을 고정시켜주면 된다. 하위 절삭치를 구하기 위해서는 Q1(2번)을 상징하는 fivenum(변수명)[2]를 사용하고, 상위 절삭치를 구하기 위해서는 Q3(4번)을 상징하는 fivenum(변수명)[4]를 사용한다.

명령어

```
> attach(파일명)
> fivenum(변수명)[2] - 1.5*IQR(변수명)
> fivenum(변수명)[4] + 1.5*IQR(변수명)
```

```
> fivenum(LN_Sales)[2]-1.5*IQR(LN_Sales)
[1] 21.44
> fivenum(LN_Sales)[4]+1.5*IQR(LN_Sales)
```

```
[1] 32.35
```

해석

처리 결과 화면을 보면, 변수 LN_Sales의 경우 이상치의 하위 절삭치로 21.44(❶), 상위 절삭치로 32.35(❷) 값이 도출되었다. 이를 기준으로 하여 ❸은 이상치를 나타낸다.

[처리결과화면]

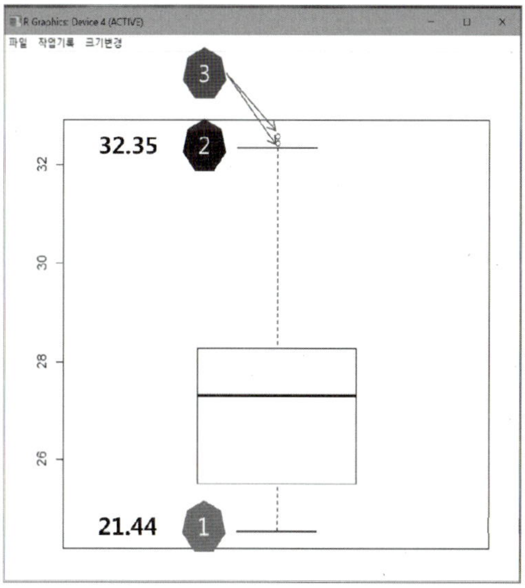

이번에는 다른 변수인 roa에 대해 명령어를 작성해보자. 이 명령어의 경우 NA 값이 관찰되어 NA값을 제거하고 처리하라는 명령어(na.rm=TRUE 또는 na.rm=T)를 추가하도록 하자.

명령어

```
> attach(파일명)
> fivenum(변수명, na.rm=T)[2] - 1.5*IQR(변수명)
> fivenum(변수명, na.rm=T)[4] + 1.5*IQR(변수명)
```

```
> fivenum(roa, na.rm=T)[2]-1.5*IQR(roa)
[1] -1.1025
> fivenum(roa, na.rm=T)[4]+1.5*IQR(roa)
[1] 17.5025
```

해석

처리 결과 화면을 보면, 변수 roa의 경우 이상치의 하위 절삭치로 -1.1025(❶), 상위 절삭치로 17.5025(❷) 값이 도출되었다.

② IQR(Interquartile Range) 값 구하기

연습데이터(apptrain2_st.csv)를 가지고 이상치를 찾고 제거하는 또 다른 간단한 방법을 연습해보자. 우선 연습데이터를 불러와 새로운 파일명(여기서는 apptrain2)으로 저장하자. 여기서 변수 Reviews_st에 대한 IQR을 먼저 구하자. 퀀타일(분위수)로 측정하면 상위 75%와 하위 25%에 들어 있는 수치들을 뽑아낼 수 있다. 상위 75%는 Upper quartile이고, 하위 25%는 Lower quartile이다. 해당 명령어는 각각 fivenum(파일명$변수명)[4], fivenum(파일명$변수명)[2]이다. IQR은 이들 두 값을 뺀 값이다.

명령어

```
> setwd("C:/Users/osyan/") #작업디렉토리 지정(연구자마다 다름)
> 저장할파일명 <- read.csv("파일명.확장자명") #연습데이터 불러오기

> UpperQ = fivenum(파일명$변수명)[4]
> LowerQ = fivenum(파일명$변수명)[2]
> IQR = UpperQ - LowerQ
```

```
> install.packages("rJava")
WARNING: Rtools is required to build R packages but is not currently installe
d. Please download and install the appropriate version of Rtools before proc
eeding:
https://cran.rstudio.com/bin/windows/Rtools/
Installing package into 'C:/Users/yangohsuk/Documents/R/win-library/3.5'
(as 'lib' is unspecified)
trying URL 'https://cran.rstudio.com/bin/windows/contrib/3.5/rJava_0.9-11.zip'
Content type 'application/zip' length 828770 bytes (809 KB)
downloaded 809 KB
package 'rJava' successfully unpacked and MD5 sums checked
The downloaded binary packages are in
      C:\Users\yangohsuk\AppData\Local\Temp\RtmpKMNgzI\downloaded_
```

```
packages
> library(rJava)
```

[처리결과화면]

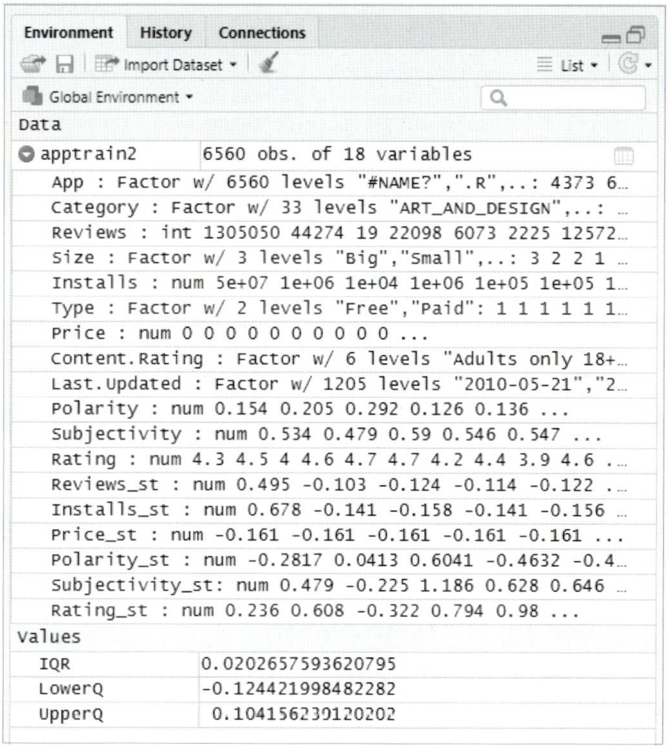

이번에는 변수 Installs_st에 대한 IQR을 구하자.

명령어

```
> UpperQ1 = fivenum(파일명$변수명)[4]
> LowerQ1 = fivenum(파일명$변수명)[2]
> IQR1 = UpperQ1 - LowerQ1
```

```
> UpperQ1 = fivenum(apptrain2$Installs_st)[4]
> LowerQ1 = fivenum(apptrain2$Installs_st)[2]
> IQR1 = UpperQ1 - LowerQ1
```

[처리결과화면]

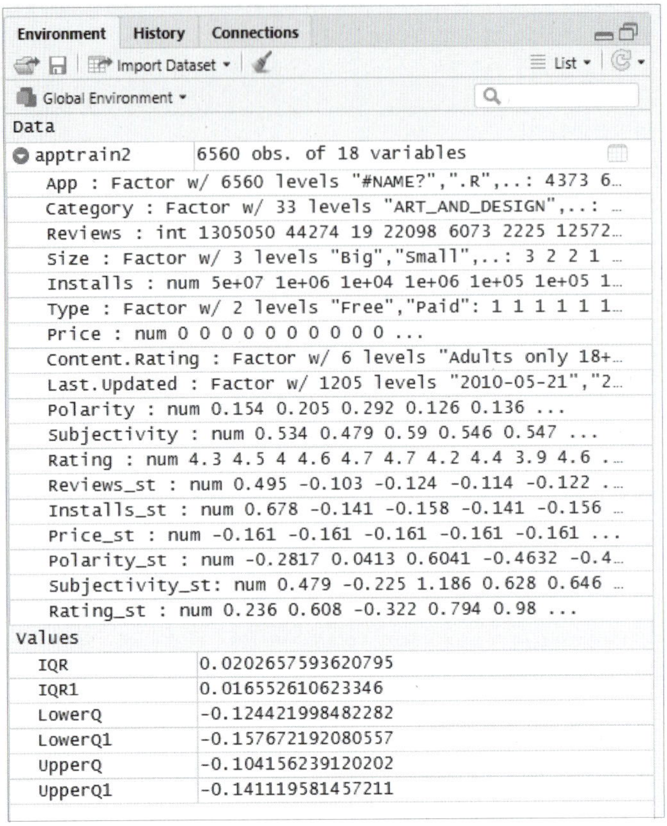

해석

처리 결과 화면을 보면, IQR, IQR1 등의 값이 도출되어 있음을 볼 수 있다.

자 이제 IQR Rule을 이용하여 이상치를 검출해보자. 특정 수치의 검출은 which( ) 함수를 사용한다. IQR Rule에서 이상치는 다음과 같이 정의된다:

※IQR Rule에서의 이상치 정의※

```
Outlier > UpperQ + IQR*1.5
Outlier < LowerQ + IQR*1.5
```

명령어

```
> upperOutlier =파일명$변수명[ which(파일명$변수명 > UpperQ+IQR*1.5) ]
> lowerOutlier =파일명$변수명[ which(파일명$변수명 < LowerQ-IQR*1.5) ]
> upperOutlier1 =파일명$변수명[ which(파일명$변수명 > UpperQ+IQR*1.5) ]
```

```
> lowerOutlier1 =파일명$변수명[ which(파일명$변수명 < LowerQ-IQR*1.5) ]
```

```
> upperOutlier =apptrain2$Reviews_st[ which(apptrain2$Reviews_st > UpperQ+IQR*1.5) ]
> lowerOutlier =apptrain2$Reviews_st[ which(apptrain2$Reviews_st < LowerQ-IQR*1.5) ]
> upperOutlier1 =apptrain2$Installs_st[ which(apptrain2$Installs_st > UpperQ+IQR*1.5) ]
> lowerOutlier1 =apptrain2$Installs_st[ which(apptrain2$Installs_st < LowerQ-IQR*1.5) ]
```

[처리결과화면]

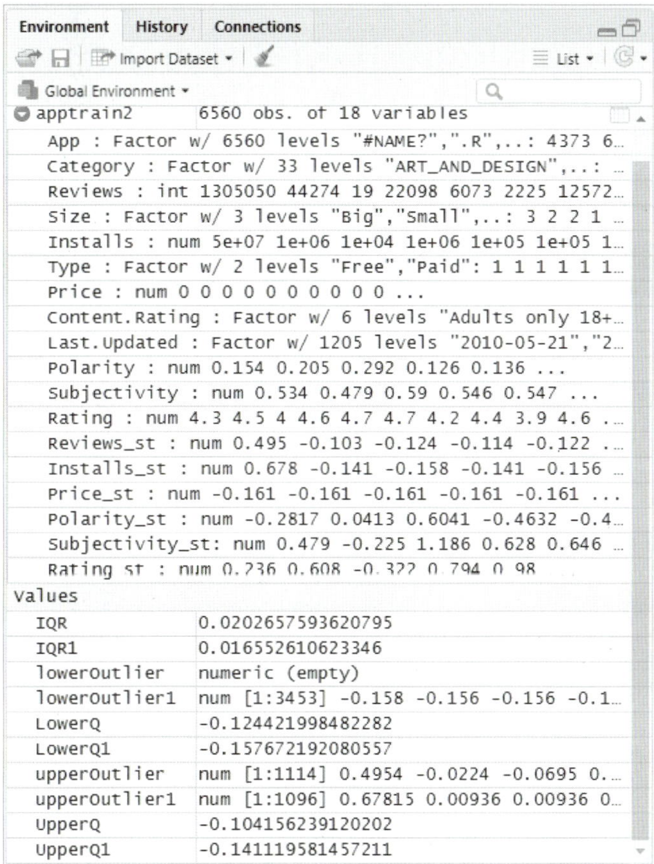

해석

처리 결과 화면을 보면, upperOutlier, lowerOutlier 등의 값이 도출되어 있음을 볼 수 있다.

③ 이상치 제거하기: **ifelse(, NA)**

이제 이상치를 확인했으니 이상치를 제거해보자. 박스플롯에서 수치를 확인하고 이상치를 제거하는 방법을 알아보자. 우선 주요 변수의 통계치를 출력하라는 명령어를 작성한다.

여기서 선택할 변수는 변수명보다는 변수의 순서번호를 사용하는 것이 편리하다. 연습을 위해 Rating_st(18), Reviews_st(13), Installs_st(14), Price_st(15), Polarity_st(16), Subjectivity_st(17) 등을 사용해보자.

명령어

```
> boxplot(apptrain2[,c(18,13,14,15,16,17)])$stats  # 상자그림 통계치 출력
```

```
> boxplot(apptrain2[,c(18,13,14,15,16,17)])$stats  # 상자그림 통계치 출력
           [,1]       [,2]       [,3]      [,4]       [,5]        [,6]
[1,] -1.6235039 -0.1244799 -0.1578394 -0.161057 -2.4519105 -1.90038552
[2,] -0.3219117 -0.1244438 -0.1576722 -0.161057 -0.7146914 -0.47796553
[3,]  0.2359136 -0.1239712 -0.1561674 -0.161057 -0.0387250  0.05945919
[4,]  0.6077971 -0.1183443 -0.1411196 -0.161057  0.6395772  0.53127893
[5,]  1.5375059 -0.1092232 -0.1411196 -0.161057  2.3769547  2.02396340
```

[처리결과화면]

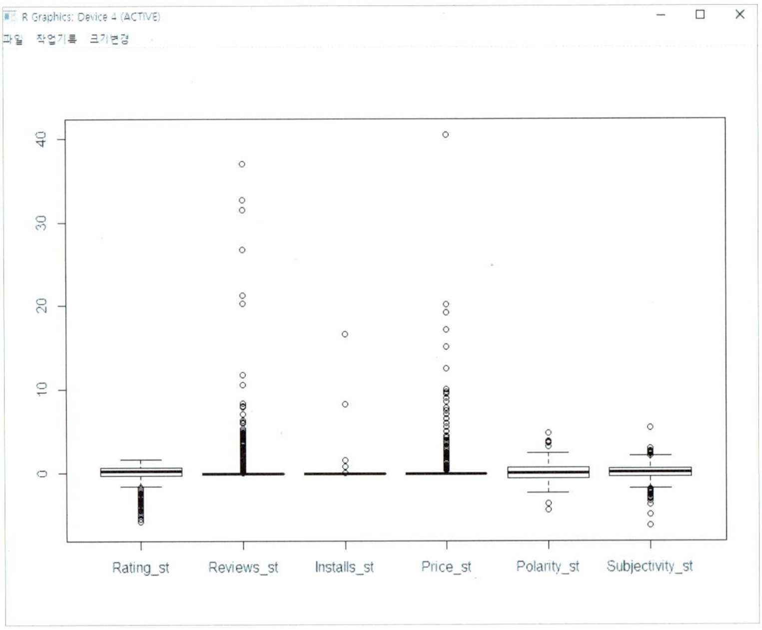

다음으로 개별 변수의 상한과 하한을 보고 각각 이상치를 제거하기 위해 NA값으로 대체시키자. 사용할 함수는 ifelse( )이다. 상한과 하한은 여러가지 방법으로 계산할 수 있으며 이는 연구자의 몫이다.

명령어

```
> 파일명$변수명1 <- ifelse(파일명$변수명1 < 기준하한수치1 | 파일명$변수명1 > 기준상한수
치2, NA, 파일명$변수명1)
> 파일명$변수명2 <- ifelse(파일명$변수명2 < 기준하한수치3 | 파일명$변수명2 > 기준상한수
치4, NA, 파일명$변수명2)
```

```
> apptrain2$Rating_st <- ifelse(apptrain2$Rating_st < -1.6235039 | apptrai
n2$Rating_st > 1.5375059, NA, apptrain2$Rating_st)
> apptrain2$Reviews_st <- ifelse(apptrain2$Reviews_st < -0.12448042 | appt
rain2$Reviews_st > -0.07431051, NA, apptrain2$Reviews_st)
> apptrain2$Installs_st <- ifelse(apptrain2$Installs_st <  -0.1578394 | app
train2$Installs_st > -0.1411196, NA, apptrain2$Installs_st)
> apptrain2$Price_st <- ifelse(apptrain2$Price_st < -0.161057 | apptrain2
$Price_st > -0.161057, NA, apptrain2$Price_st)
> apptrain2$Polarity_st <- ifelse(apptrain2$Polarity_st <-2.4519105 | appt
rain2$Polarity_st > 2.3769547, NA, apptrain2$Polarity_st)
> apptrain2$Subjectivity_st <- ifelse(apptrain2$Subjectivity_st < -1.900385
52 | apptrain2$Subjectivity_st > 2.02396340, NA, apptrain2$Subjectivity_st)
```

④ 그래프에 색깔 입히기: **col=" "**

앞에서 도출한 그래프에 색깔을 입혀보자. 명령어는 간단하다. 앞에 실습한 명령어에 색깔에 관한 옵션만 추가하면 된다. 여기서는 LN_Sales와 roa에 대해 연습해보자. 빨간색과 파란색으로 색칠한다.

명령어

```
> boxplot(파일명$변수명, col="색깔")
```

```
> boxplot(OLS_4$LN_Sales, col="red")
> boxplot(OLS_4$roa, col="blue")
```

[처리결과화면]

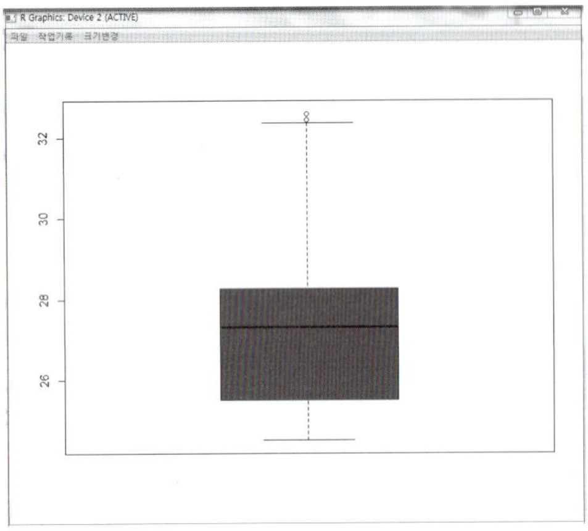

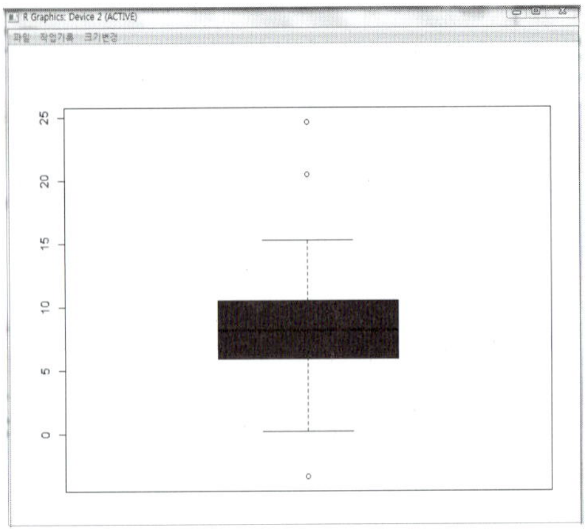

3) 표준화 하기: scale( )

두 변수의 측정 단위가 다를 때, 단위를 통일시켜주어야 한 연구모형에 투입할 수 있다. 이럴때 사용하는 문제해결 방법으로 표준화 작업이 있다. 표준화 작업이란 단위가 다른 변수를 평균이 같고 표준편차가 같게 만들어 두 변수를 분석에 사용할 수 있게 하는 작업이다. 구체적으로는 각각의 평균이 0이 되고, 각각의 표준편차가 1이 되면 측정 단위가 다른 변수를 한 연구모형에 투입할 수 있다. 평균이 같고 표준편차가 같다는 것은 두 상이한 측정단위의 변수가 동일한 스칼라 범위 내에서 각각의 포지션이 재설정된다는 의미이다. 이렇게 되면 상이한 스칼라 범위 내에서 각각 위치하고 있어 서로 비교하기가 어려웠던 두 변수가, 동일한 스칼라 범위 내에서 각각의 수치를 나타내는 지점에 위치하게 되어, 서로 비교가 가능해진다. 비교가능해야 변수를 한 연구모형에 예측변수로 투입할 수 있다.

표준화 작업에 사용되는 함수는 scale( )이다. 연습 데이터 파일(example_studentlist.csv와 OLS_4.dta)을 사용하여 표준화 작업을 실습해 보자. 연습파일 example_studentlist.csv 파일에서는 height에 대해 실행해보자. 그리고 표준화 값을 원래의 값과 비교하기 위해 원래의 값을 보여주는 print( ) 함수를 사용하자.

명령어

```
> scale(파일명$변수명)
> print(파일명$변수명)
```

```
> scale(example_studentlist$height)
             [,1]
 [1,] -0.603240896
 [2,]  0.008243043
 [3,]  0.632466231
 [4,]  1.536952891
 [5,] -0.259281180
 [6,] -1.023636104
 [7,] -1.889905017
 [8,]  0.874511957
 [9,]  1.078339937
[10,]  0.772597967
[11,] -0.373934419
[12,]  1.269428668
[13,] -0.998157606
[14,]  0.772597967
[15,] -1.507727555
[16,] -0.182845688
[17,] -0.106410195
attr(,"scaled:center")
[1] 170.0353
attr(,"scaled:scale")
[1] 7.849756
> print(example_studentlist$height)
 [1] 165.3 170.1 175.0 182.1 168.0 162.0 155.2 176.9 178.5 176.1
[11] 167.1 180.0 162.2 176.1 158.2 168.6 169.2
```

해석

처리 결과 화면을 보면, height의 본래 값은 165.3, 170.1, 175.0 등이지만, 표준화 처리된 값은 -0.6032, 0.0082, 0.6324 등인 것으로 나타났다.

4) 다중공선성 확인하기

연구모형에 투입되는 예측변수들은 서로 상관관계가 지나치게 높지 말아야 한다. 이에 변수들 간 상관관계를 살펴봐야 하는데 이럴 때 사용되는 것이 Pearson, Kendall, Spearman

상관계수이다. 상관계수는 -1에서 1까지의 값을 갖는다. 상관계수가 0이라는 것은 두 변수가 관계가 없다는 의미이고, -1또는 1에 가까울수록 두 변수의 관계는 긴밀하다고 말할 수 있다. 양수와 음수는 정(+)의 관계냐, 부(-)의 관계냐, 즉 방향을 보여준다. 이와 같은 상관계수는 표준화된 값을 사용하여 처리하기 때문에 측정단위가 달라도 상관없다.

① 피어슨 상관계수: cor( ) 또는 cor.test( )

상관계수 측정에 사용되는 함수는 cor( ) 또는 cor.test( )이다. 연습 데이터 파일(example_studentlist.csv와 OLS_4.dta)을 사용하여 상관계수 작업을 실습해 보자. 연습파일 OLS_4.dta 파일에서는 변수 LN_Sales(변수순서번호4), roa(변수순서번호5), debtratio(변수순서번호6), institutionalinvestors_5per_nu(변수순서번호7), TMT_stock_ratio_B(변수순서번호8), foreign_insti_investor_ratio(변수순서번호9) 등에 대해 실행해보자. 상관계수는 Pearson, Kendall, Spearman 등 세 가지가 존재한다.[5] 이 가운데 특정한 방법을 지정해 주지 않으면 디폴트로 지정되어 있는 Pearson 방식이 작동된다.

명령어

```
> cor(변수1, 변수2) 또는 cor.test(변수1, 변수2)
> cor(파일명[, c(변수순서번호1, 변수순서번호2, 변수순서번호3, 변수순서번호4)])
```

```
> cor(OLS_4[, c(4, 5, 6, 7, 8, 9)])
                               LN_Sales       roa   debtratio institutionalinvestors_5per_nu
LN_Sales                      1.0000000 0.2283175   0.1415048                             NA
roa                           0.2283175 1.0000000  -0.5022780                             NA
debtratio                     0.1415048 -0.5022780  1.0000000                             NA
institutionalinvestors_5per_nu       NA        NA          NA                              1
TMT_stock_ratio_B                    NA        NA          NA                             NA
foreign_insti_investor_ratio         NA        NA          NA                             NA
```

5 Pearson의 상관계수는 1이 아닌 반면, Kendall과 Spearman의 상관계수는 1의 값을 갖는다. 이는 Pearson은 직선관계 정도를 나타내는 반면, Kendall과 Spearman은 측정값 크기를 무시하고 순위에 바탕을 둔 비모수 방법으로서 직선관계가 아니어도 완벽한 상관관계가 있으면 1 값을 부여하기 때문이다.

```
                               TMT_stock_ratio_B foreign_insti_investor_ratio
LN_Sales                                      NA                           NA
roa                                           NA                           NA
debtratio                                     NA                           NA
institutionalinvestors_5per_nu                NA                           NA
TMT_stock_ratio_B                              1                           NA
foreign_insti_investor_ratio                  NA                            1
```

해석

처리 결과 화면을 보면, 수치가 나와 있는데 이는 두 변수 간 단순상관관계를 나타내는 수치이다. 왼쪽위에서 오른쪽아래 방향의 대각선에는 1값이 동일하게 반복되어 나와 있다. 이는 가로X세로로 살펴보면 자기자신과의 단순상관관계를 보여준다(즉 자기자신과의 상관관계는 당연히 '자신'을 의미하는 '1'값이어야 한다). 나머지 수치는 1값보다 작은 값을 보여준다(즉 두 변수는 완전히 동일하지는 않다는 의미). 보는 방법은 대각선 1값을 기준으로 왼쪽 아래를 보거나 오른쪽 위를 보면 된다. 필자는 보통 왼쪽 아래를 보고 해석한다. 그렇다면 어느 정도의 수치가 '동일하다', '동일하지 않다'라는 말은 기준 수치가 필요할 것이다. 이에 학자들이 발견한 기준치가 있다. 절사분계치 개념이다.

변수 간 상관관계를 판단하는데 일반적으로 사용되는 절사분계치(cut-off threshold of 0.7)(Anderson et al., 1996; Griffiths et al., 1993)[6] 보다 대체로 낮은 수치를 보여주고 있다. 절사분계치란 두 변수의 단순상관계수가 0.7이상이면 두 변수는 독립성이 없다는 의미, 즉 두 변수는 서로 다르지 않고 매우 유사하기 때문에 회귀식에 두 변수를 모두 투입해서는 안 된다는 의미. 두 변수 중 하나만을 골라서 투입해야 한다는 의미. 이로써 두 변수 간 상관관계가 지나치게 높아 각 변수의 독립성을 보장하기 어려운 다중공선성 문제가 없는 것으로 판단할 수 있다. LN_Sales와 LN_Sales 간 상관계수는 당연히 1 값을 갖는다. 다른 변수 간 상관계수는 1보다 작기 마련이다. +와 –는 상관관계의 방향을 의미한다. 위 결과를 보기 좋게 다시 정리하면 다음과 같다.

---

6 Anderson, D. R., Sweeney, D. J. & Williams, T. A.(1996). *Statistics for Business and Economics*, St. Paul, MN, West Publishing Company; Griffiths, W. E., Hill, R. C. & Judge, G. G.(1993). *Learning and Practicing Econometrics*, New York, John Wiley & Sons.

[재정리한 피어슨 상관계수]

	LN_Sales	roa	debtratio	institutional	TMT	foreign
LN_Sales	1					
roa	0.2283	1				
debtratio	0.1415	-0.5022	1			
institutional	NA	NA	NA	1		
TMT	NA	NA	NA	NA	1	
foreign	NA	NA	NA	NA	NA	1

※상관관계 구하는 다양한 방법※

연구모형에 투입되는 예측변수들은 서로 상관관계가 지나치게 높지 말아야 한다. 이에 변수들 간 상관관계를 살펴봐야 하는데 이럴 때 사용되는 것이 Pearson, Kendall, Spearman 상관계수이다. 이들 방식을 각각 사용하는 방법은 매우 단순하다. 다음과 같이 명령어를 처리한 후, 명령어 상에서 맨 마지막 부분 method=" "에서 명시해 주면 된다.

```
> cor(apptrain1_missing_rating[, c(3, 6, 8, 11, 12)], method = "pearson") # 
상관계수(cor) 독립성 측정, method 기본값: "pearson", 그 외 "kendall", "spearman"
                   Rating     Installs       Price     Polarity Subjectivity
Rating        1.000000000  0.03810316  0.01953090 -0.002146955  0.005693309
Installs      0.038103155  1.00000000 -0.02520880 -0.047184196 -0.015307968
Price         0.019530903 -0.02520880  1.00000000  0.053826892  0.040286553
Polarity     -0.002146955 -0.04718420  0.05382689  1.000000000  0.167629939
Subjectivity  0.005693309 -0.01530797  0.04028655  0.167629939  1.000000000
> cor(apptrain1_missing_rating[, c(3, 6, 8, 11, 12)], method = "kendall") # 
상관계수(cor) 독립성 측정, method 기본값: "pearson", 그 외 "kendall", "spearman"
                  Rating     Installs       Price     Polarity Subjectivity
Rating       1.000000000  0.02636994  0.06403535  0.003044083   0.01720821
Installs     0.026369937  1.00000000 -0.21191659 -0.056498398  -0.02727839
Price        0.064035350 -0.21191659  1.00000000  0.042474890   0.03074270
Polarity     0.003044083 -0.05649840  0.04247489  1.000000000   0.11016451
Subjectivity 0.017208207 -0.02727839  0.03074270  0.110164507   1.00000000
> cor(apptrain1_missing_rating[, c(3, 6, 8, 11, 12)], method = "spearman") # 
상관계수(cor) 독립성 측정, method 기본값: "pearson", 그 외 "kendall", "spearman"
                  Rating     Installs       Price     Polarity Subjectivity
Rating       1.000000000  0.02538363  0.07707068  0.004361929   0.02495206
Installs     0.025383627  1.00000000 -0.25231372 -0.080288841  -0.03893938
Price        0.077070679 -0.25231372  1.00000000  0.052815294   0.03813733
```

```
Polarity     0.004361929 -0.08028884  0.05281529  1.000000000  0.16314180
Subjectivity 0.024952056 -0.03893938  0.03813733  0.163141798  1.00000000
```

② 상관계수 그래프: pairs( ), ggpairs( )

이번에는 상관계수 측정을 위해 그래프를 도출하는 명령어를 실습해 보자. 산포도 그래프가 이를 위해 매우 유용하다. 연습 데이터 파일(OLS_4.dta)을 사용하여 Pearson 상관계수 작업을 실습해 보자. 연습파일 OLS_4.dta 파일에서는 변수 LN_Sales(변수순서번호4), roa(변수순서번호5), debtratio(변수순서번호6), institutionalinvestors_5per_nu(변수순서번호7), TMT_stock_ratio_B(변수순서번호8), foreign_insti_investor_ratio(변수순서번호9) 등에 대해 실행해보자. 앞서 실습에서 알 수 있듯이 c( ) 함수를 사용해서 변수명 대신 변수순서번호를 사용하는 것이 매우 편리하다. 사용하는 데이터 파일에 들어 있는 변수들이 모두 숫자로 이루어진 데이터인 경우에는 파일명만으로 모두 처리할 수 있다(예, > pairs(파일명)).

명령어

```
> pairs(파일명[, c(변수순서번호1, 변수순서번호2, 변수순서번호3, 변수순서번호4)])

  > pairs(OLS_4[, c(4, 5, 6, 7, 8, 9)
```

[처리결과화면]

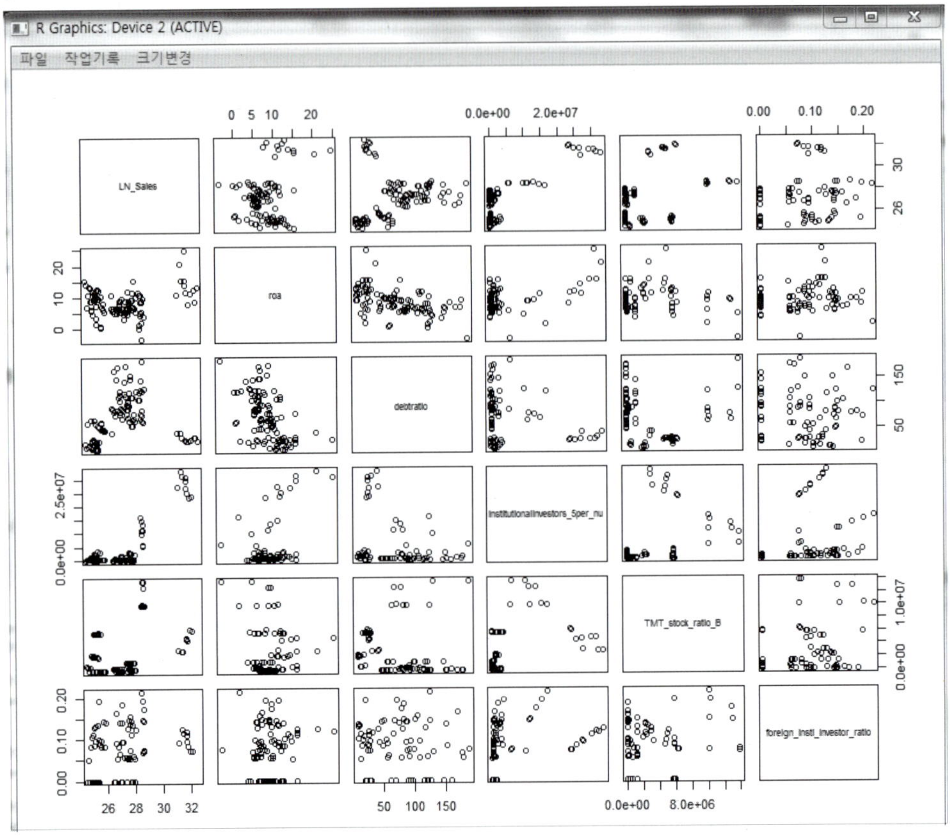

해석

처리 결과 화면을 보면, 여섯 개의 예측변수에 대해 각각 한 쌍씩 짝을 이루어 해당 두 변수 간의 상관관계를 그래프로 보여주고 있다. 왼쪽상단에서 오른쪽하단으로 이어지는 대각선 상에 여섯 개의 변수명이 나타나 있다. 이를 기준으로 각 쌍을 이루는 관계를 그래프로 나타내고 있다.

문제는 관계 그래프가 왼쪽 하단과 오른쪽 상단에 동시에 나타나 있어 어떤 그래프가 무엇을 보여주는지 혼란스럽다. 이에 필자가 일일이 확인 한 결과, 다음 처리 결과 화면에서 보여주는 내용과 같다. 우선 ❶은 x축 roa와 y축 LN_Sales 간 관계 그래프이고, ❷는 x축 debtratio와 y축 LN_Sales 간 관계 그래프이다. 따라서 전체 산포도 그래프를 보는 방법은, 대각선에 나와 있는 변수명을 기준으로 오른쪽 상단에 나와 있는 그래프(그림에서 파란색 연한 음영으로 표시한 영역)를 보면 된다. ❸은 x축 institutionalinvestors_5per_nu와 y축 LN_Sales 간 관계 그래프이고, ❹는 x축 TMT_stock_ratio_B와 y축 LN_Sales 간 관계를 나타내는 그래프이고, ❺는 x축 foreign_insti_investor_ratio와 y축 LN_Sales 간 관계 그래프이다. 또한 debtratio(y축)와 foreign_insti_investor_ratio(x축) 간 관계를 보려면 그래프 ❻을 참조하면 된다.

[처리결과화면]

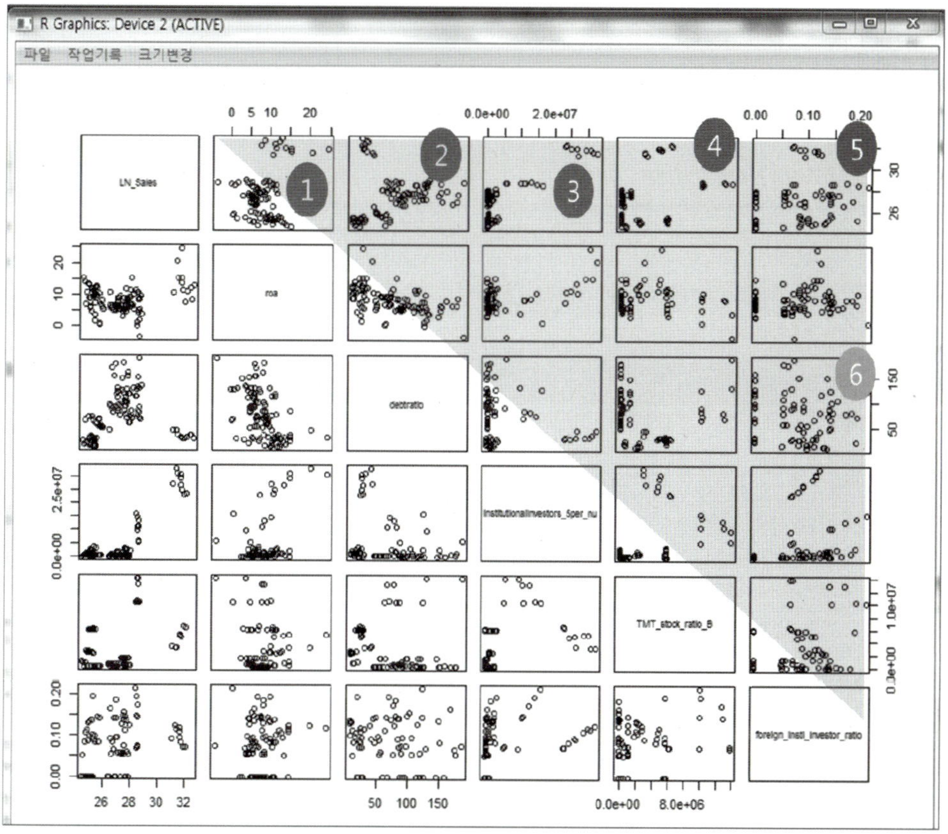

한편 특정한 변수 간의 상관관계를 보고 싶을 때는 해당 변수만을 사용하는 명령어를 작성한다. LN_Sales(변수순서번호 4), roa(변수순서번호5), debtratio(변수순서번호6)에 대해 실습해 보자. 그리고 그래프를 비교해 보기 위해 plot( ) 함수로 그린 그래프를 도출해보자. 여기서 편리함을 위해 attach( ) 함수를 사용하여 실습파일(OLS_4.dta)을 고정 지정해 주도록 하자. 또한 LN_Sales를 y축 변수로 지정하도록 한다.

명령어

```
> attach(파일명)
> pairs(파일명[, c(변수순서번호1, 변수순서번호2)
```

```
> plot(y축변수1~x축변수1)
```

```
> attach(OLS_4)
> pairs(OLS_4[, c(4, 5)])
> plot(LN_Sales~roa)
> pairs(OLS_4[, c(4, 6)])
> plot(LN_Sales~debtratio)
```

[처리결과화면]

(a) pairs( ) 그래프

(b) plot( ) 그래프

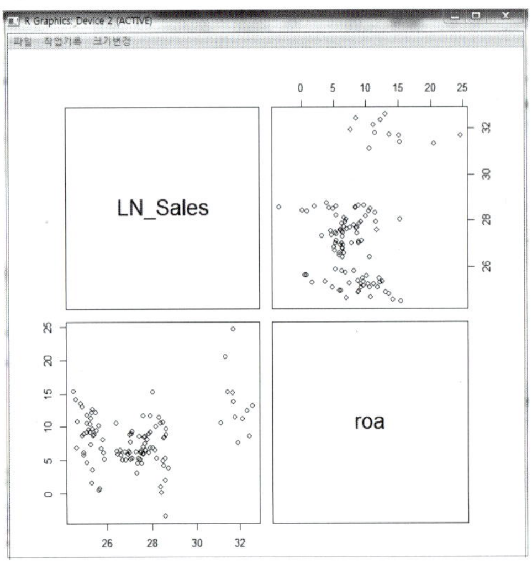

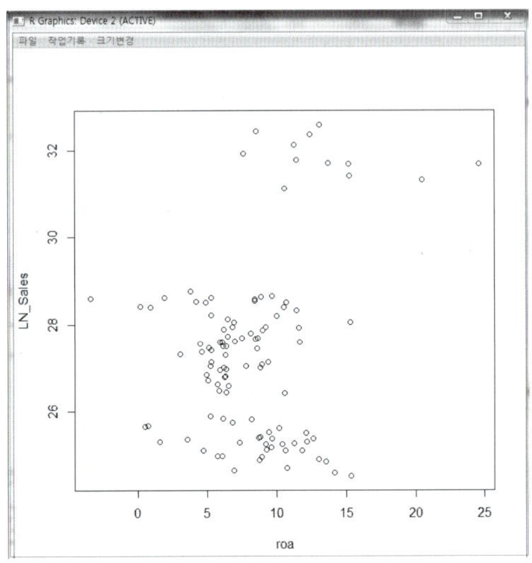

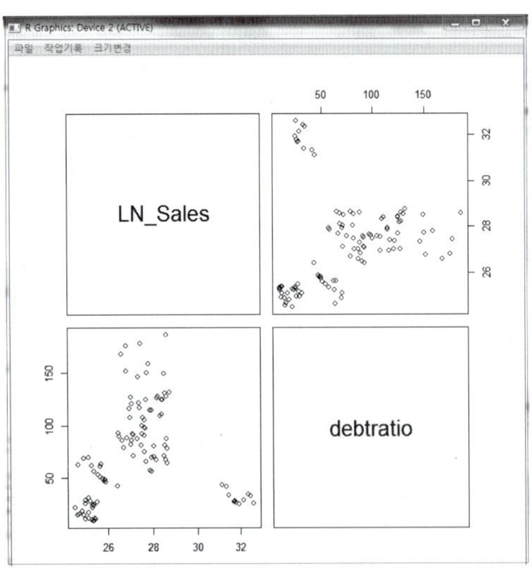

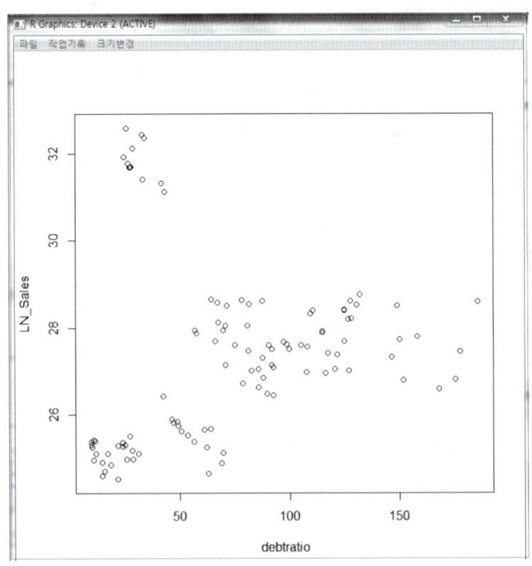

③ 상관계수 히트맵: ggplot( ) + geom_tile( )

이번에는 상관계수들의 히트맵을 만들어보자. 상관계수의 히트맵은 상관계수 데이터를 melt하여 수치 크기에 따라 색깔을 다르게 하는 방식으로 이루어진다. 이를 위해 필요한 패키지를 설치하고 불러오자. 연습은 실습데이터(OLS_4.dta)로 한다. 패키지 haven을 사용하여 작업디렉토리(이는 연구자에 따라 다르다)로부터 스타타 데이터를 불러오자.

명령어

```
> library(haven)
> setwd("C:/Users/osyan/") #작업디렉토리 지정(연구자마다 다름)
> 저장파일명 <- read_dta("불러올파일명")
```

```
> require(reshape2)
필요한 패키지를 로딩중입니다: reshape2
경고메시지(들):
패키지 'reshape2'는 R 버전 3.6.2에서 작성되었습니다
> require(scales)
필요한 패키지를 로딩중입니다: scales
경고메시지(들):
패키지 'scales'는 R 버전 3.6.2에서 작성되었습니다
```

추가적인 패키지도 불러오자. 필요한 패키지로 reshape2와 scales를 불러오자. 혹시 설치되어 있지 않다면 install.packages("reshape2")와 install.packages("scales")를 사용하여 설치한 후 library 또는 require 명령어를 통해 설치한 패키지를 불러들이자.

명령어

```
> require(reshape2)

> require(scales)
```

```
> require(reshape2)
필요한 패키지를 로딩중입니다: reshape2
경고메시지(들):
패키지 'reshape2'는 R 버전 3.6.2에서 작성되었습니다
> require(scales)
```

```
필요한 패키지를 로딩중입니다: scales
경고메시지(들):
패키지 'scales'는 R 버전 3.6.2에서 작성되었습니다
```

패키지가 준비되었으면 이제 데이터셋에 들어 있는 변수 가운데 수치형만 가능하니, 수치형 변수인 4~9번 변수에 대한 상관관계 행렬을 생성하고, 이를 다시 긴(long) 형식으로 melt 하자.

명령어

```
> 저장할파일명1 <-cor(파일명[,c(변수순서번호1, 변수순서번호2, 변수순서번호3)])
> 저장할파일명2 <-melt(저장할파일명1,varnames=c("x","y"),
+                   value.name="문자열")
```

```
> econMelt <-econMelt[order(econMelt$Correlation),]
> econMelt
                                 x                              y Correlation
1                         LN_Sales                       LN_Sales           1
8                              roa                            roa           1
15                       debtratio                      debtratio           1
22 institutionalinvestors_5per_nu institutionalinvestors_5per_nu           1
29               TMT_stock_ratio_B              TMT_stock_ratio_B           1
36  foreign_insti_investor_ratio   foreign_insti_investor_ratio           1
2                              roa                       LN_Sales          NA
3                        debtratio                       LN_Sales          NA
4  institutionalinvestors_5per_nu                       LN_Sales          NA
5                TMT_stock_ratio_B                       LN_Sales          NA
6   foreign_insti_investor_ratio                       LN_Sales          NA
7                         LN_Sales                            roa          NA
9                        debtratio                            roa          NA
10 institutionalinvestors_5per_nu                            roa          NA
11               TMT_stock_ratio_B                            roa          NA
12  foreign_insti_investor_ratio                            roa          NA
13                        LN_Sales                      debtratio          NA
14                             roa                      debtratio          NA
16 institutionalinvestors_5per_nu                      debtratio          NA
17               TMT_stock_ratio_B                      debtratio          NA
```

```
18   foreign_insti_investor_ratio                        debtratio     NA
19                   LN_Sales institutionalinvestors_5per_nu        NA
20                        roa institutionalinvestors_5per_nu        NA
21                  debtratio institutionalinvestors_5per_nu        NA
23          TMT_stock_ratio_B institutionalinvestors_5per_nu        NA
24  foreign_insti_investor_ratio institutionalinvestors_5per_nu     NA
25                   LN_Sales              TMT_stock_ratio_B        NA
26                        roa              TMT_stock_ratio_B        NA
27                  debtratio              TMT_stock_ratio_B        NA
28 institutionalinvestors_5per_nu           TMT_stock_ratio_B       NA
30   foreign_insti_investor_ratio           TMT_stock_ratio_B       NA
31                   LN_Sales   foreign_insti_investor_ratio        NA
32                        roa   foreign_insti_investor_ratio        NA
33                  debtratio   foreign_insti_investor_ratio        NA
34 institutionalinvestors_5per_nu  foreign_insti_investor_ratio     NA
35          TMT_stock_ratio_B   foreign_insti_investor_ratio        NA
```

[처리결과화면]

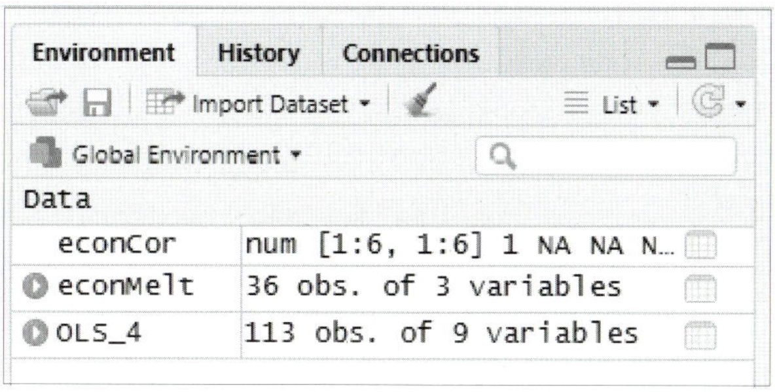

긴 형식으로 melt한 자료를 다시 상관관계에 따라 정렬하고 melt된 데이터를 확인하자.

명령어

> 저장할파일명2 <-econMelt[order(저장할파일명2$Correlation),]

> 저장할파일명2

```
> econMelt <-econMelt[order(econMelt$Correlation),]
> econMelt
```

```
                                 x                               y Correlation
1                         LN_Sales                        LN_Sales           1
8                              roa                             roa           1
15                       debtratio                       debtratio           1
22 institutionalinvestors_5per_nu institutionalinvestors_5per_nu           1
29                TMT_stock_ratio_B               TMT_stock_ratio_B           1
36  foreign_insti_investor_ratio  foreign_insti_investor_ratio           1
2                              roa                        LN_Sales          NA
3                        debtratio                        LN_Sales          NA
4  institutionalinvestors_5per_nu                        LN_Sales          NA
5                TMT_stock_ratio_B                        LN_Sales          NA
6   foreign_insti_investor_ratio                        LN_Sales          NA
7                         LN_Sales                             roa          NA
9                        debtratio                             roa          NA
10 institutionalinvestors_5per_nu                             roa          NA
11               TMT_stock_ratio_B                             roa          NA
12  foreign_insti_investor_ratio                             roa          NA
13                        LN_Sales                       debtratio          NA
14                             roa                       debtratio          NA
16 institutionalinvestors_5per_nu                       debtratio          NA
17               TMT_stock_ratio_B                       debtratio          NA
18  foreign_insti_investor_ratio                       debtratio          NA
19                        LN_Sales institutionalinvestors_5per_nu          NA
20                             roa institutionalinvestors_5per_nu          NA
21                       debtratio institutionalinvestors_5per_nu          NA
23               TMT_stock_ratio_B institutionalinvestors_5per_nu          NA
24  foreign_insti_investor_ratio institutionalinvestors_5per_nu          NA
25                        LN_Sales               TMT_stock_ratio_B          NA
26                             roa               TMT_stock_ratio_B          NA
27                       debtratio               TMT_stock_ratio_B          NA
28 institutionalinvestors_5per_nu               TMT_stock_ratio_B          NA
30  foreign_insti_investor_ratio               TMT_stock_ratio_B          NA
31                        LN_Sales   foreign_insti_investor_ratio          NA
32                             roa   foreign_insti_investor_ratio          NA
33                       debtratio   foreign_insti_investor_ratio          NA
34 institutionalinvestors_5per_nu   foreign_insti_investor_ratio          NA
35               TMT_stock_ratio_B   foreign_insti_investor_ratio
```

다 되었으면 ggplot으로 시각화 작업을 진행하자. 여기서는 ggplot의 구성에 따른 시각화 상태 변화를 보기 위해 단계별로 점검하도록 한다.

명령어

```
> ggplot(저장할파일명2,aes(x=x,y=y))+geom_tile(aes(fill=Correlation))
```

```
> ggplot(econMelt,aes(x=x,y=y))+geom_tile(aes(fill=Correlation))
```

[처리결과화면]

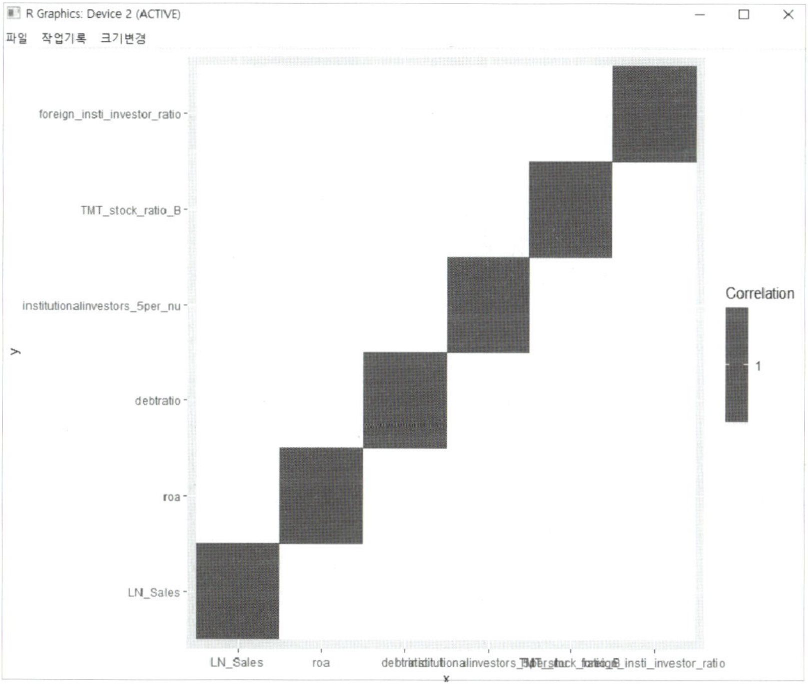

명령어

```
> ggplot(저장할파일명2, aes(x=x,y=y))+geom_tile(aes(fill=Correlation))+scale_
fill_gradient2(low="색깔1",mid="색깔2",
+                    high="색깔3",guide=guide_colorbar(ticks=FALSE,barheight=10),l
imits=c(-1,1))
```

```
> ggplot(econMelt,aes(x=x,y=y))+geom_tile(aes(fill=Correlation))+scale_f
ill_gradient2(low="red",mid="white",
```

```
+                    high="steelblue",guide=guide_colorbar(ticks=FALSE,barheig
ht=10),limits=c(-1,1))
```

[처리결과화면]

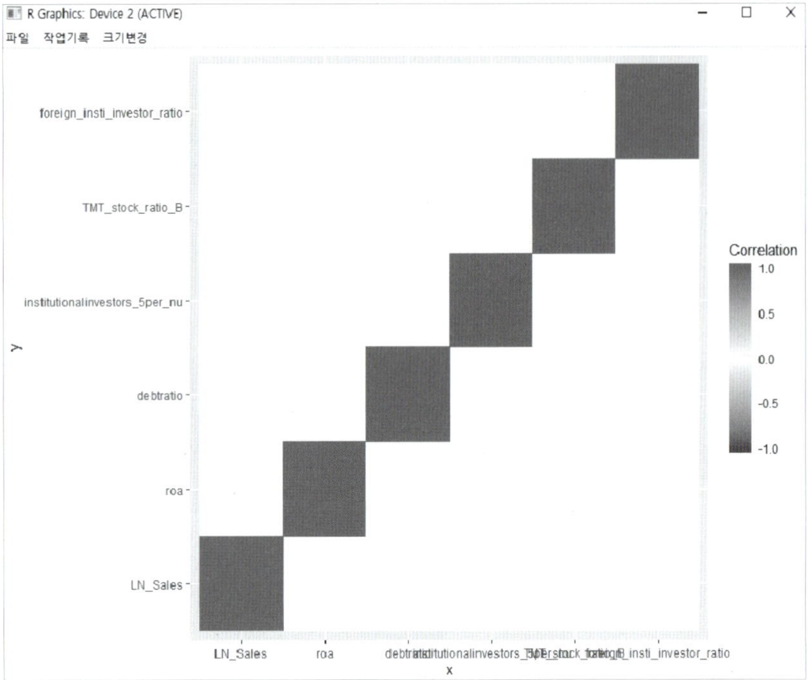

또 다른 양식으로 그래프를 도출할 수도 있다.

명령어

```
> ggplot(저장할파일명2,aes(x=x,y=y))+geom_tile(aes(fill=Correlation))+
+   scale_fill_gradient2(low=muted("색깔1"),mid="색깔2",high="색깔3",guide=gui
de_colorbar(ticks=FALSE,barheight=10),limits=c(-1,1))+
+   theme_minimal()+
+   labs(x=NULL,y=NULL)
```

```
> ggplot(econMelt,aes(x=x,y=y))+geom_tile(aes(fill=Correlation))+
+   scale_fill_gradient2(low=muted("red"),mid="white",high="steelblue",gu
ide=guide_colorbar(ticks=FALSE,barheight=10),limits=c(-1,1))+
+   theme_minimal()+
+   labs(x=NULL,y=NULL)
```

[처리결과화면]

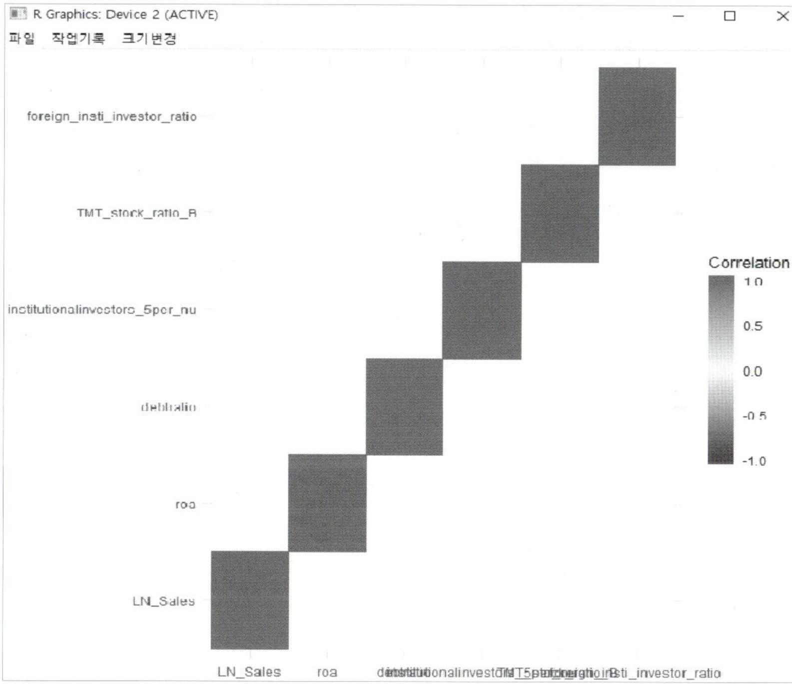

해석

처리 결과 화면을 살펴보면, 왼쪽아래에서 오른쪽상단으로의 대각선에 파란색 네모칸이 존재하고, 나머지 칸은 모두 회색으로 표시되어 있음을 볼 수 있다. 이 대각선은 각 변수가 자신과 갖는 상관관계 값(1)을 보여준다. 나머지 회색칸은 NA값 때문인 것으로 판단된다. NA값이 아니라 수치였다면 오른쪽 색인에 나와 있는 수치에 따른 상이한 색깔들로 표시되었을 것이다.

④ 상관관계 히트맵 실습: economics 데이터셋

실습데이터로 보여준 히트맵 시각화 결과물이 화려하지 못하니, 패키지 ggplot2가 제공하는 데이터셋 중에 economics를 사용하여 변수 간 상관관계 히트맵을 그려보자. 우선 패키지로 시작하고, 내장되어 있는 데이터셋 economics를 불러오자.

명령어

```
> library(ggplot2)
> require(reshape2)
```

```
> require(scales)
> economics #내장 데이터셋
```

```
> library(ggplot2)
> require(reshape2)
> require(scales)
> economics
# A tibble: 574 x 6
   date         pce    pop psavert uempmed unemploy
   <date>     <dbl>  <dbl>   <dbl>   <dbl>    <dbl>
 1 1967-07-01  507. 198712    12.6     4.5     2944
 2 1967-08-01  510. 198911    12.6     4.7     2945
 3 1967-09-01  516. 199113    11.9     4.6     2958
 4 1967-10-01  512. 199311    12.9     4.9     3143
 5 1967-11-01  517. 199498    12.8     4.7     3066
 6 1967-12-01  525. 199657    11.8     4.8     3018
 7 1968-01-01  531. 199808    11.7     5.1     2878
 8 1968-02-01  534. 199920    12.3     4.5     3001
 9 1968-03-01  544. 200056    11.7     4.1     2877
10 1968-04-01  544  200208    12.3     4.6     2709
# ... with 564 more rows
```

※패키지에 내장된 데이터셋 확인※

패키지 ggplot2에 내장되어 있는 데이터셋 목록을 확인해보자.

명령어

```
> data(package="ggplot2")
```

[처리결과화면]

```
Data sets in package 'ggplot2':

diamonds                 Prices of over 50,000 round cut diamonds
economics                US economic time series
economics_long           US economic time series
faithfuld                2d density estimate of Old Faithful data
luv_colours              'colors()' in Luv space
midwest                  Midwest demographics
mpg                      Fuel economy data from 1999 to 2008 for 38 popular models of
                         cars
msleep                   An updated and expanded version of the mammals sleep dataset
presidential             Terms of 11 presidents from Eisenhower to Obama
seals                    Vector field of seal movements
txhousing                Housing sales in TX
```

해석

명령어를 실행한 처리 결과를 살펴보면, 여러가지 데이터셋이 내장되어 있으며, 그 가운데 economics 데이터셋을 볼 수 있다.

다음에는 앞서 실습한 순서대로, 상관관계 행렬을 생성하고, 이를 다시 긴(long) 형식으로 melt하고, 다시 상관관계에 따라 재정렬하자.

명령어

```
> econCor <-cor(economics[,c(2,4:6)])
> econMelt <-melt(econCor,varnames=c("x","y"),
+                  value.name="Correlation")
> econMelt <-econMelt[order(econMelt$Correlation),]
> econMelt
```

```
> econCor <-cor(economics[,c(2,4:6)])
> econMelt <-melt(econCor,varnames=c("x","y"),
+                  value.name="Correlation")
> econMelt <-econMelt[order(econMelt$Correlation),]
> econMelt
          x        y Correlation
2   psavert      pce  -0.7928546
5       pce  psavert  -0.7928546
7   uempmed  psavert  -0.3251377
10  psavert  uempmed  -0.3251377
8  unemploy  psavert  -0.3093769
14  psavert unemploy  -0.3093769
4  unemploy      pce   0.6145176
13      pce unemploy   0.6145176
3   uempmed      pce   0.7269616
9       pce  uempmed   0.7269616
12 unemploy  uempmed   0.8693097
15  uempmed unemploy   0.8693097
1       pce      pce   1.0000000
6   psavert  psavert   1.0000000
11  uempmed  uempmed   1.0000000
16 unemploy unemploy   1.0000000
```

[처리결과화면]

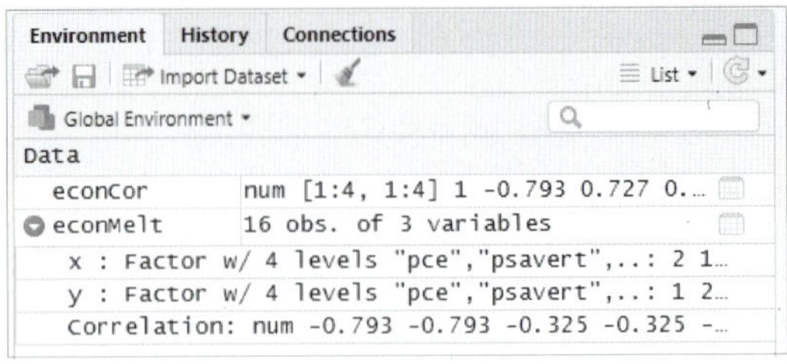

이제 다 되었으면 ggplot으로 상관계수의 히트맵 시각화를 완성하자.

명령어

```
> win.graph()
> ggplot(파일명,aes(x=x,y=y))+geom_tile(aes(fill=Correlation))+
+   scale_fill_gradient2(low=muted("색깔1"),mid="색깔2",high="색깔3",guide=gui
de_colorbar(ticks=FALSE,barheight=10),limits=c(-1,1))+
+    theme_minimal()+
+    labs(x=NULL,y=NULL)
```

```
> win.graph()
> ggplot(econMelt,aes(x=x,y=y))+geom_tile(aes(fill=Correlation))+
+   scale_fill_gradient2(low=muted("red"),mid="white",high="steelblue",gu
ide=guide_colorbar(ticks=FALSE,barheight=10),limits=c(-1,1))+
+    theme_minimal()+
+    labs(x=NULL,y=NULL)
```

[처리결과화면]

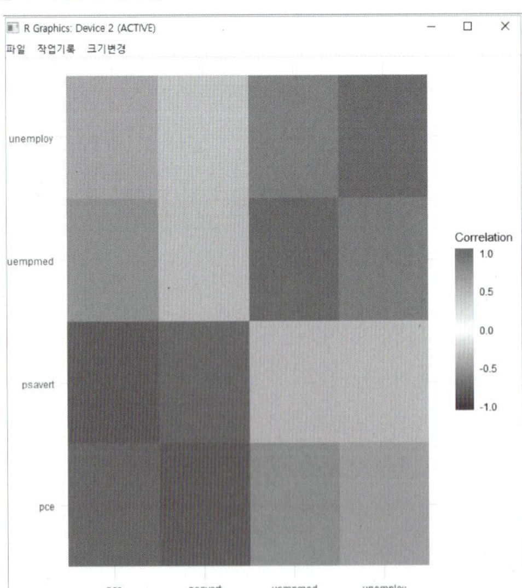

해석

처리 결과 화면을 살펴보면, 앞서 도출된 결과와 다르게 색깔이 예쁘게 표시되고 있다. 왼쪽아래에서 오른쪽상단으로의 진한 파란색 대각선은 각 변수가 자신과 갖는 상관관계 값(1)을 보여준다. 나머지 칸은 파란색이 상관계수에 따라 진하기가 다르다. 오른쪽 색인에 나와 있는 수치에 따른 상이한 색깔들로 표시된 것이다. 심지어 어떤 칸은 붉은색 계열로 나타나 있다. X축과 Y축은 명칭이 생략되어 있고, 각 변수의 행렬 칸에서 두 변수 간 상관계수의 수치를 색깔로 표시한 히트맵이다.

5) 분산팽창요인(VIF: Variance Inflation Factor)

한편 또 다른 다중공선성 체크 방법인 분산팽창요인(Variance Inflation Factor: VIF) 값을 확인해야 한다. 분산팽창요인의 절사분계치는 일반적으로 10(Chatterjee and Price, 1991; Hair et al., 1998; Kennedy, 1992)으로 논의되지만,[7] 보다 엄격한 기준치인 3.3(Diamantopoulos and Siguaw, 2006; Petter, Straub and Rai, 2007)을 적용하기도 한다.[8] 이들 두 수치보다 작을 때 다중공선성 문제는 없는 것으로 판단할 수 있다. 만약 독립변수 간 상관관계가 높아 특정조합상(i 번째 독립변수를 종속변수로 두어 회귀분석 실시)에서 회귀선의 설명력이 좋으면 분산팽창계수 값이 커지게 된다. 분산팽창계수의 정의는 아래와 같다.

$$VIF_i = \frac{1}{1 - R_i^2}$$

여기서 R^2은 R-squared 값을 의미한다.

분산팽창요인 명령어는 패키지 car 안에 들어 있다. 따라서 패키지 car를 먼저 설치하고 불러오자.

---

7 Chatterjee, S. & Price, B.(1991), *Regression Analysis by Example*, New York, John Wiley & Sons, Inc..; Hair, J. F. Jr., Anderson, R. E., Tatham, R. L. & Black, W. C.(1998), *Multivariate Data Analysis (5th edn.)*, Englewood Cliffs, NJ, Prentice-Hall; Kennedy, P.(1992), *A Guide to Econometrics*, Cambridge, MA, The MIT Press.

8 Diamantopoulos, A., & Siguaw, J. A.(2006), "Formative versus reflective indicators in organizational measure development: A comparison and empirical illustration," *British Journal of Management*, 17(4), 263-282; Petter, S., Straub, D., & Rai, A.(2007), "Specifying formative constructs in information systems research," *MIS Quarterly*, 31(4), 623-656.

명령어

```
> install.packages("car")
> library(car)
```

```
> install.packages("car")
WARNING: Rtools is required to build R packages but is not currently installe
d. Please download and install the appropriate version of Rtools before proc
eeding:

https://cran.rstudio.com/bin/windows/Rtools/
Installing package into 'C:/Users/osyan/Documents/R/win-library/3.6'
(as 'lib' is unspecified)
also installing the dependencies 'SparseM', 'MatrixModels', 'sp', 'openxls
x', 'carData', 'abind', 'pbkrtest', 'quantreg', 'maptools', 'rio'

URL  'https://cran.rstudio.com/bin/windows/contrib/3.6/SparseM_1.78.zip'
을 시도합니다
Content type 'application/zip' length 1070197 bytes (1.0 MB)
downloaded 1.0 MB

URL  'https://cran.rstudio.com/bin/windows/contrib/3.6/MatrixModels_0.4-
1.zip'을 시도합니다
Content type 'application/zip' length 356941 bytes (348 KB)
downloaded 348 KB

URL 'https://cran.rstudio.com/bin/windows/contrib/3.6/sp_1.3-2.zip'을 시
도합니다
Content type 'application/zip' length 1878081 bytes (1.8 MB)
downloaded 1.8 MB

URL 'https://cran.rstudio.com/bin/windows/contrib/3.6/openxlsx_4.1.4.zip
'을 시도합니다
Content type 'application/zip' length 2573312 bytes (2.5 MB)
downloaded 2.5 MB

URL 'https://cran.rstudio.com/bin/windows/contrib/3.6/carData_3.0-3.zip'
을 시도합니다
Content type 'application/zip' length 1817853 bytes (1.7 MB)
```

```
downloaded 1.7 MB

URL 'https://cran.rstudio.com/bin/windows/contrib/3.6/abind_1.4-5.zip'을
시도합니다
Content type 'application/zip' length 63845 bytes (62 KB)
downloaded 62 KB

URL 'https://cran.rstudio.com/bin/windows/contrib/3.6/pbkrtest_0.4-7.zip
'을 시도합니다
Content type 'application/zip' length 263161 bytes (256 KB)
downloaded 256 KB

URL 'https://cran.rstudio.com/bin/windows/contrib/3.6/quantreg_5.54.zip'
을 시도합니다
Content type 'application/zip' length 1782621 bytes (1.7 MB)
downloaded 1.7 MB

URL 'https://cran.rstudio.com/bin/windows/contrib/3.6/maptools_0.9-9.zip
'을 시도합니다
Content type 'application/zip' length 2171710 bytes (2.1 MB)
downloaded 2.1 MB

URL 'https://cran.rstudio.com/bin/windows/contrib/3.6/rio_0.5.16.zip'을
시도합니다
Content type 'application/zip' length 505399 bytes (493 KB)
downloaded 493 KB

URL 'https://cran.rstudio.com/bin/windows/contrib/3.6/car_3.0-6.zip'을 시
도합니다
Content type 'application/zip' length 1563953 bytes (1.5 MB)
downloaded 1.5 MB

package ‘SparseM’ successfully unpacked and MD5 sums checked
package ‘MatrixModels’ successfully unpacked and MD5 sums checked
package ‘sp’ successfully unpacked and MD5 sums checked
package ‘openxlsx’ successfully unpacked and MD5 sums checked
package ‘carData’ successfully unpacked and MD5 sums checked
package ‘abind’ successfully unpacked and MD5 sums checked
package ‘pbkrtest’ successfully unpacked and MD5 sums checked
```

```
package 'quantreg' successfully unpacked and MD5 sums checked
package 'maptools' successfully unpacked and MD5 sums checked
package 'rio' successfully unpacked and MD5 sums checked
package 'car' successfully unpacked and MD5 sums checked

The downloaded binary packages are in
      C:\Users\osyan\AppData\Local\Temp\Rtmp0Ihngv\downloaded_packages
> library(car)
필요한 패키지를 로딩중입니다: carData
Registered S3 methods overwritten by 'car':
  method                          from
  influence.merMod                lme4
  cooks.distance.influence.merMod lme4
  dfbeta.influence.merMod         lme4
  dfbetas.influence.merMod        lme4

다음의 패키지를 부착합니다: 'car'

The following object is masked from 'package:boot':

    logit

경고메시지(들):
패키지 'car'는 R 버전 3.6.2에서 작성되었습니다
```

이렇게 패키지가 준비되면 실습데이터(apptrain2_st.csv)를 가지고 분산팽창요인을 계산해보자. 이를 위해 종속변수(Rating_st)~독립변수(Reviews_st, Installs_st, Price_st, Polarity_st, Subjectivity_st)에 대한 회귀분석을 실시한다.

명령어

```
> setwd("C:/Users/osyan/")
> apptrain2 <- read.csv("apptrain2_st.csv")
> 저장할결과파일명 <-lm(종속변수~독립변수1+독립변수2+독립변수3, data=데이터파일명)
> summary(저장할결과파일명)
> library(car)
> vif(저장할결과파일명) #패키지 car 필요
```

```
> setwd("C:/Users/osyan/")
> apptrain2 <- read.csv("apptrain2_st.csv")
> lmfit <-lm(Rating_st~Reviews_st+Installs_st+Price_st+Polarity_st+Subje
ctivity_st, data=apptrain2)
> summary(lmfit)

Call:
lm(formula = Rating_st ~ Reviews_st + Installs_st + Price_st +
    Polarity_st + Subjectivity_st, data = apptrain2)

Residuals:
    Min      1Q  Median      3Q     Max
-5.9068 -0.3187  0.2361  0.6163  1.5883

Coefficients:
                  Estimate Std. Error t value Pr(>|t|)
(Intercept)      4.100e-16  1.233e-02   0.000  1.00000
Reviews_st       4.636e-02  1.547e-02   2.997  0.00274 **
Installs_st      1.046e-02  1.548e-02   0.676  0.49907
Price_st         2.069e-02  1.234e-02   1.676  0.09369 .
Polarity_st     -2.946e-03  1.241e-02  -0.237  0.81230
Subjectivity_st  7.463e-03  1.238e-02   0.603  0.54649

Signif. codes:  0 '***' 0.001 '**' 0.01 '*' 0.05 '.' 0.1 ' ' 1

Residual standard error: 0.9987 on 6554 degrees of freedom
Multiple R-squared:  0.0033,    Adjusted R-squared:  0.00254
F-statistic:  4.34 on 5 and 6554 DF,  p-value: 0.0006051
> library(car)
필요한 패키지를 로딩중입니다: carData
> vif(lmfit)
     Reviews_st     Installs_st       Price_st     Polarity_st Subjectivity_st
       1.573730        1.575337       1.001555        1.012076        1.007157
```

상기 명령어를 간단하게 만들자면 다음과 같다. 표준화한 변수인 독립변수들을 c( ) 함수를 사용하여 변수 순서 번호(18, 13, 14, 15, 16, 17)로 지정해주면 된다.

명령어

```
> vif(lm(데이터파일명[,c(변수순서번호1,변수순서번호2, 변수순서번호3)])) #표준화한 변수만 재지정
```

```
> vif(lm(apptrain2[,c(18,13,14,15,16,17)])) #표준화한 변수만 재지정
     Reviews_st     Installs_st       Price_st    Polarity_st Subjectivity_st
       1.573730        1.575337       1.001555       1.012076        1.007157
```

※명령어 간추리기※

상기 명령어를 간단하게 만들자면 다음과 같다. 아래점(.)으로 표시하는 것은 '모든 변수'를 의미한다.

명령어

```
> vif(lm( ~., data=apptrain2[,.])
```

몇 개의 변수를 특정하고 싶을 때는 다음과 같다. 변수명을 정해줄 때는 c(변수순서번호, 변수순서번호, 변수순서번호) 방식을 사용한다. 아래점(.)으로 표시하는 것은 '모든 변수'를 의미한다.

명령어

```
> vif(lm( ~., data=apptrain2[, c(3,6,8,11,12)]))
```

2. 단위근 검정과 T-검정

1) 시계열 자료 안정성에 대한 기본 개념

Q. 시계열 자료가 비정상이라는 것은 무슨 뜻인가요?

① 추세, 계절성, 주기성

정상적인 시계열 자료는 "평균을 중심으로 진동(oscillating)"한다. 이와 달리 확산적인(explosive) 모습으로 시계열 자료가 펼쳐진다면 이는 비정상적인 시계열 자료이다. 이처럼 연구자가 수집한 시계열 자료가 비정상적이라면 통계분석 결과는 해석을 왜곡하게 된다. 불안정한 시계열 자료는 점근적으로 정규분포를 따르지 않기 때문이다.[9] 시계열 자료가 보이

9 Gujarati, Damodar N. and Porter, Dawn C. (2009). Basic Econometrics, 5th Ed. McGraw-Hill.

는 불안정성은 '추세(trend)', '계절성(seasonality)', '주기성(cycle)' 등으로 구별된다.

※시계열 자료의 불안정성※

- **추세:** 시계열 자료가 장기적으로 증가 또는 감소하는 모습을 보일 때 '추세'를 띤다고 말한다.
- **계절성:** 연단위로 특정한 시기나 특정한 요일에 나타나는 증감을 '계절성'이라고 말하는데 이는 주로 고정된 '빈도'로 관찰된다.
- **주기성:** 관찰된 '빈도'가 고정된 형태가 아니라 증감하는 모습을 보일 때 '주기성'을 나타낸다고 말한다.

※추세와 계절성※

추세와 계절성을 고찰하기 위해 실습데이터를 불러와 ACF 곡선을 도출해보자. 데이터셋을 제공하는 패키지(fpp2)를 설치하고 제공되는 실습데이터 중 "elec"를 사용해서 1980년대부터 시계열자료를 그래프로 나타내보자. 사용할 함수는 window( )와 autoplot( )이다. 그래프의 x축은 year로, y축은 GWh로 표기하자.

명령어

```
> elec <- window(elec, start=1980)
> win.graph()
> autoplot(elec) + xlab("year") + ylab("GWh")
```

[처리결과화면: 시계열 그래프]

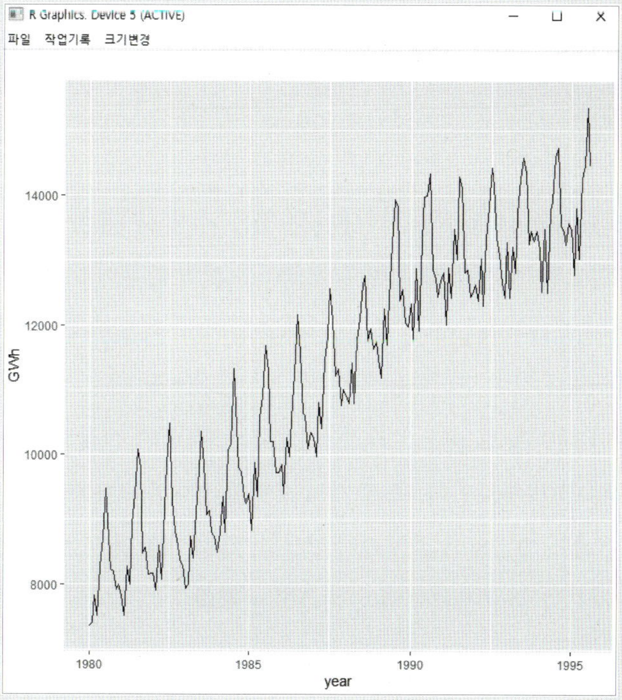

[처리결과화면: ACF 곡선]

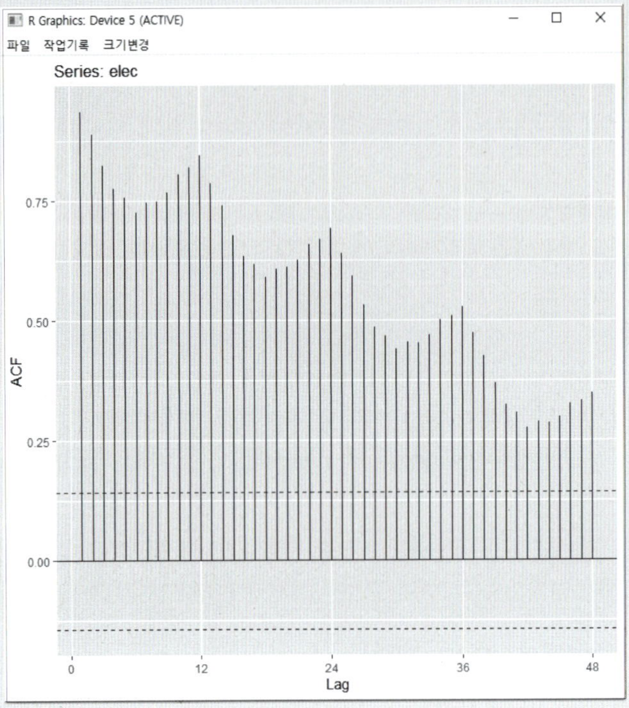

해석

처리 결과 화면을 살펴보면, x축에서 관찰되듯이 시차값(lag)이 증가하면서, y축의 값, 즉 ACF 값은 감소하는 것을 알 수 있다. 이는 곧 '추세'가 있음을 말해준다. 또한 물결치는 듯한 모양이 관찰되기도 하는데 이는 '계절성'이 있음을 말해준다.

② 백색잡음

시계열이 정상성(stationarity)을 나타낸다는 것은 '추세'나 '계절성'이 없다는 의미이다. 추세와 계절성이 있으면 '시간'이라는 변수가 의미를 갖기 때문이다. 시계열 자료가 정상성을 나타낼 때 "백색잡음(white noise)"을 보인다고 말한다. 이 말은 관찰하는 시간에 상관없이 언제 관찰하더라도 똑같이 보인다는 뜻이다. 정상성을 나타내는 시계열 자료는 장기적으로 예측이 불가능한 패턴을 보인다. 그래프 (a), (b)는 '추세'가 관찰되고, (c)는 추세는 없지만 '계절성'(또는 주기)이 엿보인다. 즉 주기의 시작과 끝이 규칙적이어서 예측이 가능하다. 이와 달리 (d)는 추세와 계절성이 관찰되지 않는다. 특히 계절성(또는 주기)이 있는 듯 하지만 불규칙적이고 시작과 끝이 불분명하여 예측이 어렵다.

※백색 잡음(white noise)※

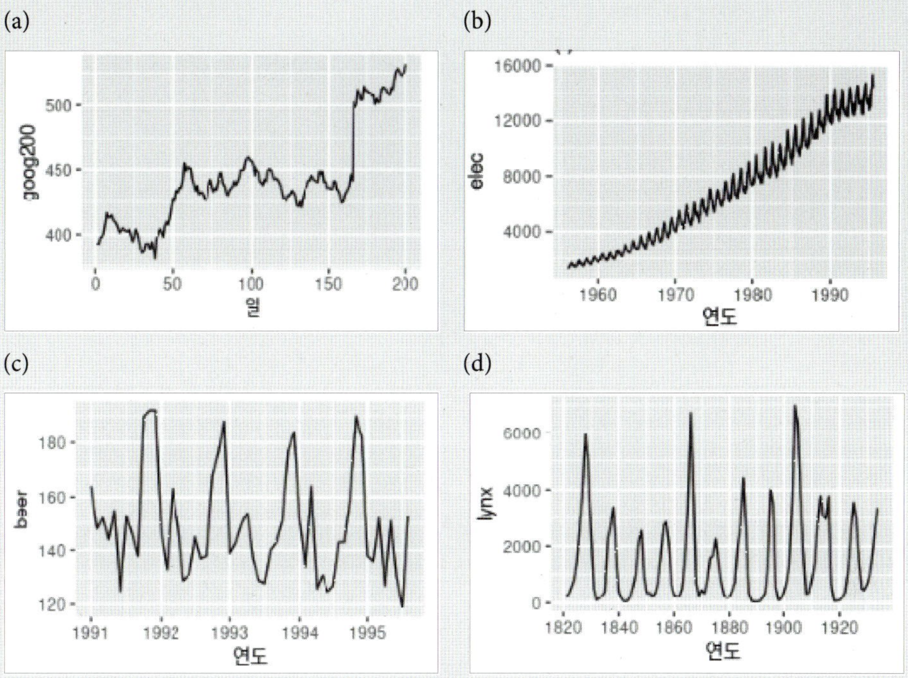

자료: Hyndman and Athanasopoulos(2018)

정상적이고 안정적인 시계열 자료인 '백색잡음'을 그래프로 나타내보자. ts( ) 함수를 사용하여 정규분포 자료를 임의로 추출한 후 autoplot( )을 나타내보자. 사용할 패키지는 ggfortify이다.

명령어

```
> library(ggfortify)
필요한 패키지를 로딩중입니다: ggplot2
> set.seed(30)
> y <- ts(rnorm(50))
> win.graph()
> autoplot(y) + ggtitle("백색잡음")
```

[처리결과화면]

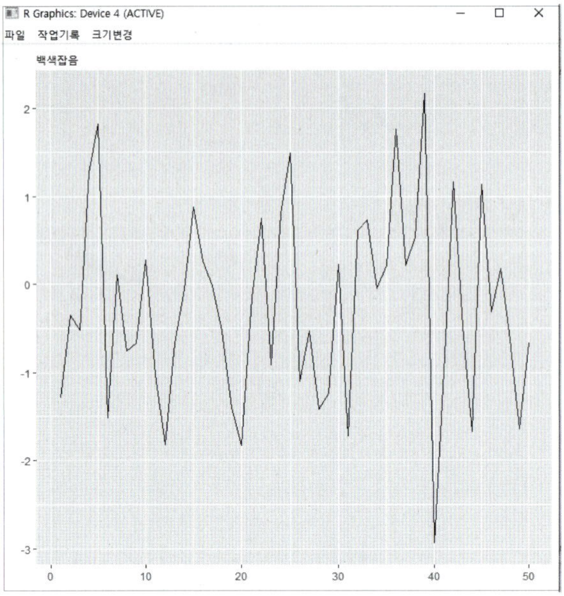

해석

처리 결과 화면을 살펴보면, 어느 한 방향으로 증감하는 모습이 없으니 '추세'가 관찰되지 않고, 특정한 시점에 증감을 보이는 '고정된 빈도'가 관찰되지 않으니 '계절성'이 없다고 판단할 수 있다.

이번에는 ACF 곡선을 나타내보자.

[처리결과화면]

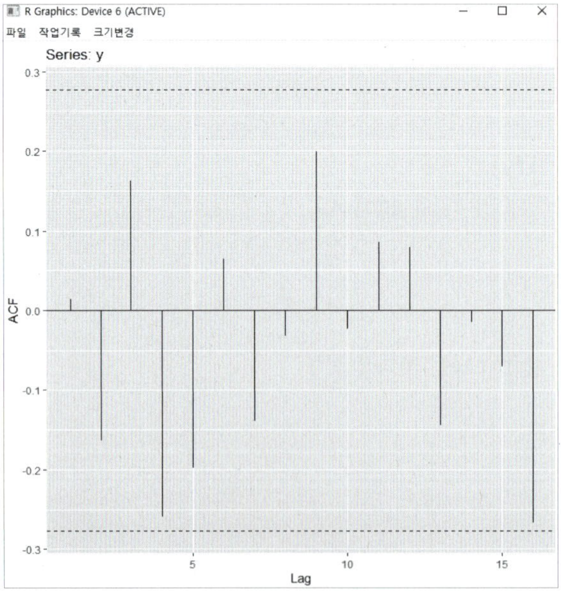

해석

처리 결과 화면을 살펴보면, "뾰족한 막대"들이 관찰되는데 이들 막대는 "자기상관계수(autocorrelation)"를 나타낸다. 이 막대가 "시계열의 길이"의 적정 범위 내에 위치해야 백색잡음이라고 판단할 수 있다. 여기서 말하는 "시계열 길이의 적정 범위"란 $\pm 2/\sqrt{T}$를 의미한다(여기서 T는 시계열의 길이). 이는 "파란색 점선 경계"로 표시해준다. 따라서 막대들이 "파란색 점선 경계"를 벗어나지 않아야 백색잡음이라고 판단할 수 있다. 만약 1)한 개 이상의 커다란 막대가 파란색 경계를 벗어나거나, 2)막대의 5% 이상이 파란색 경계를 벗어난다면, 해당 시계열 자료는 백색잡음이 아니라고 판단할 수 있다. 이번 시계열 자료의 경우 시계열 길이가 50이다(y <- ts(rnorm(50)). 따라서 "파란색 점선 경계"는 $\pm 2/\sqrt{50}$ 이므로 ±0.28로 계산된다. 자기상관계수를 나타내는 막대가 모두 '파란색 점선 경계' 안에 들어가 있으므로 이 시계열 자료는 백색잡음이라고 최종 판단할 수 있다.

2) 시계열 자료에 대한 단위근 검정

시계열 자료가 정상적인지 여부를 확인하는 도구가 "단위근(unit root) 검정"이다. 단위근이란 종속변수의 예측치를 보여주는 독립변수의 모수(즉 기울기 또는 탄력성)가 1값을 갖는 경우를 말한다. 본래 종속변수의 예측치는 독립변수의 일정비율(즉 모수 또는 기울기 값)과 시점 t에서의 확률적 충격 또는 교란의 합으로 나타난다. 그런데 독립변수의 일정비율이 완전한 값인 1값을 갖는다면 시계열 자료는 불안정한 시계열[10]이 되고, 불안정한 시계열 자료는 점근적으로 정규분포를 따르지 않는다. 단위근은 검정과정에서 편의를 발생시킨다. 이러한 단위근의 속성으로 인해 시계열의 비정상성이 나타나게 된다.[11] 종속변수와 독립변수가 모두 단위근이 존재하는 비정상적인 시계열 자료라면 어떤 일이 일어날까? 비정상적인 시계열 자료인 종속변수와 독립변수로 구성된 선형회귀식은 가성회귀 (spurious) 문제를 발생시킨다. 가성회귀 문제란 하나의 불안정한 시계열을 다른 불안정한 시계열에 회귀시키는 허구적 회귀 현상을 말한다. 선형회귀식(모형)이 적절하다면, 오차항은 백색잡음(white noise)이 되어야 한다. 백색잡음이란 평균이 0이고 자기상관이 없는 확률적 오차항을 말한다. 오차항이 백색잡음이면 안정적이고, 임의행보시계열의 1차 차분이 안정적임을 의미한

10 이는 확률행보(random walk) 시계열로 불린다.

11 물론 시계열의 비정상성은 단위근에 의해서만 발생하는 것은 아닙니다. 또 다른 요인으로 "결정적 추세(deterministic trend)"라는 것도 있습니다. 여기서는 단위근 문제에 대해서만 살펴보도록 하겠습니다.

다.[12] 실습 데이터(exchange_panel1.csv)를 사용하여 연습해 보자.

① ACF(자기상관함수)와 PACF(편자기상관함수) 곡선

실습데이터셋에서 fe 변수에 대해 ACF(자기상관함수)와 PACF(편자기상관함수) 곡선A을 도출해보자.

명령어

```
> setwd("C:/Users/osyan/")
> data <- read.csv("exchange_panel1.csv")
```


```
> setwd("C:/Users/osyan/")
> data <- read.csv("exchange_panel1.csv")
```


데이터셋을 불러왔으면 이제 데이터의 추세를 살펴보도록 하자. 무엇보다 필요한 것은 비정상적인 평균을 확인하는 작업이다. 이 작업에는 ACF(자기상관함수)와 PACF(편자기상관함수) 곡선을 도출해서 시각화하는 방법이 사용된다.

명령어

```
> win.graph()
> acf(data$fe, main="ACF", ylab="")
```


```
> win.graph()
> acf(data$fe, main="ACF", ylab="")
```


12 오차항의 백색잡음에 대한 검정은 오차항에 대한 1계 자기상관 여부를 확인하는 Breusch-Godfrey 자기상관 검정으로 확인할 수 있다.

[처리결과화면]

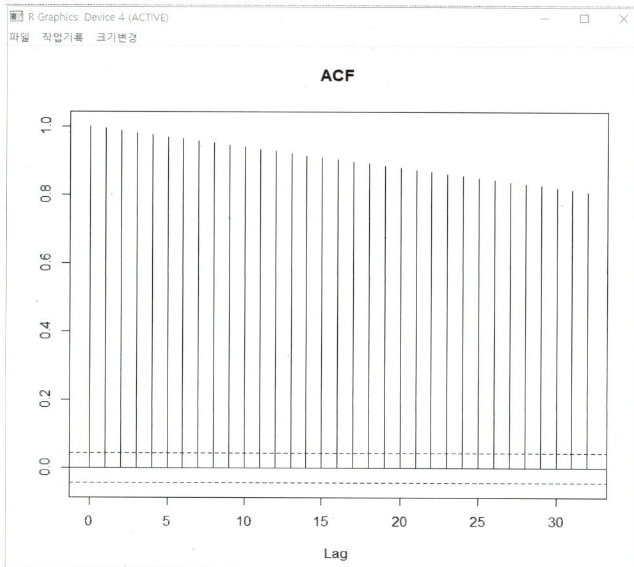

명령어

```
> win.graph()
> pacf(data$fe, main="PACF", ylab="")
```



```
> win.graph()
> pacf(data$fe, main="PACF", ylab="")
```


[처리결과화면]

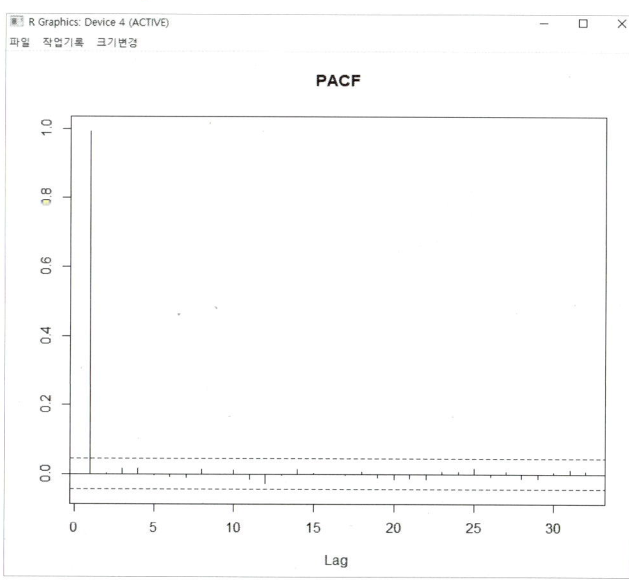

명령어

```
> win.graph()
> par(oma=c(0,0,5,0))
> par(mfrow = c(1,2))
> acf(data$fe, main="ACF", ylab="")
> pacf(data$fe, main="PACF", ylab="")
> mtext("<Figure 2> ACF, PACF of FX Trend",outer=TRUE,cex=2)
```


```
> win.graph()
> par(oma=c(0,0,5,0))
> par(mfrow = c(1,2))
> acf(data$fe, main="ACF", ylab="")
> pacf(data$fe, main="PACF", ylab="")
> mtext("<Figure 2> ACF, PACF of FX Trend",outer=TRUE,cex=2)
```


[처리결과화면]

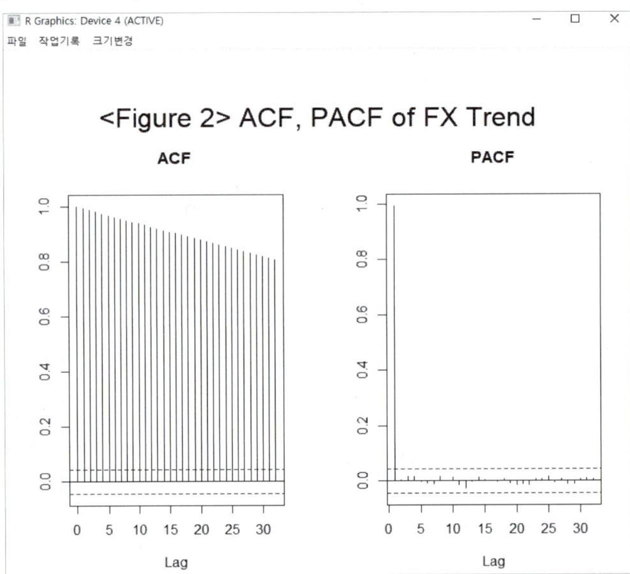

해석

분석 결과를 살펴보면, ACF가 서서히 감소하는 형태를 보이고 있다. 이 그래프가 서서히 0값으로 감소해야 데이터가 안정적이라 판단할 수 있다. 정상성을 나타내는 시계열 자료일수록 ACF가 빠른 속도로 0값으로 떨어진다. 이와 달리 본 분석 결과에서 도출된 ACF는 해당 데이터셋이 안정적이지 못함을 보여준다. 또한 데이터의 흐름을 보니 '추세'가 있는 것을 알 수 있다. 한편 PACF 곡선의 경우 1차에 "파란색 경계'를 크게 상회하는 두드러진 스파이크(뾰족한 막대를 의미)가 나타나고, 이후 모두 0값으로 절단되고 있는 것으로 나타났다. 따라서 시계열 자료의 불안정성을 확인할 수 있다.

② 단위근 검정: **adf.test( )**

R 프로그램에서 단위근 검정은 tseries 패키지가 제공하는 adf.test( ), forecast 패키지가 제공하는nsdiffs( ), fUnitRoots 패키지가 제공하는 adfTest 등이 있다.

이제 단위근 검정을 실시해보자. 우선 필요한 패키지를 설치하고 불러들이자.

명령어

```
> install.packages("xlsx")
> library(xlsx)
> install.packages("tseries")
> library(tseries)
```

```
> install.packages("xlsx")
Installing package into 'C:/Users/osyan/Documents/R/win-library/4.0'
(as 'lib' is unspecified)
also installing the dependency 'xlsxjars'

URL 'https://cran.rstudio.com/bin/windows/contrib/4.0/xlsxjars_0.6.1.zip
'을 시도합니다
Content type 'application/zip' length 9485555 bytes (9.0 MB)
downloaded 9.0 MB

URL 'https://cran.rstudio.com/bin/windows/contrib/4.0/xlsx_0.6.3.zip'을
시도합니다
Content type 'application/zip' length 379696 bytes (370 KB)
downloaded 370 KB

package 'xlsxjars' successfully unpacked and MD5 sums checked
package 'xlsx' successfully unpacked and MD5 sums checked

The downloaded binary packages are in
      C:\Users\Public\Documents\ESTsoft\CreatorTemp\Rtmpy8p8mn\downloade
```

```
d_packages
> library(xlsx)
java.home option:
JAVA_HOME environment variable: C:\Program Files\Java\jdk1.8.0_201
경고메시지(들):
In fun(libname, pkgname) :
  Java home setting is INVALID, it will be ignored.
Please do NOT set it unless you want to override system settings.
> install.packages("tseries")
Installing package into 'C:/Users/osyan/Documents/R/win-library/4.0'
(as 'lib' is unspecified)
also installing the dependencies 'xts', 'TTR', 'quadprog', 'zoo', 'quantmo
d'

URL  'https://cran.rstudio.com/bin/windows/contrib/4.0/xts_0.12-0.zip'을
시도합니다
Content type 'application/zip' length 961860 bytes (939 KB)
downloaded 939 KB

URL  'https://cran.rstudio.com/bin/windows/contrib/4.0/TTR_0.23-6.zip'을
시도합니다
Content type 'application/zip' length 521389 bytes (509 KB)
downloaded 509 KB

URL 'https://cran.rstudio.com/bin/windows/contrib/4.0/quadprog_1.5-8.zip
'을 시도합니다
Content type 'application/zip' length 50234 bytes (49 KB)
downloaded 49 KB

URL 'https://cran.rstudio.com/bin/windows/contrib/4.0/zoo_1.8-8.zip'을 시
도합니다
Content type 'application/zip' length 1094993 bytes (1.0 MB)
downloaded 1.0 MB

URL 'https://cran.rstudio.com/bin/windows/contrib/4.0/quantmod_0.4.17.zi
p'을 시도합니다
Content type 'application/zip' length 1018991 bytes (995 KB)
downloaded 995 KB

URL 'https://cran.rstudio.com/bin/windows/contrib/4.0/tseries_0.10-47.zi
p'을 시도합니다
Content type 'application/zip' length 408995 bytes (399 KB)
```

```
downloaded 399 KB

package ‘xts’ successfully unpacked and MD5 sums checked
package ‘TTR’ successfully unpacked and MD5 sums checked
package ‘quadprog’ successfully unpacked and MD5 sums checked
package ‘zoo’ successfully unpacked and MD5 sums checked
package ‘quantmod’ successfully unpacked and MD5 sums checked
package ‘tseries’ successfully unpacked and MD5 sums checked

The downloaded binary packages are in
      C:\Users\Public\Documents\ESTsoft\CreatorTemp\Rtmpy8p8mn\downloade
d_packages
> library(tseries)
Registered S3 method overwritten by 'quantmod':
  method            from
  as.zoo.data.frame zoo

    ‘tseries’ version: 0.10-47

    ‘tseries’ is a package for time series analysis and computational finance.

    See ‘library(help="tseries")’ for details.
```

단위근 검정 방식은 다양하다. 이 가운데 Augmented Dickey-Fuller 단위금 검정을 실시해보자. 사용할 함수는 adf.test( )이다. 옵션인 k는 래그숫자(the argument for the number of lags)를 의미한다. 연구자가 특정한 k를 지정하지 않으면, R이 알아서 계산하게 된다.

명령어

```
> adf.test(data$fe, k=0)
```

```
> adf.test(data$fe, k=0)

      Augmented Dickey-Fuller Test

data:  data$fe
Dickey-Fuller = -2.5972, Lag order = 0, p-value = 0.3255
alternative hypothesis: stationary
```

해석

분석 결과를 살펴보면, 단위근 검정에서 p-value(0.3255)가 0.05보다 커서 귀무가설("불안정성(nonstationarity)이 존재한다=단위근이 있다")은 기각되지 않았다. 따라서 평균이 비정상적인 것으로 판단할 수 있어 1차 차분을 실시해야 한다.

단위근 문제가 있는 해당 변수(fe)를 시계열 그래프로 시각화해보자.

명령어

```
> plot(data$fe)
```

```
> plot(data$fe)
```

[처리결과화면]

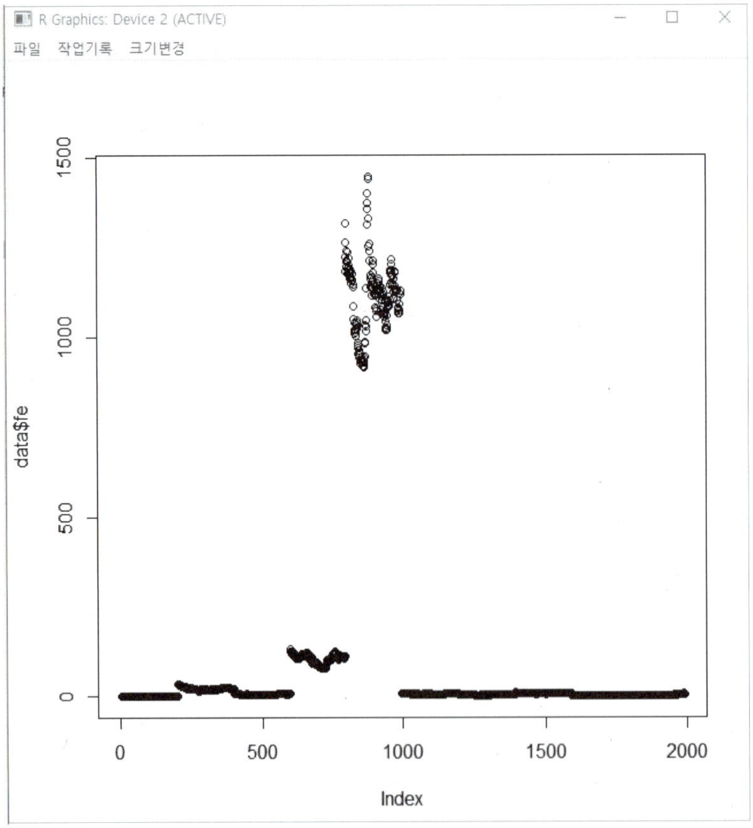

사실 이 데이터셋은 패널데이터이다. 이번에는 패널데이터에 대한 단위근 검정을 실시해 보자. 같은 데이터셋인데 이번에는 패널데이터 처리를 한 후 단위근 검정을 실시하도록 하자.

명령어

```
> library(plm)
> panel.set <- plm.data(data, index=c("id", "date")) #pdata.frame( )를 더 추천
> adf.test(panel.set$fe, k=2)
```

```
> library(plm)
> panel.set <- plm.data(data, index=c("id", "date")) #pdata.frame( )를 더
추천
경고메시지(들):
use of 'plm.data' is discouraged, better use 'pdata.frame' instead

> adf.test(panel.set$fe, k=2)

	Augmented Dickey-Fuller Test

data:  panel.set$fe
Dickey-Fuller = -2.5375, Lag order = 2, p-value = 0.3508
alternative hypothesis: stationary
```

해석

분석 결과를 살펴보면, 단위근 검정에서 p-value(0.3508)가 0.05보다 커서 귀무가설("단위근이 있다")은 기각되지 않았다. 따라서 평균이 비정상적인 것으로 판단할 수 있어 1차 차분을 실시해야 한다.

※ 단위근 검정에서 p-value가 0.05보다 작으면 귀무가설은 기각된다(대립가설 채택). 따라서 평균이 비정상적이지 않은 것으로 판단할 수 있어 1차 차분을 실시하지 않아도 된다.

〈단위근 검정 유형〉

유형	특징	비고
DF(Dickey-Fuller) 검정	ARIMA 모형의 적분 차수를 판단하기 위한 검정 방법의 하나이다. **적분 차수가 1차인 경우가 귀무가설(null hypothesis)**이 되며 이 경우 특성 방정식의 해에 x=1x=1 즉 단위근(unit root)이 포함되기 때문에 단위근 검정이라고 한다.	오차항이 백색잡음인 경우에 한해 유효하다는 단점을 지님
Phillips-Perron 검정	계열상관과 이분산(heteroscedasticity)을 조정하기 위해 DF 검정의 통계량을 조정한 검정	DF 검정의 약점을 보완할 수 있음. 그러나 귀무가설("시계열 자료가 불안정하다")을 기각하는 경향이 강하다는 단점을 보임(Schwert, 1987).
ADF(Augmented Dickey-Fuller) 검정	1차 누적에 의한 확률적 추세뿐 아니라 2차항으로 나타나는 결정론적 추세를 포함하는 시계열에 대해서 단위 근 검정을 할 수 있도록 DF 검정을 일반화 한 것	**DF 검정보다 더 복잡한 모형을 다룰 수 있어 검정 능력이 더 우수한 것으로 평가되고 있음. Phillips-Perron 검정보다 우수하다는 권고도 있음(Schwert, 1987).**

※William Schwert(1987) 연구※

단위근 검정의 단순 Dickey-Fuller 검정은 오차항이 백색잡음인 경우에 한하여 유효하기 때문에 계열상관뿐만 아니라 이분산 (heteroscedasticity)을 조정하기 위하여 Dickey-Fuller 검정의 t통계량을 조정한 Phillips-Perron 검정을 이용할 수도 있다. 그러나 William Schwert(1987)는 Monte-Carlo 연구에 근거하여 Phillips-Perron 검정은 불안정하다는 귀무가설을 기각하는 경향이 강하기 때문에 교차점검을 위하여 Augmented DickeyFuller(ADF) 검정을 이용할 것을 권고하고 있다.

Schwert, G. W. (1987) "Effects of model specification on tests for unit roots in macroeconomic data", *Journal of Monetary Economics*, 20, 73-103.

③ KPSS 단위근 검정

단위근 검정 기법으로 KPSS(Kwiatkowski-Phillips-Schmidt-Shin) 검정(Kwiatkowski, Phillips, Schmidt and Shin, 1992)을 사용하자. 패키지는 urca이고 함수는 ur.kpss( )이다.

명령어

```
> library(urca)
> library(dplyr)
> data$fe %>% ur.kpss() %>% summary()
```

```
> library(urca)
> library(dplyr)

다음의 패키지를 부착합니다: 'dplyr'

The following object is masked from 'package:car':

    recode

The following objects are masked from 'package:stats':

    filter, lag

The following objects are masked from 'package:base':

    intersect, setdiff, setequal, union
> data$fe %>% ur.kpss() %>% summary()

#######################
# KPSS Unit Root Test #
#######################

Test is of type: mu with 8 lags.

Value of test-statistic is: 2.0141

Critical value for a significance level of:
                10pct  5pct 2.5pct  1pct
critical values 0.347 0.463  0.574 0.739
```

해석

분석 결과를 살펴보면, 검정 통계(2.0141)가 1% 임계치(0.739)보다 훨씬 큰 것으로 나타났다. 따라서 귀무가설("데이터에 정상성이 나타난다")이 기각되었다. 데이터에 정상성이 없는 것으로 확인되었으니 데이터를 차분해야 한다.

차분이 필요한 변수를 차분하여 보자. 사용할 함수는 diff( )이다.

명령어

```
> data$fe %>% diff() %>% ur.kpss() %>% summary()
```

```
> data$fe %>% diff() %>% ur.kpss() %>% summary()

#######################
# KPSS Unit Root Test #
#######################

Test is of type: mu with 8 lags.

Value of test-statistic is: 0.0463

Critical value for a significance level of:
                10pct  5pct 2.5pct  1pct
critical values 0.347 0.463  0.574 0.739
```

해석

분석 결과를 살펴보면, 차분 처리한 결과 변수 fe가 검정 통계(0.0463)가 작고, 임계치(0.739)보다 훨씬 작아 귀무가설이 채택되었다. 따라서 차분한 데이터는 정상성을 보인다고 판단할 수 있다.

④ 차분 적정 횟수: ndiffs( )

자 이제 적정 차분 횟수를 알아보자. 우선 필요한 패키지를 설치하고 ndiffs( ) 함수를 사용하여 데이터셋의 대상 변수에 대해 적정 차분 횟수를 구해보자.

명령어

```
> install.packages("forecast")
> library(forecast)
> ndiffs(data$fe)
```

```
> install.packages("forecast")
Installing package into ‘C:/Users/osyan/Documents/R/win-library/4.0’
(as ‘lib’ is unspecified)
also installing the dependencies ‘fracdiff’, ‘lmtest’, ‘timeDate’

URL  'https://cran.rstudio.com/bin/windows/contrib/4.0/fracdiff_1.5-1.zip'
을 시도합니다
Content type 'application/zip' length 135875 bytes (132 KB)
downloaded 132 KB

URL 'https://cran.rstudio.com/bin/windows/contrib/4.0/lmtest_0.9-37.zip'
을 시도합니다
Content type 'application/zip' length 362663 bytes (354 KB)
downloaded 354 KB

URL  'https://cran.rstudio.com/bin/windows/contrib/4.0/timeDate_3043.102.zip'
을 시도합니다
Content type 'application/zip' length 1549695 bytes (1.5 MB)
downloaded 1.5 MB

URL 'https://cran.rstudio.com/bin/windows/contrib/4.0/forecast_8.12.zip'
을 시도합니다
Content type 'application/zip' length 2531099 bytes (2.4 MB)
downloaded 2.4 MB

package ‘fracdiff’ successfully unpacked and MD5 sums checked
package ‘lmtest’ successfully unpacked and MD5 sums checked
package ‘timeDate’ successfully unpacked and MD5 sums checked
package ‘forecast’ successfully unpacked and MD5 sums checked

The downloaded binary packages are in
      C:\Users\Public\Documents\ESTsoft\CreatorTemp\Rtmpy8p8mn\downloade
d_packages
> library(forecast)
> ndiffs(data$fe)
[1] 1
```

해석

분석 결과를 살펴보면, 적정 차분 횟수는 1이라고 보여주고 있다.

⑤ 계절성 차분 검정: **nsdiffs( )**

이번에는 계절성 차분이 필요한지 여부를 확인하도록 하자. 이에는 nsdiffs( ) 함수가 사용된다. 또한 data$fe에 대해 로그를 취한 결과에 대해서도 계절성 차분이 필요한지 여부를 확인해보자. 로그를 취하라는 함수는 log( )이다.

명령어

```
> nsdiffs(data$fe)
> data$fe %>% nsdiffs()
> data$fe %>% log() %>% diff(lag=12) %>% nsdiffs()
```

```
> nsdiffs(data$fe)
Error in nsdiffs(data$fe) : Non seasonal data
> data$fe %>% nsdiffs()
Error in nsdiffs(.) : Non seasonal data
> data$fe %>% log() %>% diff(lag=12) %>% nsdiffs()
Error in nsdiffs(.) : Non seasonal data
```

해석

분석 결과를 살펴보면, 계절성 차분이 필요없다고 보여주고 있다.

⑥ 백색잡음 검정: **Box.test( )**

이번에는 차분을 구한 fe 값의 백색잡음 상태를 확인해보자. 사용할 함수는 Box.test( )이고 type은 융-박스통계, 즉 "Ljung-Box"이다.

명령어

```
> Box.test(diff(data$fe), lag=10, type="Ljung-Box")
```

```
> Box.test(diff(data$fe), lag=10, type="Ljung-Box")

	Box-Ljung test

data:  diff(data$fe)
X-squared = 3.2496, df = 10, p-value = 0.9749
```

해석

분석 결과를 살펴보면, 융-박스 통계는 h=10에 대해 0.9749라는 p-value를 갖는다. 따라서 변수 fe는 일별 변동이 기본적으로 이전 거래일의 데이터와 상관이 없는 무작위 수치임을 말해준다.

3. 공적분 검정

Q. 단위근이 있는 시계열 자료는 버려야 하는 건가요?

단위근이 있는 시계열 자료는 쓸모없는 것이 아니다. 단위근이 있다고 다 버린다면 이 세상에 쓸만한 데이터는 그리 많지 않을 것이다. 실제로 대부분의 시계열 경제 자료들이 가성회귀(spurious regression) 문제를 지닌 불안정한 자료라고 하니 말 다하지 않았는가. 다행히 시계열 자료 가운데 단위근이 있어도 단위근이 있는 시계열 자료들을 사용하여 일치성을 갖는 회귀계수 추정값을 구할 수 있다. 단 시계열 자료들이 '공적분(cointegration)' 관계를 지녀야 한다. 여기서 말하는 '공적분' 관계란 두 개 이상의 비정상적인 시계열 자료들이 동일한 확률적 추세를 지니는 것을 의미한다. 동일한 추세, 즉 공동추세(common trend)를 공유하고 있는 시계열 자료들을 회귀시키는 것이 반드시 허구적인 것은 아닐 수 있다. 선형결합을 통해 시계열 자료들이 갖고 있는 확률적 추세를 제거해 버릴 수 있으면 회귀의 의미가 있기 때문이다. 이처럼 확률적 추세를 제거할 수 있을 때 해당 시계열 자료들은 공적분되어 있다(cointegrated)고 말한다. 이에 가성회귀(허구적 회귀) 상황을 회피할 수 있는 사전 검정에 해당되는 공적분 검정을 실습해보자. 공적분 검정 방법은 몇 가지가 있는데 그 중 요한슨 공적분 검정(Johanson's cointegration test)이 다른 검정법보다 우월한 것으로 평가받고 있다. 요한슨 공적분 검정 방법은 공적분을 검정하는데 그치지 않고 공적분 파라미터 추정과 기타

모형 설정에 관련된 가설들을 검정하는 작업까지 수행한다는 장점을 지닌다.

1) 잔차항에 대한 DF 검정: ndiffs( )

실습데이터(exchange_panel1.csv)를 불러와 fe를 종속변수로 하고, st를 독립변수로 해서 두 시계열 간 공적분 검정을 실행해보자. 우선 두 변수 시계열 자료가 공적분 관계인지 여부를 확인하기 위해 두 변수를 회귀 처리한 뒤 잔차항이 단위근이 있는지 여부를 확인해보자. 간단하게 ndiffs( ) 함수를 사용하여 적정한 차분 횟수를 살펴보면 된다.

명령어

```
> setwd("C:/Users/osyan/")
> data <- read.csv("exchange_panel1.csv")
> library(dynlm)
> library(forecast)
> fs.dyn <- dynlm(fe~st, data=data)
> ehat.fs <- resid(fs.dyn)
> ndiffs(ehat.fs)
```

```
> setwd("C:/Users/osyan/")
> data <- read.csv("exchange_panel1.csv")
> library(dynlm)
> library(forecast)

> fs.dyn <- dynlm(fe~st, data=data)
> ehat.fs <- resid(fs.dyn)
> ndiffs(ehat.fs)
[1] 1
```

해석

분석 결과를 살펴보면, 적정 차분 횟수는 1이라고 보여주고 있다. 따라서 단위근이 있는 것으로 판단할 수 있다.

2) Phillips-Ouliaris(PO) 검정: po.test( )

R 프로그램이 갖고 있는 특별한 공적분 검정 기능을 사용해보자. 바로 po.test( ) 함수인데,

tseries 패키지가 제공하는 함수이다. 이 검정은 Phillips-Ouliaris에서 유래되었고, 종속변수와 독립변수의 매트릭스로 진행된다.

명령어

```
> attach(data)
> fsx <- as.matrix(cbind(fe,st), demean=FALSE)
> po.test(fsx)
```

```
> attach(data)
> fsx <- as.matrix(cbind(fe,st), demean=FALSE)
> po.test(fsx)

        Phillips-Ouliaris Cointegration Test

data:  fsx
Phillips-Ouliaris demeaned = -12.877, Truncation lag parameter = 19, p-valu
e = 0.15

경고메시지(들):
In po.test(fsx) : p-value greater than printed p-value
```

해석

분석 결과를 살펴보면, PO 검정 결과, 5% 유의도 수준에서 p-value값이 0.15로 나타나, 0.05보다 커서 귀무가설("공적분이 없다")을 기각할 수 없었다. 따라서 공적분이 없는 것으로 판단할 수 있다. 그 결과 두 해당 시계열 자료는 회귀분석에 투입할 경우 가상회귀 현상이 일어날 것으로 기대할 수 있다.

4. 그 외 검정

1) 정규성 검정: shapiro.test( )

실습예제(OLS_4.dta)에 대해 정규성 검정을 실시해 보자. 단 shapiro.test는 샘플 크기가 3~5000 이내에 이어야 한다는 단점이 있다.[13]

명령어

```
> attach(OLS_4)
> shapiro.test(파일명$변수명)

> shapiro.test(OLS_4$LN_Sales)
```

```
> shapiro.test(OLS_4$LN_Sales)
      Shapiro-Wilk normality test
data:  OLS_4$LN_Sales
W = 0.89891, p-value = 5.57e-07
```

해석

정규성 검정의 귀무가설(H_0)은 "해당 변수가 정규분포를 따른다"이다. 처리 결과 화면을 보면, 귀무가설이 기각되었음을 알 수 있다. 이는 p값의 유의도 수준으로 판단한다. p 값이 5.57e-07인데 이는 0.000000557을 의미한다. 따라서 통계 유의도 수준 0.001에서 유의함을 보여 귀무가설이 기각되었다. 결국 이 데이터 변수는 정규분포를 따르지 않는 것으로 판단할 수 있다. 따라서 비모수 추정을 하는 Wilcoxon signed-rank 검정을 실시해야 한다.

이렇게 처리한 정규성 검정 결과를 파일명 "shapi_out"에 저장하고, 내용을 열람해 보자. 열람 방식은 어떤 결과물이 저장되었는지를 보여주는 names( ) 함수, 내용을 모두 보여주는 str( ) 함수와 print( ) 함수를 이용한다.

명령어

```
> 저장파일명=shapiro.test(파일명$변수명)
> names(저장파일명)
> str(저장파일명)
> print(저장파일명)
```

---

13 필자가 경험한 에러메시지 사례:

```
> shapiro.test(apptrain1_missing_rating$Rating)Error in
shapiro.test(apptrain1_missing_rating$Rating) :
샘플의 크기는 반드시 3 부터 5000 이내에 있어야 합니다
```

```
> shapi_out=shapiro.test(OLS_4$LN_Sales)
> names(shapi_out)
[1] "statistic" "p.value"   "method"    "data.name"
> str(shapi_out)
List of 4
 $ statistic: Named num 0.899
  ..- attr(*, "names")= chr "W"
 $ p.value  : num 5.57e-07
 $ method   : chr "Shapiro-Wilk normality test"
 $ data.name: chr "OLS_4$LN_Sales"
 - attr(*, "class")= chr "htest"
> print(shapi_out)
     Shapiro-Wilk normality test
data:  OLS_4$LN_Sales
W = 0.89891, p-value = 5.57e-07
```

자 이제 정규성 검정을 비주얼라이제이션을 이용해서 살펴보도록 하자. 정규성(normality)은 normal plots (histogram), Q-Q plot (quantile-quantile plot), significance tests 등을 통해 비주얼 관찰로 체크가 가능하다. 이 작업에는 "ggpubr" 패키지가 필요하다.

명령어

```
> install.packages("ggpubr")
> library(ggpubr)
```

```
> install.packages("ggpubr")
Installing package into 'C:/Users/User/Documents/R/win-library/3.5'
(as 'lib' is unspecified)
also installing the dependencies 'ggrepel', 'ggsci', 'tidyr', 'cowplot',
'ggsignif', 'polynom'

trying URL 'https://cran.rstudio.com/bin/windows/contrib/3.5/ggrepel_0.8.0.zip'
Content type 'application/zip' length 834710 bytes (815 KB)
downloaded 815 KB

trying URL 'https://cran.rstudio.com/bin/windows/contrib/3.5/ggsci_2.9.zip'
Content type 'application/zip' length 2975764 bytes (2.8 MB)
```

```
downloaded 2.8 MB

trying URL 'https://cran.rstudio.com/bin/windows/contrib/3.5/tidyr_0.8.1.zip'
Content type 'application/zip' length 943259 bytes (921 KB)
downloaded 921 KB

trying URL 'https://cran.rstudio.com/bin/windows/contrib/3.5/cowplot_0.9.3.zip'
Content type 'application/zip' length 2460503 bytes (2.3 MB)
downloaded 2.3 MB

trying URL 'https://cran.rstudio.com/bin/windows/contrib/3.5/ggsignif_0.
4.0.zip'
Content type 'application/zip' length 77889 bytes (76 KB)
downloaded 76 KB

trying URL 'https://cran.rstudio.com/bin/windows/contrib/3.5/polynom_1.3-9.zip'
Content type 'application/zip' length 86590 bytes (84 KB)
downloaded 84 KB

trying URL 'https://cran.rstudio.com/bin/windows/contrib/3.5/ggpubr_0.1.8.zip'
Content type 'application/zip' length 1748960 bytes (1.7 MB)
downloaded 1.7 MB

package 'ggrepel' successfully unpacked and MD5 sums checked
package 'ggsci' successfully unpacked and MD5 sums checked
package 'tidyr' successfully unpacked and MD5 sums checked
package 'cowplot' successfully unpacked and MD5 sums checked
package 'ggsignif' successfully unpacked and MD5 sums checked
package 'polynom' successfully unpacked and MD5 sums checked
package 'ggpubr' successfully unpacked and MD5 sums checked

The downloaded binary packages are in
     C:\Users\User\AppData\Local\Temp\Rtmp4icHcX\downloaded_packages
> library(ggpubr)
필요한 패키지를 로딩중입니다: ggplot2
필요한 패키지를 로딩중입니다: magrittr
Warning messages:
1: 패키지 'ggpubr'는 R 버전 3.5.1에서 작성되었습니다
2: 패키지 'ggplot2'는 R 버전 3.5.1에서 작성되었습니다
```

```
3: 패키지 'magrittr'는 R 버전 3.5.1에서 작성되었습니다
```

우선 density plot을 통해 분포가 종 모양을 하고 있는지를 살펴보자.

명령어

```
> ggdensity(파일명$변수명, main="그래프명", xlab="x축명")
```

```
> ggdensity(OLS_4$LN_Sales, main="Density plot of LN_Sales", xlab="LN_Sales")
```

[처리결과화면]

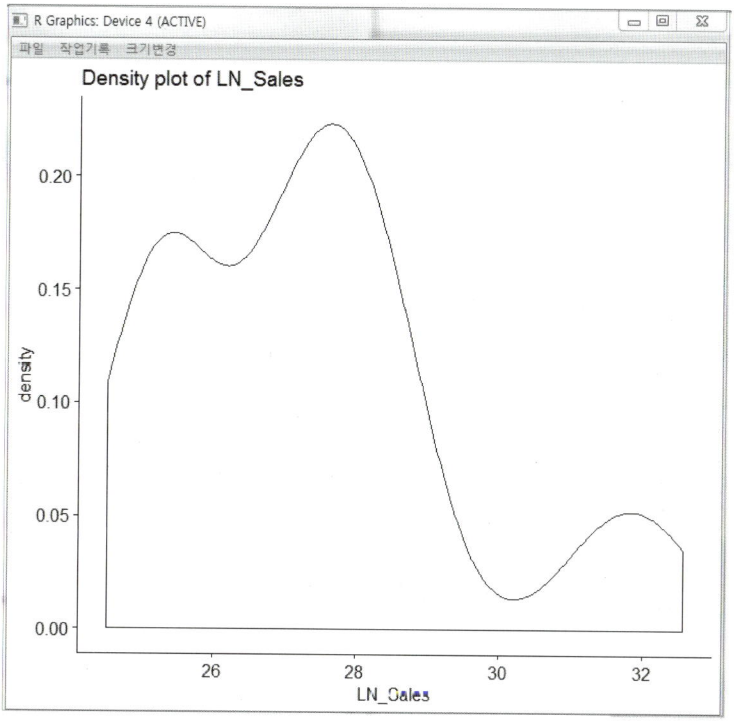

다음에는 Q-Q plot으로 샘플과 정규분포 간 상관관계를 살펴보자. 45도 reference line이 도출된다. 명령어는 ggqqplot( ) 함수이다.

명령어

```
> library(ggpubr)
> ggqqplot(파일명$변수명)
```

```
> library(ggpubr)
> ggqqplot(OLS_4$LN_Sales)
```

[처리결과화면]

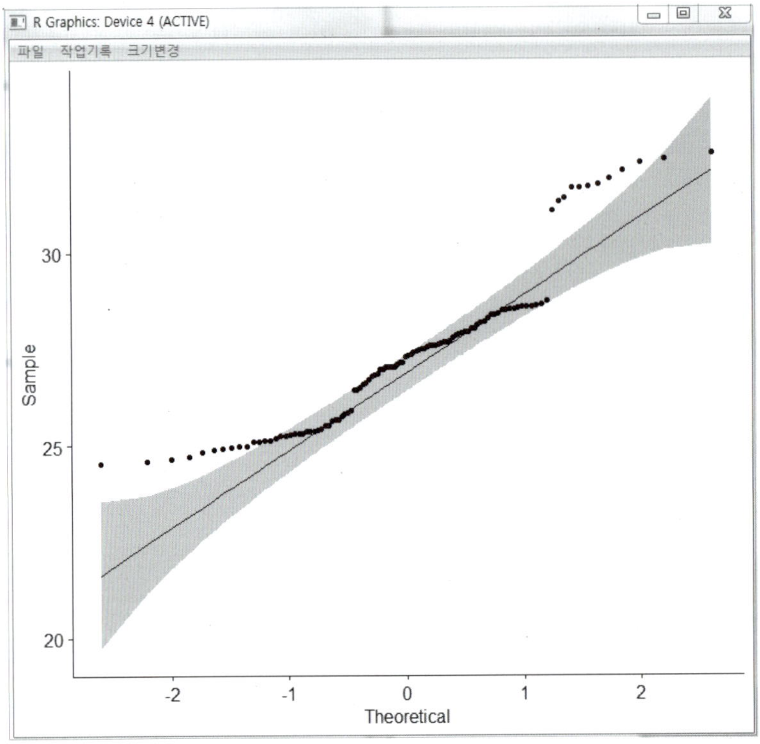

해석

처리 결과 화면을 보면, 정규분포선 주변에서 형성되어 있음을 알 수 있다. 단 왼쪽과 오른쪽에 일부 이상치(outlier)가 관찰된다.

2) 등분산성 검정: var.test( )

T 검정을 실시하기 위해 우선 데이터셋(OLS_r)을 불러오자. 데이터셋을 불러 온 후 데이터셋의 현황을 살펴보기 위해 str( ) 함수를 이용하자. 그 결과 9개 변수가 있는 108개 관측치를 보이는 데이터셋임을 알 수 있다.

명령어

```
> library(haven)
> 저장할파일명 <- read_dta("디렉토리/불러올파일명")
> View(저장할파일명)
> str(저장할파일명)
```

```
> library(haven)
> OLS_4 <- read_dta("C:/Users/yangohsuk/OLS_4.dta")
> View(OLS_4)
> str(OLS_4)
Classes 'tbl_df', 'tbl' and 'data.frame':      108 obs. of  9 variables:
 $ id                          : num  1 1 1 1 1 1 1 1 1 1 ...
  ..- attr(*, "format.stata")= chr "%10.0g"
 $ Year                        : num  2001 2002 2003 2004 2005 ...
  ..- attr(*, "format.stata")= chr "%10.0g"
 $ LN_Sales                    : num  27.4 27.7 27.7 27.6 27.6 ...
  ..- attr(*, "format.stata")= chr "%10.0g"
 $ roa                         : num  8.6 6.5 7.5 6.07 11.62 ...
  ..- attr(*, "format.stata")= chr "%10.0g"
 $ debtratio                   : num  178.1 150.1 124.6 104.9 74.9 ...
  ..- attr(*, "format.stata")= chr "%10.0g"
 $ institutionalinvestors_5per_nu: num  972437 2419611 2565540 2774948 2464
280 ...
  ..- attr(*, "format.stata")= chr "%10.0g"
 $ TMT_stock_ratio_B           : num  1120 2781 2780 30429 43000 ...
  ..- attr(*, "format.stata")= chr "%10.0g"
 $ foreign_insti_investor_ratio  : num  0.055 0.137 0.145 0.157 0.139 0 0
0 0.124 NA ...
  ..- attr(*, "format.stata")= chr "%10.0g"
 $ dum_LN_Sales                : num  1 1 1 1 1 1 1 1 1 1 ...
  ..- attr(*, "format.stata")= chr "%9.0g"
```

이제 두 표본의 등분산성 체크(즉 두 집단의 분산이 같다고 할 수 있는가를 확인)를 위해 명령어를 작성해보자. 이번 데이터셋의 경우 다음과 같은 에러 메시지가 나온다: "Error in is.finite(x) : default method not implemented for type 'list'". 이런 경우 데이터셋의 성질이 list 형태이기 때문에 나타나는 것이다. 따라서 이 문제를 해결하기 위해서는 data.frame( ) 함수를 사용하여 데이터셋의 속성을 변경해주자.

명령어

```
> var.test(파일명[파일명$변수명==1,1],OLS_4[파일명$변수명==0,1])
> 파일명 <-data.frame(파일명)
> var.test(파일명[파일명$변수명==1,1],파일명[파일명$변수명==0,1])
```

```
>    var.test(OLS_4[OLS_4$dum_LN_Sales==1,1],OLS_4[OLS_4$dum_LN_Sales==0,
1])
Error in is.finite(x) : default method not implemented for type 'list'
> OLS_4 <-data.frame(OLS_4)
>    var.test(OLS_4[OLS_4$dum_LN_Sales==1,1],OLS_4[OLS_4$dum_LN_Sales==0,
1])

      F test to compare two variances

data:  OLS_4[OLS_4$dum_LN_Sales == 1, 1] and OLS_4[OLS_4$dum_LN_Sales == 0,
1]
F = 1.4129, num df = 52, denom df = 54, p-value = 0.2106
alternative hypothesis: true ratio of variances is not equal to 1
95 percent confidence interval:
 0.8209338 2.4386476
sample estimates:
ratio of variances
          1.412912
```

해석

처리 결과 화면을 보면, p-value가 0.2106으로 나왔다. 이 값은 유의도 수준을 점검하는 0.05값보다 크므로 대안가설("true ratio of variances is not equal to 1")이 기각되지 않는다. 따라서 두 집단의 분산이 같다는 의미이므로, 결국 등분산성을 만족시킨다. 이로써 t 검정 단계로 넘어가면 된다.

3) 시계열 정상성(Stationary) 검정: test=c("kpss")

시계열 자료는 정상성(Stationary)을 기본 전제로 한다. 시계열 자료는 매우 엄격하게 다루어지는데 본격적인 분석에 들어가기에 앞서 데이터 전처리 수준에서 여러 가지를 점검받게 되어 있다. 그 중에 하나가 정상성 검정이다. 그래인저 인과관계 등과 같이 두 변수간 선후행

관계를 뒤집어서 고찰하는 경우에도 먼저 전제 조건으로 시계열 자료는 정상성을 확보하고 있어야만 한다. 여기서 유의할 점은 그렇다고 시계열 자료가 정상성을 갖고 있지 않다고 해서 무조건 버리라는 의미는 아니다. 얼마든지 정상성을 보이게 데이터를 전처리하면 되니까.

사실 실제로 연구를 하다보면 수집한 시계열 자료가 매끈하게 정상성을 보여주는 경우는 드물다. 이에 많은 연구자들이 수집한 데이터를 가지고 전처리 과정을 통해 정상성을 확보할 수 있도로 매만지는 작업을 수행한다. 오늘은 그 방법의 하나로 차분 데이터를 만드는 방법을 학습하고자 한다. 좀 더 구체적으로는 시차 변수를 가지고 운행하는 방법이다. “KPSS” 테스트가 바로 그 주인공이다.

패키지 lmtest가 제공하는 공개된 실습데이터(ChickEgg.csv)를 불러와 시계열 자료의 정상성을 확보할 수 있게 해 주는 시차 변수를 만들어보자.

명령어

```
> library(lmtest)
> data(package="lmtest")
```


```
> library(lmtest)
> data(package="lmtest")
```


[처리결과화면]

```
Data sets in package 'lmtest':

ChickEgg                    Chickens, Eggs, and Causality
Mandible                    Mandible Data
USDistLag                   US Macroeconomic Data
bondyield                   Bond Yield
currencysubstitution        Currency Substitution
ftemp                       Femal Temperature Data
fyff                        U.S. Macroeconomic Time Series
gmdc                        U.S. Macroeconomic Time Series
growthofmoney               Growth of Money Supply
ip                          U.S. Macroeconomic Time Series
jocci                       U.S. Macroeconomic Time Series
lhur                        U.S. Macroeconomic Time Series
moneydemand                 Money Demand
pw561                       U.S. Macroeconomic Time Series
unemployment                Unemployment Data
valueofstocks               Value of Stocks
wages                       Wages
```

명령어

```
> data(ChickEgg)
> ChickEgg
```

```
> data(ChickEgg)
> ChickEgg
Time Series:
Start = 1930
End = 1983
Frequency = 1
     chicken  egg
1930  468491 3581
1931  449743 3532
1932  436815 3327
1933  444523 3255
1934  433937 3156
1935  389958 3081
1936  403446 3166
1937  423921 3443
1938  389624 3424
1939  418591 3561
1940  438288 3640
1941  422841 3840
1942  476935 4456
1943  542047 5000
1944  582197 5366
1945  516497 5154
1946  523227 5130
1947  467217 5077
1948  499644 5032
1949  430876 5148
1950  456549 5404
1951  430988 5322
1952  426555 5323
1953  398156 5307
1954  396776 5402
1955  390708 5407
1956  383690 5500
```

```
1957   391363 5442
1958   374281 5442
1959   387002 5542
1960   369484 5339
1961   366082 5358
1962   377392 5403
1963   375575 5345
1964   382262 5435
1965   394118 5474
1966   393019 5540
1967   428746 5836
1968   425158 5777
1969   422096 5629
1970   433280 5704
1971   421763 5806
1972   404191 5742
1973   408769 5502
1974   394101 5461
1975   379754 5382
1976   378361 5377
1977   386518 5408
1978   396933 5608
1979   400585 5777
1980   392110 5825
1981   384838 5625
1982   378609 5800
1983   364584 5656
```

[처리결과화면]

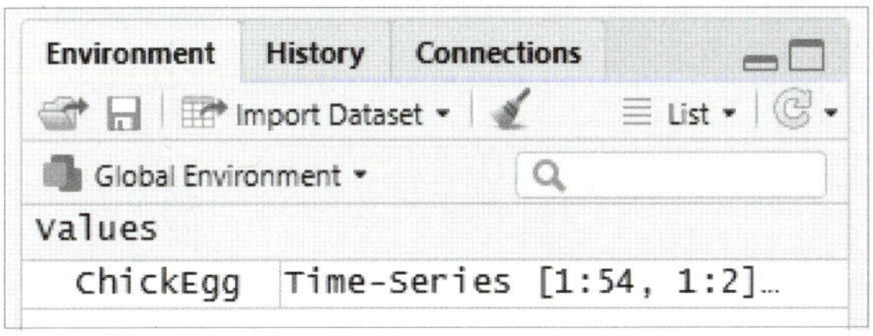

우선 연습데이터셋(ChickEgg.csv)을 데이터로 불러와 그래프로 시계열 흐름을 살펴보자. 그래프 시각화는 plot( ) 함수를 사용한다. 불러온 데이터셋을 저장할 파일명은 chickegg_df로 하자.

명령어

```
> 저장할파일명 <-as.data.frame(데이터셋명)
```

```
> chickegg_df <-as.data.frame(ChickEgg)
```

[처리결과화면]

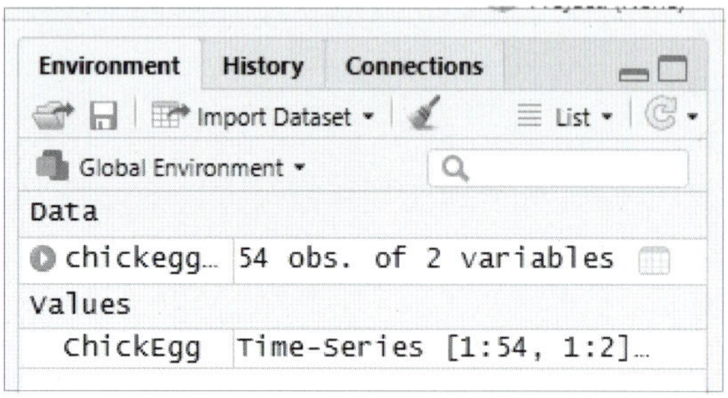

해석

처리 결과 화면을 보면, 불러온 데이터셋이 시계열자료(Time-Series)로 정리되어 있음을 볼 수 있다.

각각의 변수(chicken, egg)에 대해 시각화를 실행보자. 여기서는 변수 chicken과 egg를 살펴보자.

명령어

```
> par(mfrow=c(2,1))
> win.graph() #그래프를 그릴 수 있는 도화지
> plot.ts(파일명$변수명1)
> plot.ts(파일명$변수명2)
```

```
> par(mfrow=c(2,1))
> win.graph()
> plot.ts(chickegg_df$chicken)
> plot.ts(chickegg_df$egg)
```

[처리결과화면]

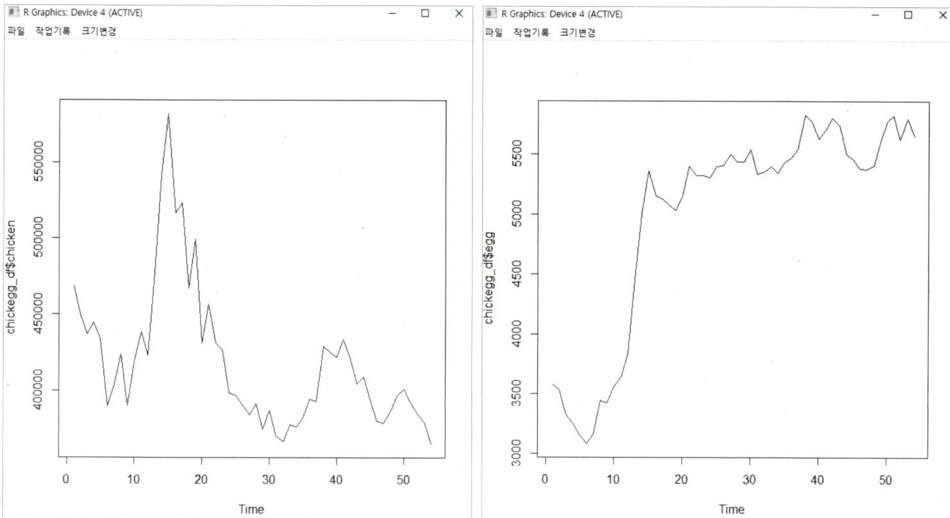

해석

처리 결과 화면을 보면, 두 변수 chicken과 egg는 서로 흐름의 방향이 달라 상관성이 적어 보인다. 또한 각각의 변수 흐름을 보면 정상성을 살펴볼 수 없다.

이제 이 두 변수의 흐름을 정상시계열로 변환해 보자. 이 작업에는 forecast 패키지와 KPSS 테스트가 활용된다. 이에 필요한 패키지를 설치하고 불러오자.

명령어

```
> install.packages("forecast")
> require(forecast)
```

```
> install.packages("forecast")
Installing package into 'C:/Users/osyan/Documents/R/win-library/3.6'
(as 'lib' is unspecified)
Warning in install.packages :
  package 'forecast' is in use and will not be installed
> require(forecast)
```

이제 유의수준 0.05(alpha)에서 KPSS 테스트 수행으로 정상성을 만족시키는 시차를 알아보자.

명령어

```
> ndiffs(파일명$변수명1, alpha=0.05, test=c("kpss"))
> ndiffs(파일명$변수명2, alpha=0.05, test=c("kpss"))
```

```
> ndiffs(chickegg_df$chicken, alpha=0.05, test=c("kpss"))
[1] 1
> ndiffs(chickegg_df$egg, alpha=0.05, test=c("kpss"))
[1] 1
```

해석

처리 결과 화면을 보면, 정상성을 만족시키는 시차는 chicken과 egg 변수 모두 1값이라고 말해주고 있다. 즉 두 변수 모두 차분으로 시차값 1을 적용하면 정상시계열 자료를 확보할 수 있다는 의미이다.

시계열 자료의 정상성을 확보할 수 있는 차분값이 1임을 알았으니 이제 차분값을 만들어 저장하고, 최종 시계열 자료가 정상성을 확보하였는지를 살펴보기 위해 시각화 작업을 진행해보자.

명령어

```
> 차분파일명1 <-diff(파일명$변수명1,1)
> 차분파일명2 <-diff(파일명$변수명2,1)
> plot.ts(차분파일명1)
> plot.ts(차분파일명2)
```

```
> diff1_chicken <-diff(chickegg_df$chicken,1)
> diff1_egg <-diff(chickegg_df$egg,1)
> plot.ts(diff1_chicken)
> plot.ts(diff1_egg)
```

[처리결과화면]

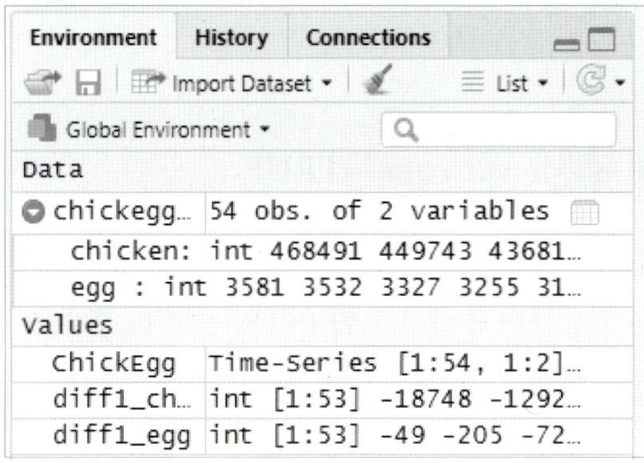

해석

처리 결과 화면을 보면, 차분 1값으로 처리된 데이터가 아래쪽에 생성되어 있음을 볼 수 있다. 본래의 데이터셋은 시계열 자료로 1:54의 값을 갖고 있었는데, 아래쪽에 새롭게 생성된 차분 데이터는 1:53의 값을 갖고 있는 것으로 표시되어 있다.

[처리결과화면]

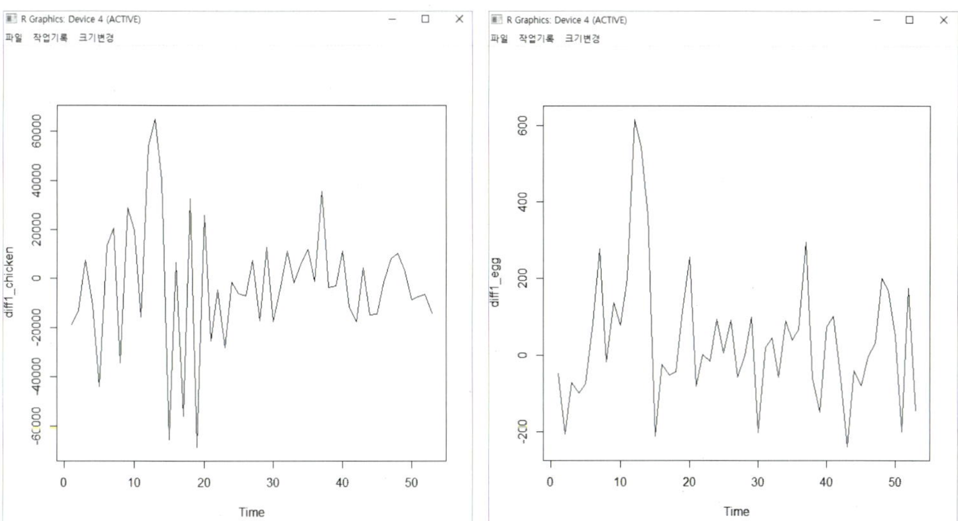

해석

처리 결과 화면을 보면, 본래 데이터셋이 보여주던 그래프의 흐름과 달리 시계열 자료가 상당수준 정상성을 보여주고 있는 것으로 판단할 수 있다. 예전 그래프는 한 방향으로 흐름이 정해져 있고 자료의 수치가 매끈한 반면, 이번 그래프는 한 방향성을 보이지 않은 채 자료의 수치가 주파수와 같은 모양을 보여주고 있다.

4) 독립표본 T 검정: var.equal=TRUE

예측변수가 이분변수(두 집단)이고, 종속변수가 연속형 자료일 때 두 집단의 평균 차이가 통계적으로 유의한 차이를 갖는지 여부를 확인하는 것이 T-검정이다. T-검정에는 데이터가 정규분포를 따를 경우 사용하는 T-검정과, 데이터가 정규분포를 따르지 않을 경우 사용하는 Wilcoxon Signed-Rank 검정(비모수 검정)이 있다. T-검정은 자료의 평균이 0인지 검정하고, Wilcoxon signed-rank 검정은 자료의 중위수(median)가 0인지를 검정한다.[14] 어느 것을 사용해야 하는 지는 '정규성(normality) 검정(shapiro.test)'과 '등분산성(homogeneity of variance) 검정'을 통해 확인할 수 있다. 정규성 검정과 등분산성 검정 결과 데이터가 정규분포를 따르면 T-검정을, 따르지 않으면 비모수 검정을 실시한다.

※정규분포를 가정한 t 검정 기본 유형※

- **독립표본 t 검정**
  서로 다른 두 개의 그룹 간의 평균을 비교할 때 사용하는 검정 기법이다. 두 개의 표본이 독립적이라는 것은 두 표본이 서로 관계없는 모집단에서 추출되었거나, 표본 간에 아무런 관계가 없다는 의미이다. 이는 다시 스튜던트 t 검정(Student's t-test)과 웰치 t 검정(Welch's t-test)으로 세분된다. 전자는 두 집단 각각에서 추정된 분산이 동일할 때 사용하고, 후자는 두 집단 각각에서 추정된 분산이 다를 때 사용한다. 하지만 실제로는 두 표본의 분산이 다른 경우가 많기 때문에 웰치 t 검증이 가장 많이 사용되고 있다.

- **대응표본 t 검정**
  하나의 집단에 대한 비교를 위해 사용하는 검정 기법이다. 대표적으로 같은 하나의 집단에 발생한 전과 후의 현상 결과를 비교할 때 사용한다.

- **단일표본 t 검정**
  특정 집단의 평균이 어떤 숫자와 같은지 다른지를 비교할 때 사용하는 검정 기법이다. 즉 하나의 집단이 특정한 기준치보다 유의미하게 다른지를 알아보는 기법이다.

독립표본 t 검정은 두 가지 방식으로 가능하다. 하나는 집단 구분을 위한 변수명과 해당 값(1과 0 각각)을 직접 지정해주는 것이고, 다른 하나는 그룹 구분 변수명만 지정해주는 간편한 방식이다. 두 가지 방법 모두 공통적으로 사용하는 명령어는 t 검정방식을 의미하는

14 양수인 데이터의 수와 음수인 데이터의 수가 같으면 중위수가 0이 된다.

"var.equal=TRUE"이다. 신뢰도 수준은 디폴트로 0.95로 지정되어 있다. 두 가지 방식을 각각 실행해보면 다음과 같다. 실습데이터(OLS_4.dta)를 사용하여 변수 dum_LN_Sales를 대상으로 연습해보자.

명령어

```
> t.test(파일명[파일명$변수명==0,1],파일명[파일명$변수명==1,1],
+        paired=FALSE, var.equal=TRUE, conf.level=0.95)
```

```
> t.test(OLS_4[OLS_4$dum_LN_Sales==0,1],OLS_4[OLS_4$dum_LN_Sales==1,1],
+        paired=FALSE, var.equal=TRUE, conf.level=0.95)

	Two Sample t-test

data:  OLS_4[OLS_4$dum_LN_Sales == 0, 1] and OLS_4[OLS_4$dum_LN_Sales ==
1, 1]
t = 4.3411, df = 106, p-value = 3.252e-05
alternative hypothesis: true difference in means is not equal to 0
95 percent confidence interval:
 1.223394 3.280208
sample estimates:
mean of x mean of y
 6.327273  4.075472
```

이번에는 종속변수(id)에 대한 독립변수(dum_LN_Sales)를 대상으로 두 그룹 간 t-검정을 연습해보자.

명령어

```
> t.test(종속변수~독립변수, data=파일명, var.equal=TRUE, conf.level=0.95)
```

```
> t.test(id~dum_LN_Sales, data=OLS_4, var.equal=TRUE, conf.level=0.95)

	Two Sample t-test

data:  id by dum_LN_Sales
```

```
t = 4.3411, df = 106, p-value = 3.252e-05
alternative hypothesis: true difference in means is not equal to 0
95 percent confidence interval:
 1.223394 3.280208
sample estimates:
mean in group 0 mean in group 1
       6.327273        4.075472
```

해석

처리 결과 화면을 보면, 앞서 실행한 방식과 동일한 결과가 도출되어 있음을 알 수 있다.

자 이제 제대로 된 변수들을 대상으로 t 검정을 실시해보자. 앞서 실시한 변수 id가 아니라 이번에는 변수 roa에 대해 두 그룹 간 t 검정을 살펴보도록 하자.

명령어

```
> t.test(종속변수~독립변수, data=파일명, var.equal=TRUE, conf.level=0.95)
```

```
> t.test(roa~dum_LN_Sales, data=OLS_4, var.equal=TRUE, conf.level=0.95)

        Two Sample t-test

data:  roa by dum_LN_Sales
t = -0.68857, df = 106, p-value = 0.4926
alternative hypothesis: true difference in means is not equal to 0
95 percent confidence interval:
 -2.064831  1.000289
sample estimates:
mean in group 0 mean in group 1
       7.900182        8.432453
```

해석

처리 결과 화면을 보면, roa를 기준으로 두 그룹 간 평균인 7.900182와 8.432453의 차이를 살펴보니, p-value가 0.4926이므로 유의도 기준치인 0.05보다 커서 대안가설("두 집단의 평균 차이가 0값이 아니다=평균이 다르다")이 채택되지 못했다. 따라서 결론은 두 집단의 평균은 같은 것으로 판단할 수 있다. 즉 두 집단은 서로 독립된 집단으로 볼 수 없다.

5) Wilcoxon signed-rank 검정: wilcox.test( )

앞서 다룬 정규성 가정과 등분산성 가정을 통과하지 못하는 데이터셋의 경우에는 윌콕슨 순위합 검정이나 웰치 t 검정, 또는 윌콕슨 부호순위 검정을 수행해야 한다. 윌콕슨 부호순위 검정은 일표본에 대해 중위수를 검정하거나 paired된 데이터의 중위수의 차이를 확인할 때 사용한다. 윌콕슨 부호순위 검정은 F. Wilcoxon이 제안한 비모수 통계검정 기법이다. 자료의 순서를 사용하여 자료의 중위수(median) 값이 0인지를 검정한다. 표본의 수가 작으면 정규분포 여부를 확인하기가 어렵다. 이럴 때 비모수 검정을 사용하면 수집된 자료가 정규 분포를 따르는지 여부를 확인할 수 있다. T 검정은 평균이 0인지를 직접 확인하지만, 윌콕슨 검정은 순서를 사용하여 자료의 중위수가 0인지를 검정한다.

※윌콕슨 함수 인자※

인자	내용
alternative	대립가설 형태
mu	위치모수(평균, 중앙값)의 값
paired	대응비교를 묻는 인수
exact	정확한 p 값을 계산할지, 근사적인 p 값을 계산할지를 확인

윌콕슨 부호순위 검정에 필요한 패키지로 "exactRankTests"를 깔아 보았다. 그런데 더 이상 사용되지 않으며 다른 패키지("coin")를 사용하라는 안내 메시지가 나온다. 해서 해당 패키지를 설치했다.

명령어

```
> install.packages("exactRankTests")
> library(exactRankTests)
> install.packages("coin")
> library(coin)
```

```
> install.packages("exactRankTests")
WARNING: Rtools is required to build R packages but is not currently installe
d. Please download and install the appropriate version of Rtools before proc
eeding:

https://cran.rstudio.com/bin/windows/Rtools/
Installing package into 'C:/Users/yangohsuk/Documents/R/win-library/3.5'
(as 'lib' is unspecified)
trying URL 'https://cran.rstudio.com/bin/windows/contrib/3.5/exactRankTe
sts_0.8-31.zip'
Content type 'application/zip' length 166506 bytes (162 KB)
downloaded 162 KB

package 'exactRankTests' successfully unpacked and MD5 sums checked

The downloaded binary packages are in
     C:\Users\yangohsuk\AppData\Local\Temp\Rtmp8mVpNd\downloaded_packag
es
> library(exactRankTests)
 Package 'exactRankTests' is no longer under development.
 Please consider using package 'coin' instead.
> install.packages("coin")
WARNING: Rtools is required to build R packages but is not currently installe
d. Please download and install the appropriate version of Rtools before proc
eeding:

https://cran.rstudio.com/bin/windows/Rtools/
Installing package into 'C:/Users/yangohsuk/Documents/R/win-library/3.5'
(as 'lib' is unspecified)
trying URL 'https://cran.rstudio.com/bin/windows/contrib/3.5/coin_1.3-1.
zip'
Content type 'application/zip' length 1463143 bytes (1.4 MB)
downloaded 1.4 MB

package 'coin' successfully unpacked and MD5 sums checked

The downloaded binary packages are in
     C:\Users\yangohsuk\AppData\Local\Temp\Rtmp8mVpNd\downloaded_packag
es
```

```
> library(coin)
필요한 패키지를 로딩중입니다: survival

다음의 패키지를 부착합니다: 'coin'

The following objects are masked from 'package:exactRankTests':

    dperm, pperm, qperm, rperm
```

이제 wilcox.test( ) 함수와 wilcox.exact( ) 함수를 사용하여 윌콕슨 부호검정을 실시해보자. 전자는 동점이 존재하지 않을때, 후자는 동점이 존재할 때 사용한다. 실시하기 전에 summary( ) 함수를 사용하여 필요한 중앙값을 확인하자.

명령어

```
> summary(파일명)
```

```
> summary(OLS_4)
       id              Year         LN_Sales          roa             debtratio

 Min.    : 1.000   Min.    :2001   Min.    :24.53   Min.    :-3.370   Min.
:  9.68
 1st Qu.: 3.000   1st Qu.:2004   1st Qu.:25.52   1st Qu.: 5.878   1st Qu.:
28.74
 Median : 5.000   Median :2006   Median :27.32   Median : 8.150   Median
: 69.86
 Mean   : 5.222   Mean   :2006   Mean   :27.34   Mean   : 8.161   Mean
: 73.38
 3rd Qu.: 7.000   3rd Qu.:2009   3rd Qu.:28.25   3rd Qu.:10.523   3rd Qu.:107.5
2
 Max.   :10.000   Max.   :2012   Max.   :32.58   Max.   :24.620   Max.
:186.32


 institutionalinvestors_5per_nu TMT_stock_ratio_B  foreign_insti_investor
_ratio  dum_LN_Sales
 Min.   :        0                  Min.   :      766   Min.    :0.00000
```

```
       Min.   :0.0000
1st Qu.:  225851                 1st Qu.:   19866    1st Qu.:0.05350
       1st Qu.:0.0000
Median :  492654                 Median : 1198637    Median :0.08450
       Median :0.0000
Mean   : 4802303                 Mean   : 2767416    Mean   :0.08265
       Mean   :0.4907
3rd Qu.: 2708440                 3rd Qu.: 5032398    3rd Qu.:0.12800
       3rd Qu.:1.0000
Max.   :32890414                 Max.   :13791917    Max.   :0.21500
       Max.   :1.0000
NA's   :28                     NA's   :27          NA's   :28
```

명령어

```
> wilcox.test(파일명$변수명, alternative="less", mu=8.150)
```

```
> wilcox.test(OLS_4$roa, alternative="less", mu=8.150)

    Wilcoxon signed rank test with continuity correction

data:  OLS_4$roa
V = 2817, p-value = 0.3502
alternative hypothesis: true location is less than 8.15

> wilcox.exact(OLS_4$roa, alternative="less", mu=8.150)

    Asymptotic Wilcoxon signed rank test

data:  OLS_4$roa
V = 2817, p-value = 0.3497
alternative hypothesis: true mu is less than 8.15
```

해석

처리결과 화면을 살펴보면, 검정통계량 V는 2817로 동일하다. 그러나 p 값은 다르게 산출된다. 유의수준 0.05를 기준으로 p 값이 모두 크게 나타나 귀무가설을 기각할 수 없다. 따라서 특정 집단(LN_Sales가 큰 집단)의 roa는 8.15보다 작다고 할 수 없다.

이번에는 종속변수(더미처리한 1, 0 값 이전의 종속변수)인 LN_Sales를 대상으로 윌콕슨 부호검정을 실시해보자.

명령어

```
> wilcox.exact(파일명$변수명, alternative="less", mu=27.32)
```

```
> wilcox.exact(OLS_4$LN_Sales, alternative="less", mu=27.32)

        Asymptotic Wilcoxon signed rank test

data:  OLS_4$LN_Sales
V = 2650.5, p-value = 0.185
alternative hypothesis: true mu is less than 27.32
```

해석

처리결과 화면을 살펴보면, 유의수준 0.05를 기준으로 p 값이 크게 나타나 귀무가설을 기각할 수 없다. 따라서 특정 집단(LN_Sales가 큰 집단)의 LN_Sales는 27.32보다 작다고 할 수 없다.

※기술적인 문제 하나※

"Warning message:
In wilcox.test.default(변수1 - 변수2):
 Cannot compute exact p-value with ties"

라는 메시지가 뜬다면 이는 데이터 상에서 동일한 값이 존재해서 순서를 정하기가 어려워질 때 디폴트인 exact test로 p-value를 구하지 못하기 때문에 생기는 일이다. 이를 해결하려면 exact=FALSE라는 옵션을 삽입하면 디폴트인 exact test를 시도하지 않게 되어 경고 메시지가 뜨지 않는다.

5. OLS 모형 분석

1) 회귀분석 기초: ggpairs( ), ggcorr( ), vif( )

Q. 회귀분석이란 무엇인가요? 알기 쉽게 설명해 주세요!

앞서 연습한 자료 불러오기 방법을 통해 미리 제공된 연습 데이터인 OLS_4.dta(Stata 자료)를 불러오자. R Studio 프로그램의 오른쪽 상단에 있는 “Import Dataset”을 이용하도록 하자. 옵션에서 “from Stata”를 선택하고, 열리는 창에서 “File/Url:”을 통해 OLS_4.dta를 선택하면 된다.

명령어

```
> library(haven)
> OLS_4 <- read_dta("C:/Users/osyan/OLS_4.dta")
> View(OLS_4)
```

```
> library(haven)
> OLS_4 <- read_dta("C:/Users/osyan/OLS_4.dta")
> View(OLS_4)
```

[처리결과화면]

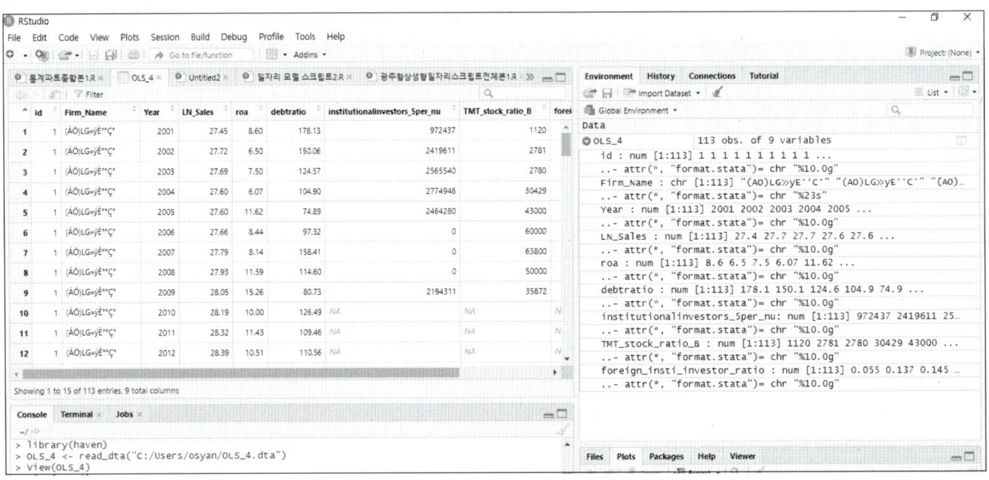

이렇게 불러들인 OLS_4.dta를 가지고 head( ) 함수식을 사용하여 데이터 파일에화 보고 싶은 행렬 수만큼 실제 입력된 데이터를 살펴보고, str( ) 함수식을 사용하여 객체 탐색(데이터 구조, 변수 개수, 변수 명, 관측치 수, 관측치 등)을 살펴보자.

명령어

```
> head(데이터파일명, 보고싶은행렬수)
> str(데이터파일명)
```

```
> head(OLS_4, 3)
# A tibble: 3 x 9
     id Firm_Name  Year LN_Sales   roa debtratio institutionalin~ TMT_stock_
ratio~
  <dbl> <chr>     <dbl>    <dbl> <dbl>     <dbl>            <dbl>          <dbl>
1     1 (ÁÖ)LG»ý~  2001     27.4   8.6      178.           972437           1120
2     1 (ÁÖ)LG»ý~  2002     27.7   6.5      150.          2419611           2781
3     1 (ÁÖ)LG»ý~  2003     27.7   7.5      125.          2565540           2780
# ... with 1 more variable: foreign_insti_investor_ratio <dbl>
경고메시지(들):
`...` is not empty.

We detected these problematic arguments:
* `needs_dots`

These dots only exist to allow future extensions and should be empty.
Did you misspecify an argument?

> str(OLS_4)
tibble [113 x 9] (S3: tbl_df/tbl/data.frame)
 $ id                          : num [1:113] 1 1 1 1 1 1 1 1 1 1 ...
  ..- attr(*, "format.stata")= chr "%10.0g"
 $ Firm_Name                 : chr [1:113] "(AO)LG≫yE°°C°" "(AO)LG≫yE°°C°"
"(AO)LG≫yE°°C°" "(AO)LG≫yE°°C°" ...
  ..- attr(*, "format.stata")= chr "%23s"
 $ Year                        : num [1:113] 2001 2002 2003 2004 2005 ...
  ..- attr(*, "format.stata")= chr "%10.0g"
 $ LN_Sales                    : num [1:113] 27.4 27.7 27.7 27.6 27.6 ...
  ..- attr(*, "format.stata")= chr "%10.0g"
```

```
 $ roa                            : num [1:113] 8.6 6.5 7.5 6.07 11.62 ...
  ..- attr(*, "format.stata")= chr "%10.0g"
 $ debtratio                      : num [1:113] 178.1 150.1 124.6 104.9 74.9
...
  ..- attr(*, "format.stata")= chr "%10.0g"
 $ institutionalinvestors_5per_nu: num [1:113] 972437 2419611 2565540 2774
948 2464280 ...
  ..- attr(*, "format.stata")= chr "%10.0g"
 $ TMT_stock_ratio_B              : num [1:113] 1120 2781 2780 30429 43000
...
  ..- attr(*, "format.stata")= chr "%10.0g"
 $ foreign_insti_investor_ratio  : num [1:113] 0.055 0.137 0.145 0.157 0.139
0 0 0 0.124 NA ...
  ..- attr(*, "format.stata")= chr "%10.0g"
```

다음으로는 변수 간 상관관계를 살펴보도록 하자. 상관관계 분석에 필요한 일련의 패키지를 설치하고 library( ) 또는 require( ) 함수로 불러들이자.

명령어

```
> require(ggplot2)
> install.packages("GGally")
> require(GGally)
> require(reshape2)
> install.packages("lme4")
> require(lme4)
> require(compiler)
> require(parallel)
> require(boot)
> require(lattice)
```

```
> require(ggplot2)
필요한 패키지를 로딩중입니다: ggplot2
> install.packages("GGally")
Installing package into 'C:/Users/osyan/Documents/R/win-library/4.0'
(as 'lib' is unspecified)
also installing the dependency 'reshape'
```

```
URL 'https://cran.rstudio.com/bin/windows/contrib/4.0/reshape_0.8.8.zip'
을 시도합니다
Content type 'application/zip' length 170671 bytes (166 KB)
downloaded 166 KB

URL  'https://cran.rstudio.com/bin/windows/contrib/4.0/GGally_2.0.0.zip'
을 시도합니다
Content type 'application/zip' length 1574350 bytes (1.5 MB)
downloaded 1.5 MB

package 'reshape' successfully unpacked and MD5 sums checked
package 'GGally' successfully unpacked and MD5 sums checked

The downloaded binary packages are in
      C:\Users\Public\Documents\ESTsoft\CreatorTemp\RtmpIlTVVW\downloade
d_packages
> require(GGally)
필요한 패키지를 로딩중입니다: GGally
Registered S3 method overwritten by 'GGally':
  method from
  +.gg   ggplot2
> require(reshape2)
필요한 패키지를 로딩중입니다: reshape2
> install.packages("lme4")
Installing package into 'C:/Users/osyan/Documents/R/win-library/4.0'
(as 'lib' is unspecified)
also installing the dependencies 'minqa', 'nloptr', 'statmod'

URL 'https://cran.rstudio.com/bin/windows/contrib/4.0/minqa_1.2.4.zip'을
시도합니다
Content type 'application/zip' length 855131 bytes (835 KB)
downloaded 835 KB

URL 'https://cran.rstudio.com/bin/windows/contrib/4.0/nloptr_1.2.2.2.zip
'을 시도합니다
Content type 'application/zip' length 1244076 bytes (1.2 MB)
downloaded 1.2 MB
```

```
URL 'https://cran.rstudio.com/bin/windows/contrib/4.0/statmod_1.4.34.zip
'을 시도합니다
Content type 'application/zip' length 281757 bytes (275 KB)
downloaded 275 KB

URL 'https://cran.rstudio.com/bin/windows/contrib/4.0/lme4_1.1-23.zip'을
시도합니다
Content type 'application/zip' length 5957841 bytes (5.7 MB)
downloaded 5.7 MB

package 'minqa' successfully unpacked and MD5 sums checked
package 'nloptr' successfully unpacked and MD5 sums checked
package 'statmod' successfully unpacked and MD5 sums checked
package 'lme4' successfully unpacked and MD5 sums checked

The downloaded binary packages are in
     C:\Users\Public\Documents\ESTsoft\CreatorTemp\RtmpIlTVVW\downloade
d_packages
> require(lme4)
필요한 패키지를 로딩중입니다: lme4
필요한 패키지를 로딩중입니다: Matrix
> require(compiler)
필요한 패키지를 로딩중입니다: compiler
> require(parallel)
필요한 패키지를 로딩중입니다: parallel
> require(boot)
필요한 패키지를 로딩중입니다: boot
> require(lattice)
필요한 패키지를 로딩중입니다: lattice

다음의 패키지를 부착합니다: 'lattice'

The following object is masked from 'package:boot':

    melanoma
```

패키지를 불러 들인 후 상관관계를 보여주는 그래프를 도출시켜보자. OLS_4 실습데이터에서 독립변수는 순서 숫자가 5, 6, 7, 8, 9 등이므로 이를 사용하면 편리하다.

명령어

```
> ggpairs(OLS_4[,c(5,6,7,8,9)]) #두 변수 간 단순관계
```

```
> ggpairs(OLS_4[,c(5,6,7,8,9)]) #두 변수 간 단순관계
25건의 경고들이 발견되었습니다 (이를 확인하기 위해서는 warnings()를 이용하시길 바랍니다).
```

[처리결과화면]

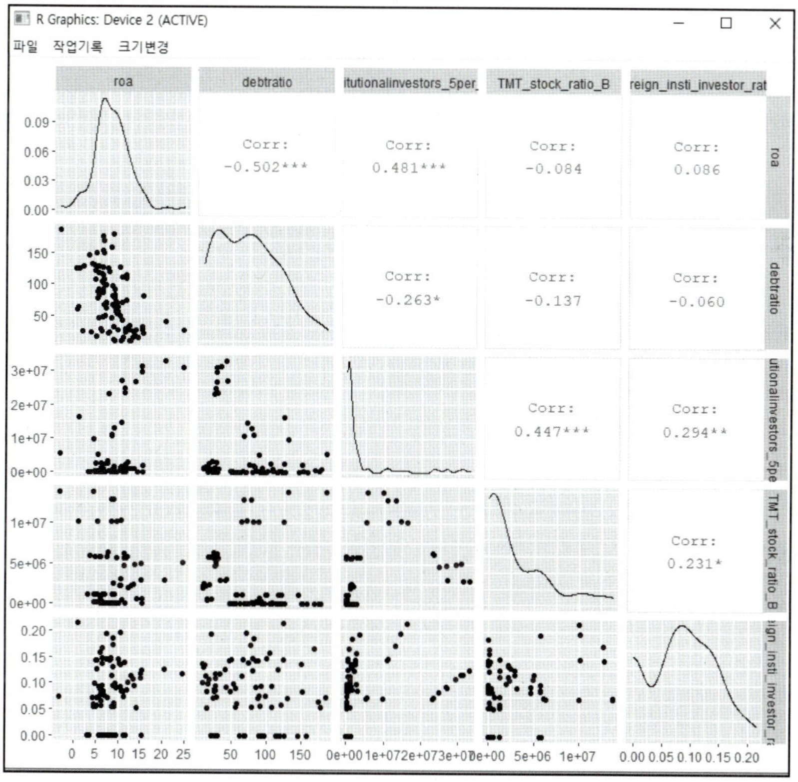

명령어

```
> ggcorr(OLS_4[,c(5,6,7,8,9)], nbreaks=4, palette="Blues") #두 변수 간 단순관계
```

```
> ggcorr(OLS_4[,c(5,6,7,8,9)], nbreaks=4, palette="Blues") #두 변수 간 단순관계
```

[처리결과화면]

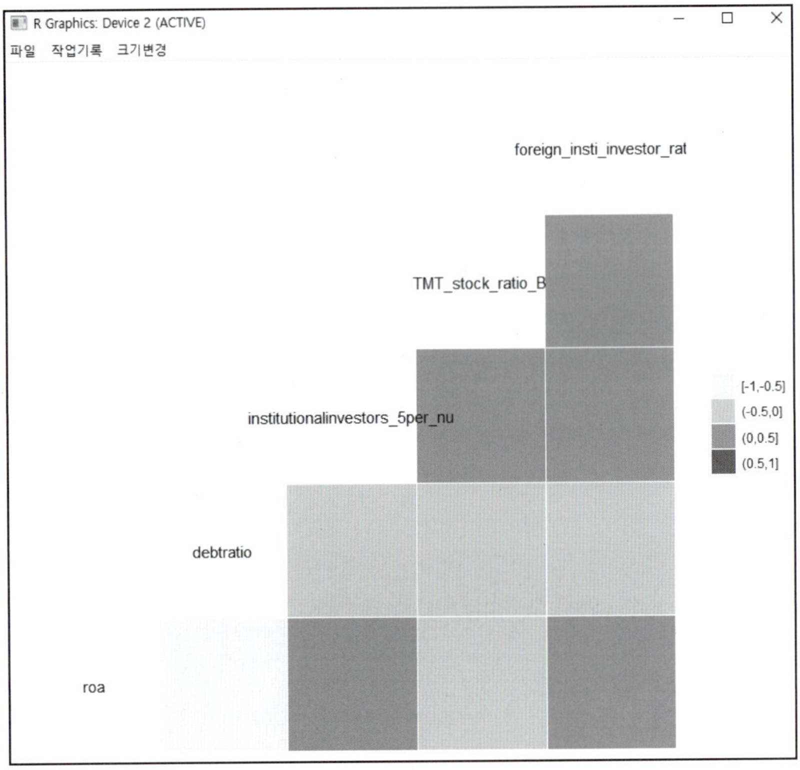

다음으로 VIF 값을 살펴보도록 하자. 필요한 패키지인 car를 불러들인후 종속변수(LN_Sales)를 대상으로 독립변수들 간 기본 선형회귀모형을 처리하고, vif( ) 함수를 작동시켜보자.

명령어

```
> library(car)
> Reg1 <- lm(LN_Sales~roa+debtratio+institutionalinvestors_5per_nu+TMT_stock
_ratio_B+foreign_insti_investor_ratio, data=OLS_4)
> vif(Reg1)
```

```
> library(car)
필요한 패키지를 로딩중입니다: carData
Registered S3 methods overwritten by 'car':
  method                          from
  influence.merMod                lme4
  cooks.distance.influence.merMod lme4
```

```
  dfbeta.influence.merMod         lme4
  dfbetas.influence.merMod        lme4

다음의 패키지를 부착합니다: 'car'

The following object is masked from 'package:boot':

    logit

> Reg1 <- lm(LN_Sales~roa+debtratio+institutionalinvestors_5per_nu+TMT_st
ock_ratio_B+foreign_insti_investor_ratio, data=OLS_4)
> vif(Reg1)
                           roa                      debtratio
                      2.258481                       1.578269
institutionalinvestors_5per_nu                TMT_stock_ratio_B
                      2.033653                       1.619919
  foreign_insti_investor_ratio
                      1.110220
```

해석

처리결과 화면을 살펴보면, 모든 변수의 vif 수치가 일반 기준치(10) 또는 보다 엄격한 기준치(6 또는 3) 보다 낮은 수준임을 알 수 있다. 따라서 독립변수의 공선성 문제는 없는 것으로 판단할 수 있다.

※패키지 car 설치 문제※

패키지 car를 설치할 때 R 버전이 달라지고 RStudio 버전이 달라지면서 자주 문제가 발생한다. 필자가 겪은 사례를 소개하고 문제해결 방안을 제시해본다. 물론 여기서 제시되는 문제해결 방안은 만병통치약이 아니다. 우선 문제해결을 할 수 있도록 조치하는 임시방편일 뿐임을 밝혀둔다. 필자의 경우 R 버전을 업그레이드하고 RStudio 버전도 업그레이드한 상태에서 패키지 car를 설치할 때 다음과 같은 에러 메시지가 도출되었다.

[처리결과화면]

```
> install.packages("car")
Installing package into 'C:/Users/osyan/Documents/R/win-library/4.0'
(as 'lib' is unspecified)
```

```
also installing the dependencies 'openxlsx', 'carData', 'abind', 'pbkrtest',
'quantreg', 'maptools', 'rio'

URL 'https://cran.rstudio.com/bin/windows/contrib/4.0/openxlsx_4.1.5.zip'을
시도합니다
Content type 'application/zip' length 2843341 bytes (2.7 MB)
downloaded 124 KB

Warning in install.packages :
  downloaded length 126976 != reported length 2843341
URL  'https://cran.rstudio.com/bin/windows/contrib/4.0/carData_3.0-4.zip'을
시도합니다
Content type 'application/zip' length 1821762 bytes (1.7 MB)
downloaded 1.7 MB

URL 'https://cran.rstudio.com/bin/windows/contrib/4.0/abind_1.4-5.zip'을 시
도합니다
Content type 'application/zip' length 63698 bytes (62 KB)
downloaded 62 KB

URL  'https://cran.rstudio.com/bin/windows/contrib/4.0/pbkrtest_0.4-8.6.zip
'을 시도합니다
Content type 'application/zip' length 275248 bytes (268 KB)
downloaded 268 KB

URL  'https://cran.rstudio.com/bin/windows/contrib/4.0/quantreg_5.61.zip'을
시도합니다
Content type 'application/zip' length 1867662 bytes (1.8 MB)
downloaded 1.8 MB

URL 'https://cran.rstudio.com/bin/windows/contrib/4.0/maptools_1.0-1.zip'을
시도합니다
Content type 'application/zip' length 2166980 bytes (2.1 MB)
downloaded 2.1 MB

URL 'https://cran.rstudio.com/bin/windows/contrib/4.0/rio_0.5.16.zip'을 시도
합니다
Content type 'application/zip' length 505220 bytes (493 KB)
downloaded 493 KB

URL 'https://cran.rstudio.com/bin/windows/contrib/4.0/car_3.0-8.zip'을 시도
합니다
```

```
Content type 'application/zip' length 1559750 bytes (1.5 MB)
downloaded 1.5 MB

Warning in install.packages :
  zip 파일로부터 추출중 에러 1가 발생했습니다
Warning in install.packages :
  압축된 파일 'openxlsx/DESCRIPTION'를 열 수 없습니다.  그 이유는 아마도 'No such
file or directory'입니다
Error in install.packages : 커넥션을 열 수 없습니다
```

해석

명령어를 실행한 처리 결과를 살펴보면, "아마도 'No such file or directory'라는 에러 메시지가 나온다. 이에 앞선 버전에서 설치되었던 car 폴더를 그대로 copy & paste 방식으로 끌어다가 새로 설치한 R 프로그램 win-library 아래 패키지 폴더에 car 폴더를 붙여둔 후, 다시 install.packages("car")를 실시하였다. 그 결과 문제가 해결되었다.

```
> install.packages("car")
Installing package into 'C:/Users/osyan/Documents/R/win-library/4.0'
(as 'lib' is unspecified)
also installing the dependencies 'openxlsx', 'carData', 'abind', 'pbkrtest',
'quantreg', 'maptools', 'rio'

URL 'https://cran.rstudio.com/bin/windows/contrib/4.0/openxlsx_4.1.5.zip'을
시도합니다
Content type 'application/zip' length 2843341 bytes (2.7 MB)
downloaded 2.7 MB

URL  'https://cran.rstudio.com/bin/windows/contrib/4.0/carData_3.0-4.zip'을
시도합니다
Content type 'application/zip' length 1821762 bytes (1.7 MB)
downloaded 1.7 MB

URL 'https://cran.rstudio.com/bin/windows/contrib/4.0/abind_1.4-5.zip'을 시
도합니다
Content type 'application/zip' length 63698 bytes (62 KB)
downloaded 62 KB

URL  'https://cran.rstudio.com/bin/windows/contrib/4.0/pbkrtest_0.4-8.6.zip
'을 시도합니다
Content type 'application/zip' length 275248 bytes (268 KB)
```

```
downloaded 268 KB

URL 'https://cran.rstudio.com/bin/windows/contrib/4.0/quantreg_5.61.zip'을
시도합니다
Content type 'application/zip' length 1867662 bytes (1.8 MB)
downloaded 1.8 MB

URL 'https://cran.rstudio.com/bin/windows/contrib/4.0/maptools_1.0-1.zip'을
시도합니다
Content type 'application/zip' length 2166980 bytes (2.1 MB)
downloaded 2.1 MB

URL 'https://cran.rstudio.com/bin/windows/contrib/4.0/rio_0.5.16.zip'을 시도
합니다
Content type 'application/zip' length 505220 bytes (493 KB)
downloaded 493 KB

URL 'https://cran.rstudio.com/bin/windows/contrib/4.0/car_3.0-8.zip'을 시도
합니다
Content type 'application/zip' length 1559750 bytes (1.5 MB)
downloaded 1.5 MB

package ‘openxlsx’ successfully unpacked and MD5 sums checked
package ‘carData’ successfully unpacked and MD5 sums checked
package ‘abind’ successfully unpacked and MD5 sums checked
package ‘pbkrtest’ successfully unpacked and MD5 sums checked
package ‘quantreg’ successfully unpacked and MD5 sums checked
package ‘maptools’ successfully unpacked and MD5 sums checked
package ‘rio’ successfully unpacked and MD5 sums checked
package ‘car’ successfully unpacked and MD5 sums checked

The downloaded binary packages are in
        C:\Users\Public\Documents\ESTsoft\CreatorTemp\RtmpIlTVVW\downloaded_
packages
```

2) 회귀분석 전개(다중선형회귀분석): lm( )

자 이제 본격적인 회귀분석에 앞서 여러 가지 관련 기초 사항들을 검토하였으니 다음으로 회귀분석을 실시해보도록 하자. 연습 데이터인 OLS_4.dta(Stata 자료)를 사용하여 다중선형 회귀분석을 연습해 보자. 여기서는 회귀분석처리파일명을 “Reg1”으로 결정하고, 회귀분석 처

리 명령어인 lm( ) 함수식을 사용하여, 종속변수 LN_Sales, 독립변수(roa, debtratio+ institutionalinvestors_5per_nu, TMT_stock_ratio_B, foreign_insti_investor_ratio)에 대해 다중선형회귀분석을 실시해 보자. 각 독립변수를 추가할 때는 "+"를 사용하여 명령어를 작성하면 된다. 데이터파일명은 OLS_4 그대로이다.

명령어

```
> 회귀분석처리파일명 <- lm(종속변수~독립변수1+독립변수2+독립변수3, data=데이터파일명)
```

```
> Reg1 <- lm(LN_Sales~roa+debtratio+institutionalinvestors_5per_nu+TMT_st
ock_ratio_B+foreign_insti_investor_ratio, data=OLS_4)
```

[처리결과화면]

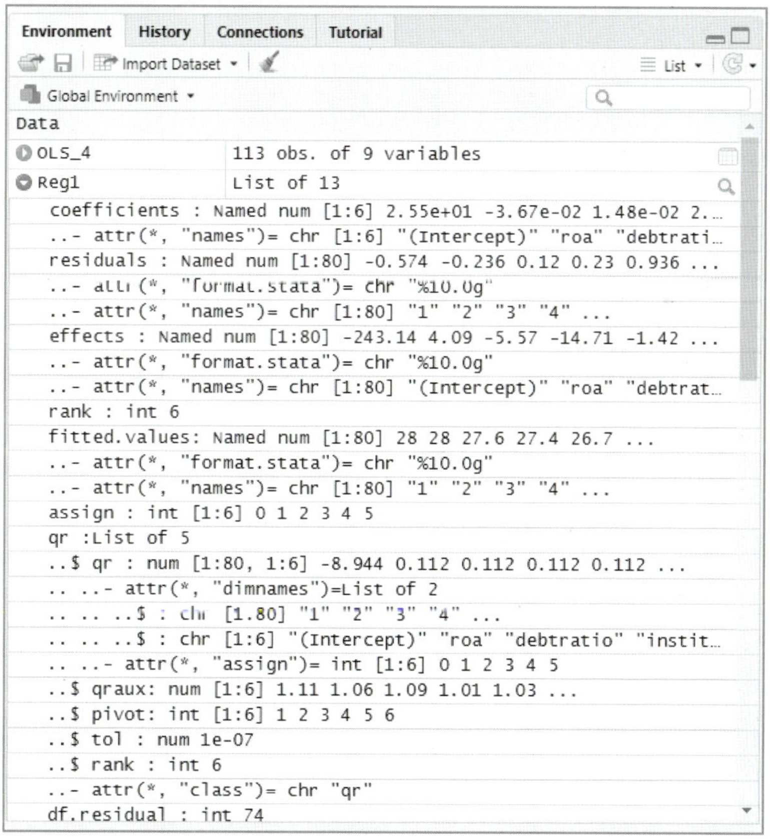

해석

처리 결과 화면을 보면 오른쪽 상단에 다중선형회귀분석을 처리한 결과가 "Reg1"이라는 변수로 생성되어 저장되어 있음을 알 수 있다.

처리 결과를 살펴보고 싶으면 다음과 같이 처리 결과를 저장하고 있는 변수명(여기서는 Reg1)을 입력하면 된다. 또한 summary( ) 함수식을 사용해 보도록 하자. 회귀분석처리파일명은 Reg1 그대로이다.

명령어

```
> 회귀분석처리파일명
또는
> summary(회귀분석처리파일명)
```

```
> Reg1

Call:
lm(formula = LN_Sales ~ roa + debtratio + institutionalinvestors_5per_nu
+
    TMT_stock_ratio_B + foreign_insti_investor_ratio, data = OLS_4)

Coefficients:
                    (Intercept)                             roa
                      2.553e+01                      -3.668e-02
                      debtratio  institutionalinvestors_5per_nu
                      1.478e-02                       2.269e-07
              TMT_stock_ratio_B    foreign_insti_investor_ratio
                     -5.347e-08                      -7.111e-01

> summary(Reg1)

Call:
lm(formula = LN_Sales ~ roa + debtratio + institutionalinvestors_5per_nu
+
    TMT_stock_ratio_B + foreign_insti_investor_ratio, data = OLS_4)
```

```
Residuals:
    Min      1Q  Median      3Q     Max
-1.9163 -0.4697 -0.1127  0.4061  1.9738

Coefficients:
                                 Estimate Std. Error t value Pr(>|t|)
 (Intercept)                    2.553e+01  4.630e-01  55.134  < 2e-16 ***
roa                            -3.668e-02  3.443e-02  -1.065   0.2902

debtratio                       1.478e-02  2.500e-03   5.912 9.66e-08 ***
institutionalinvestors_5per_nu  2.270e-07  1.471e-08  15.428  < 2e-16 ***
TMT_stock_ratio_B              -5.347e-08  3.167e-08  -1.688   0.0955 .
foreign_insti_investor_ratio   -7.111e-01  1.666e+00  -0.427   0.6707

---
Signif. codes:  0 '***' 0.001 '**' 0.01 '*' 0.05 '.' 0.1 ' ' 1

Residual standard error: 0.8196 on 74 degrees of freedom
  (33 observations deleted due to missingness)
Multiple R-squared:  0.8427,    Adjusted R-squared:  0.8321
F-statistic:  79.3 on 5 and 74 DF,  p-value: < 2.2e-16
```

해석

처리 결과 화면을 보면, 다중선형회귀분석의 회귀식(formula)이 제시되어 있고, Intercept (절편, 상수) 값과 각 독립변수들의 추정 회귀계수 값(이것이 각 변수의 기울기 값임)이 제시되어 있다. 회귀모형분석 결과를 살펴보면, 종속변수(LN_Sales)에 대해 통계적으로 유의한 영향을 미치는 독립변수로는 debtratio(유의수준 ***), institutionalinvestors_5per_nu(유의수준 ***), TMT_stock_ratio_B(유의수준 .) 등이나. 이들 독립변수는 통계적 유의도 수준이 상이하다. 반면 roa, foreign_insti_investor_ratio 등은 통계적 유의도가 없는 것으로 나타났다. 통계적 유의도 수준은 일반적으로 ***(p <0.01), **(p < 0.05), *(p < 0.10)으로 표시하는데, R 패키지는 디폴트로 "Signif. codes: '***' 0.001 '**' 0.01 '*' 0.05 '.' 0.1"를 사용하고 있다.

회귀계수 값 표기에서 9.66e-08에서 "e-08"은 현 표기에서 소수점 아래 8자리임을 말하며, 즉 9.66에서 앞으로 소수점 8자리 이동해야 하는 숫자(즉 0.0000000966)임을 말한다. 반면 2.553e+01에서 "e+01"은 소수점을 뒤로 이동해야 함을 의미, 즉 실측치는 25.53임을 말한다. 자유도(degrees of freedom)는 74이며, 잔차 표준오차는 0.8196인 것으로 나타났다. 자료 누락으로 28개의 관측치가 제거되었다는 메시지가 보이며, R2는 0.8427, 조정된 R2(adjusted R2)는 0.8321로 나타났다. P-value는 2.2e-16(이는 공식 표기로는 0.00000000000000022)으로 통계적 유의도 수준이 매우 높은 것으로 나타났다. 이들 자료를 종합하자면 본 다중선형회귀모형 분석 결과는 대체로 타당성과 적합성을 갖춘 것으로 판단할 수 있다.

이렇게 처리한 회귀모형 분석 결과를 표로 정리해보자. 사용할 함수는 stargazer( )이다. 필요한 패키지로 stargazer을 설치하고 불러온 뒤 회귀모형 분석 결과를 표로 정리하라는 명령어를 작성해보자.

명령어

```
> install.packages("stargazer")
> library(stargazer)
```

```
> install.packages("stargazer")
Installing package into ‘C:/Users/osyan/Documents/R/win-library/4.0’
(as ‘lib’ is unspecified)
URL 'https://cran.rstudio.com/bin/windows/contrib/4.0/stargazer_5.2.2.zip'을 시도합니다
Content type 'application/zip' length 621302 bytes (606 KB)
downloaded 606 KB

package ‘stargazer’ successfully unpacked and MD5 sums checked

The downloaded binary packages are in
        C:\Users\Public\Documents\ESTsoft\CreatorTemp\RtmpeUHFNr\downloaded_packages
> library(stargazer)

Please cite as:

 Hlavac, Marek (2018). stargazer: Well-Formatted Regression and Summary Statistics Tables.
 R package version 5.2.2. https://CRAN.R-project.org/package=stargazer
```

명령어

```
> stargazer(Reg1, type="text", keep.stat=c("n", "rsq"))
```

```
> stargazer(Reg1, type="text", keep.stat=c("n", "rsq"))

============================================================
                                 Dependent variable:
                             ---------------------------
                                      LN_Sales
------------------------------------------------------------
roa                                    -0.037
                                       (0.034)

debtratio                             0.015***
                                       (0.003)

institutionalinvestors_5per_nu       0.00000***
                                       (0.000)

TMT_stock_ratio_B                     -0.00000*
                                      (0.00000)

foreign_insti_investor_ratio           -0.711
                                       (1.666)

Constant                              25.525***
                                       (0.463)

------------------------------------------------------------
Observations                             80
R2                                     0.843
============================================================
Note:                            *p<0.1; **p<0.05; ***p<0.01
```

명령어

```
> stargazer(Reg1, type="text", keep.stat=c("n", "rsq", "adj.rsq"))
```

```
> stargazer(Reg1, type="text", keep.stat=c("n", "rsq", "adj.rsq"))

============================================================
                              Dependent variable:
                          ----------------------------
                                   LN_Sales
------------------------------------------------------------
roa                                -0.037
                                   (0.034)

debtratio                          0.015***
                                   (0.003)

institutionalinvestors_5per_nu   0.00000***
                                   (0.000)

TMT_stock_ratio_B                 -0.00000*
                                  (0.00000)

foreign_insti_investor_ratio       -0.711
                                   (1.666)

Constant                          25.525***
                                   (0.463)

------------------------------------------------------------
Observations                         80
R2                                 0.843
Adjusted R2                        0.832
============================================================
Note:                       *p<0.1; **p<0.05; ***p<0.01
```

해석

처리 결과 화면을 보면, 앞서 summary( ) 함수로 살펴본 내용과 동일한데, 한 가지 다른 점은 통계적 유의도 표기 방식이 R 패키지 디폴트 방식이 아니라, 일반적인 표기 방식(*p<0.1; **p<0.05; ***p<0.01)으로 보여주고 있다는 점이다.

3) 회귀분석 고급(주요 변수 선택으로 회귀분석): step(, direction="both")

Q. 종속변수를 결정하는 후보 독립변수들 중에서 주요 변수를 선택해서 회귀모형 분석을 처리하는 방법도 가능할까요?

앞서 연습한 자료 불러오기 방법을 통해 미리 제공된 연습 데이터인 OLS_4.dta(Stata 자료)를 불러오자. R Studio 프로그램의 오른쪽 상단에 있는 “Import Dataset”을 이용하도록 하자. 옵션에서 “from Stata”를 선택하고, 열리는 창에서 “File/Url:”을 통해 OLS_4.dta를 선택하면 된다.

```
> library(haven)
Warning message:
패키지 'haven'는 R 버전 3.5.1에서 작성되었습니다
> OLS_4 <- read_dta("R/win-library/3.5/OLS_4.dta")
> View(OLS_4)
```

[처리결과화면]

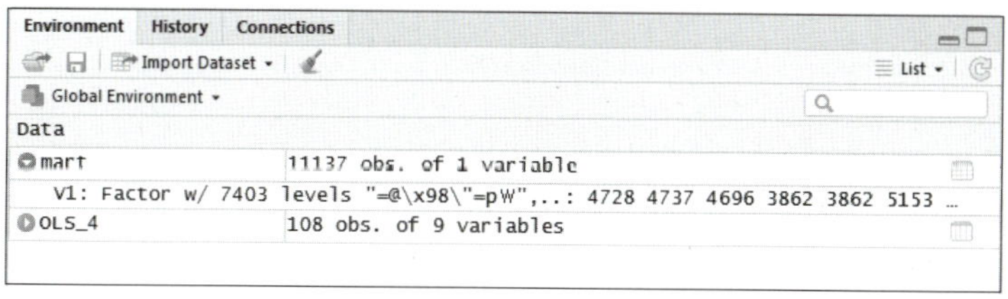

자 이제 본격적인 “주요 변수 선택” 방법을 연습하기 전에, 기초 회귀분석을 실시하도록 하자. “주요 변수 선택” 방법은 기초 회귀분석을 실시한 후에, “forward 방식”, “backward 방식”, “both 방식” 등을 선택하여 “주요 변수 선택”을 실시하게 된다.

연습 데이터인 OLS_4.dta(Stata 자료)를 사용하여 앞서 실습한 바와 같이 다중선형회귀분석을 실시하자. 앞선 작업에서 회귀분석처리파일명을 “Reg1”으로 결정했고, 회귀분석 처리 명령어인 lm( ) 함수식을 사용하여, 종속변수 roa, 독립변수(debtratio+institutionalinvestors_5per_nu, TMT_stock_ratio_B, foreign_insti_investor_ratio)에 대해 다중선형회귀분석을 실시했다. 각 독립변수를 추가할 때는 “+”를 사용하여 명령어를 작성하면 된다. 데이터 파일명은 OLS_4 그대로이다.

명령어

> 회귀분석처리파일명 <- lm(종속변수~독립변수1+독립변수2+독립변수3, data=데이터파일명)

```
> Reg1 <- lm(LN_Sales~roa+debtratio+institutionalinvestors_5per_nu
+TMT_stock_ratio_B+foreign_insti_investor_ratio, data=OLS_4)
```

[처리결과화면]

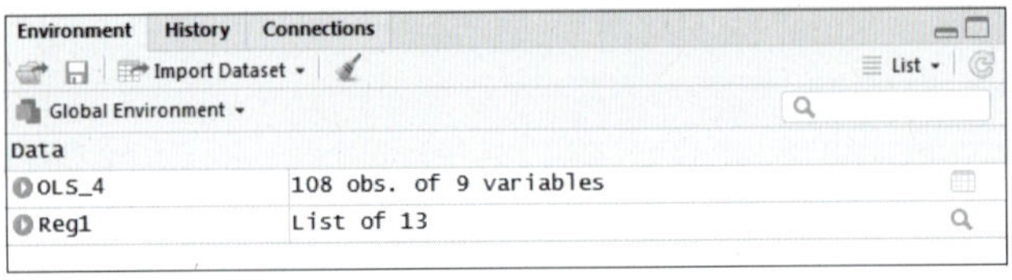

여기서는 주요 변수 선택 방식 중 하나인 "both" 방식을 연습하도록 하자. 명령어는 step( ) 함수식이다. 앞서 실행한 회귀분석 결과 파일명은 Reg1이고, 주요 변수 선택을 위해 처리한 내용을 저장할 파일명은 Reg2로 한다.

명령어

> 처리파일명 <- step(앞서실행한회귀분석결과파일명, direction="both")

```
> Reg2 <- step(Reg1, direction="both")
Start:  AIC=-26.07
LN_Sales ~ roa + debtratio + institutionalinvestors_5per_nu +
    TMT_stock_ratio_B + foreign_insti_investor_ratio

                                 Df Sum of Sq     RSS     AIC
- foreign_insti_investor_ratio    1     0.122  49.833 -27.869
- roa                             1     0.763  50.473 -26.848
<none>                                         49.710 -26.065
- TMT_stock_ratio_B               1     1.915  51.625 -25.041
- debtratio                       1    23.481  73.191   2.884
- institutionalinvestors_5per_nu  1   159.894 209.604  87.056

Step:  AIC=-27.87
LN_Sales ~ roa + debtratio + institutionalinvestors_5per_nu +
```

```
    TMT_stock_ratio_B

                                  Df Sum of Sq     RSS     AIC
- roa                              1     0.755  50.588 -28.665
<none>                                          49.833 -27.869
- TMT_stock_ratio_B                1     2.030  51.863 -26.674
+ foreign_insti_investor_ratio     1     0.122  49.710 -26.065
- debtratio                        1    23.445  73.278   0.979
- institutionalinvestors_5per_nu   1   163.978 213.811  86.645

Step:  AIC=-28.67
LN_Sales ~ debtratio + institutionalinvestors_5per_nu + TMT_stock_ratio_B

                                  Df Sum of Sq     RSS     AIC
<none>                                          50.588 -28.665
- TMT_stock_ratio_B                1     1.326  51.914 -28.595
+ roa                              1     0.755  49.833 -27.869
+ foreign_insti_investor_ratio     1     0.115  50.473 -26.848
- debtratio                        1    41.748  92.336  17.472
- institutionalinvestors_5per_nu   1   225.336 275.924 105.048
```

[처리결과화면]

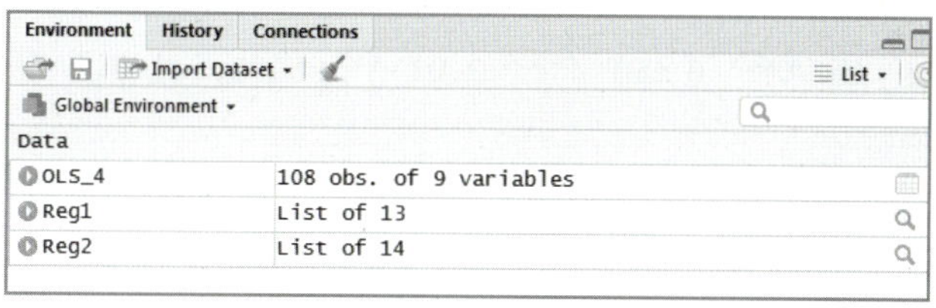

해석

처리 결과 화면을 보면, 연구자가 임의로 회귀식을 결정해준 Reg1은 “List of 13”인 반면, 임의로 정해주지 않고 주요 변수 선택 방식 중 하나인 “both” 방식으로 처리된 Reg2는 “List of 14”로 나타나 있음을 알 수 있다.

이제 최종 처리된 결과 파일명의 내용을 요약해 보자.

명령어

```
> summary(파일명)
```

```
> summary(Reg2)

Call:
lm(formula = LN_Sales ~ debtratio + institutionalinvestors_5per_nu +
    TMT_stock_ratio_B, data = OLS_4)

Residuals:
     Min       1Q   Median       3Q      Max
-1.79964 -0.50544 -0.08276  0.42975  1.97204

Coefficients:
                                Estimate  Std. Error  t value  Pr(>|t|)

(Intercept)                    2.505e+01  2.014e-01 124.411  < 2e-16 ***
debtratio                      1.627e-02  2.054e-03   7.920 1.57e-11 ***
institutionalinvestors_5per_nu  2.170e-07  1.179e-08  18.399  < 2e-16 ***
TMT_stock_ratio_B               -3.910e-08  2.770e-08  -1.411     0.162

---
Signif. codes:  0 '***' 0.001 '**' 0.01 '*' 0.05 '.' 0.1 ' ' 1

Residual standard error: 0.8159 on 76 degrees of freedom
  (28 observations deleted due to missingness)
Multiple R-squared:  0.8399,    Adjusted R-squared:  0.8336
F-statistic: 132.9 on 3 and 76 DF,  p-value: < 2.2e-16
```

해석

처리 결과 화면을 보면, 회귀분석을 처리한 기초회귀식(lm(formula = LN_Sales ~ debtratio + institutionalinvestors_5per_nu + TMT_stock_ratio_B, data = OLS_4))이 나타나 있다. 이 회귀식은 앞서 실행한 Reg1의 회귀식에서 후보 독립변수인 roa가 빠진 회귀식이다. 이 회귀식은 연구자가 임의로 결정해 준 것이 아니라, "주요 변수 선택" 방식인 "both" 방식에 의해 처리된 것이다.

처리 결과 아래쪽에는 회귀모형 분석 결과, 각 독립변수의 추정 모수에 대한 통계적 유의도가 나타나 있다. 편리하게도 이 분석 결과에는 통계적 유의도를 나타내는 p값에 대한 유의도 수준을 '***' 0.001 '**' 0.01 '*' 0.05 '.' 0.1 별로 알기 쉽게 표시해 주고 있다.

이제 Reg1과 Reg2 분석 결과를 하나의 표로 나타내 비교해보자. 사용할 함수는 stargazer( ) 함수이다. 몇가지 옵션을 통해 다양한 항목들을 제대로 나타나도록 명령어를 작성해보자.

명령어

```
> library(stargazer)
> stargazer(분석결파일1, 분석결과파일2, type="text", model.names=FALSE, keep.sta
t=c("n", "rsq", "adj.rsq"),
+           column.labels=c("모형명1", "모형명2"),
+           dep.var.caption="Dependent Variable: 종속변수명",
+           dep.var.labels.include=FALSE,
+           df=FALSE)
```

```
> library(stargazer)

Please cite as:

 Hlavac, Marek (2018). stargazer: Well-Formatted Regression and Summary Sta
tistics Tables.
 R package version 5.2.2. https://CRAN.R-project.org/package=stargazer

> stargazer(Reg1, Reg2, type="text", model.names=FALSE, keep.stat=c("n",
"rsq", "adj.rsq"),
+           column.labels=c("Pooling", "Both"),
+           dep.var.caption="Dependent Variable: ln(Sales)",
+           dep.var.labels.include=FALSE,
+           df=FALSE)

==============================================================
                              Dependent Variable: ln(Sales)
                              ------------------------------
                                  Pooling          Both
                                    (1)             (2)
```

```
-----------------------------------------------------------------
roa                                -0.037
                                   (0.034)

debtratio                          0.015***        0.016***
                                   (0.003)         (0.002)

institutionalinvestors_5per_nu   0.00000***      0.00000***
                                   (0.000)         (0.000)

TMT_stock_ratio_B                  -0.00000*       -0.00000
                                  (0.00000)       (0.00000)

foreign_insti_investor_ratio       -0.711
                                   (1.666)

Constant                          25.525***       25.052***
                                   (0.463)         (0.201)

-----------------------------------------------------------------
Observations                         80              80
R2                                  0.843           0.840
Adjusted R2                         0.832           0.834
=================================================================
Note:                           *p<0.1; **p<0.05; ***p<0.01
```

추가적으로 잔차를 확인해 보자. 선형회귀분석을 실시한 test_data에 대해 잔차를 확인하고, '주요 변수 선택'을 실시한 both_data에 대해 각각 잔차를 확인해 보자. 다음 명령어를 통해 잔차의 유의성을 시각화하는 작업을 실시한다. 우선 여러 가지 그래프를 한 그림으로 보여주는 명령어 "> par(mfrow=c(2, 2))"를 처리하고, plot( ) 함수를 이용하여 결과를 시각화해 보자.

※잔차※
잔차는 관찰치와 추정치 간의 차이를 말한다. 제대로 된 연구모형이라면 잔차가 정규분포를 따르고, 분산이 일정하며, 특별한 추세를 나타내지 않아야 한다. 만약 잔차가 어떤 추세를 보인다면 연구모형에 포함되어야 할 어떤 정보가 누락되었음을 의미한다.

※par(mfrow=c(2, 2))※
가로 2개, 세로 2개 총 4개의 그래프를 한 그림에 그리라는 명령어

명령어

```
> par(mfrow=c(2, 2))
> plot(선형분석결과파일)
> plot(both분석결과파일)
```

```
> par(mfrow=c(2,2))
> plot(Reg1)
> plot(Reg2)
```

[처리결과화면(Reg1)]

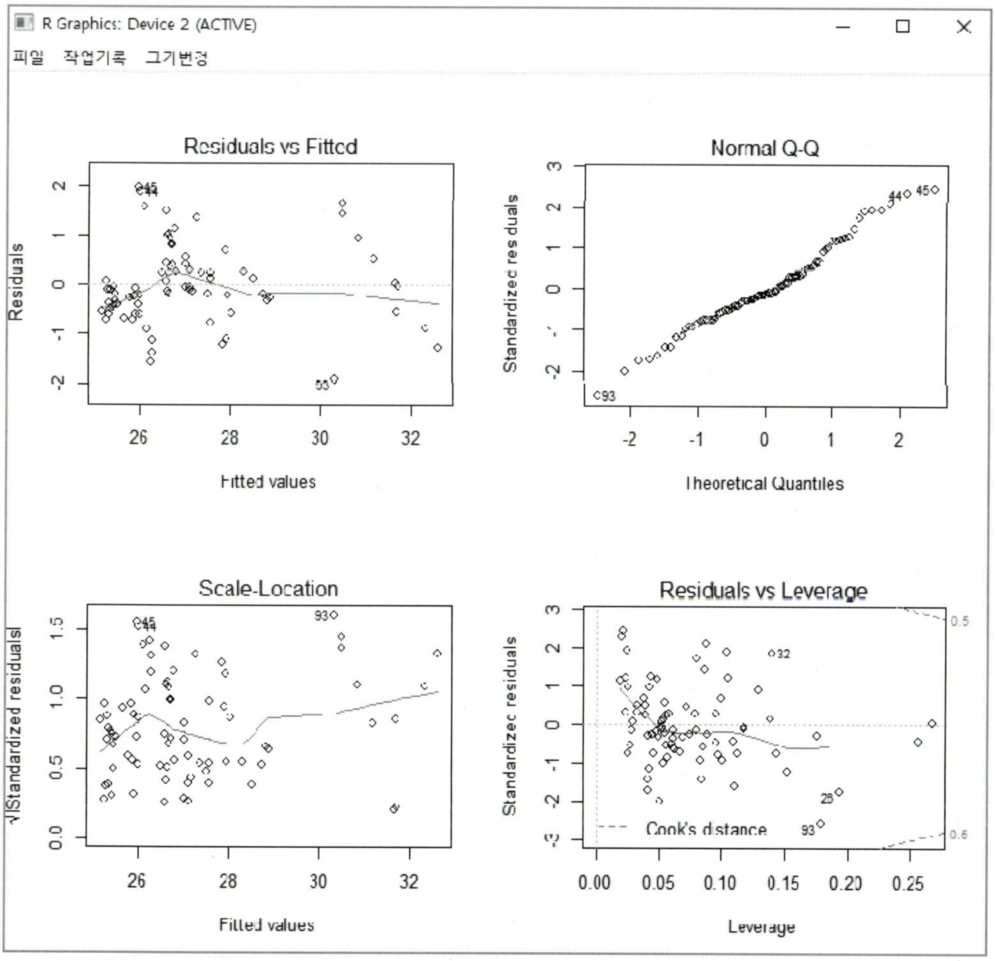

[처리결과화면(Reg2)]

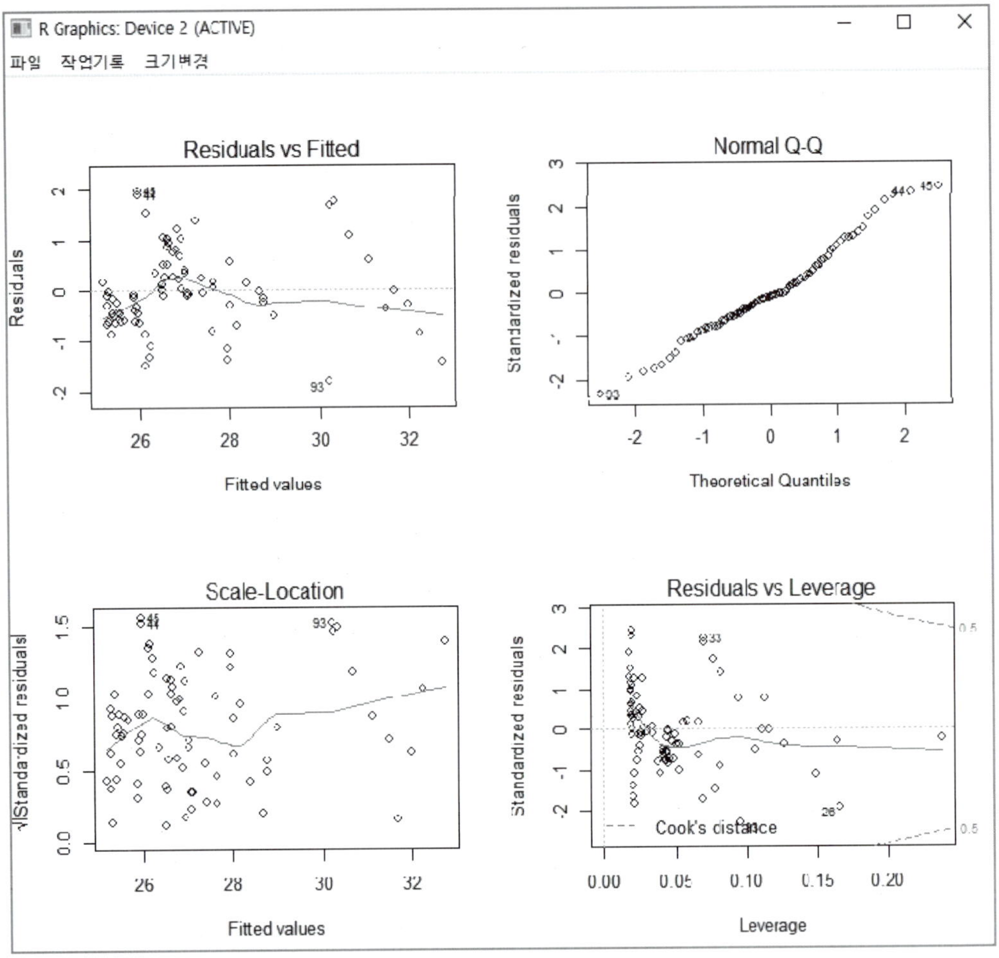

해석

처리 결과 화면을 보면, "Residuals vs Fitted", "Normal Q-Q", "Scale-Location", "Residuals vs Leverage" 등 총 4개의 그래프가 도출된다. 각 그래프의 내용을 살펴보면 다음과 같다.

- "Residuals vs Fitted": Residual이 0 값을 기준으로 상하로 고르게 분포되어 있는 것으로 나타났다. 이렇게 0값을 기준으로 상하로 고르게 분포된 경우 연구모형이 안정적이라고 판단할 수 있다. 그래프에 나와 있는 수치는 이상치(outlier)에 대한 라벨(해당 관측치의 순번)이 표시된 것이다.
- "Normal Q-Q": 이 그래프는 분석 결과의 Residual이 정규분포를 이루는 지 여부를 판단하기 위해 이론적 분포와 비교하는 그래프이다. 그래프를 보면, 45도 기준선을 따라 데

이타가 몰려 있고, 기준선 바깥에는 매우 적은 수의 데이터가 위치할 때 이론적 퀀타일 (theoretical quantiles)과 유사한 것으로 판단할 수 있다.

- "Scale-Location": Fitted values가 갖는 범위별 표준화 잔차가 보여주는 변형 값(잔차의 절대값의 제곱근 값)이 어느 범위에 들어 있는지를 보여주는 그래프이다.
- "Residuals vs Leverage": 표준화 잔차가 연구모형이 안정적임을 보여주는 기준선을 넘지 않고 있다. 여기서 말하는 기준선은 Cook's Distance(0.5선), Cook's Contour(1.0선) 등이다. 위 그래프는 Cook's Distance(0.5선)를 넘어서지 않고 있다. 해당 선은 x축(Cook's Distance를 나타내는 축)에 나와 있는 수치를 기준으로 한다.

6. 패널 모형 분석

Q. 내가 갖고 있는 데이터가 패널인지 어떻게 알 수 있나요? 만약 패널이라면 OLS랑 다른 방법으로 통계처리해야겠죠?!?!

1) 일반 패널 모형

※패널모형(양오석, 민상기, 2011)※

설명변수와 종속변수 간에는 비선형 관계가 이루어지지만 모수에 대해서는 선형모형인 경우 최소자승법(OLS: ordinary least squares)으로도 추정이 가능하다. 그러나 패널 자료의 경우 상수항과 오차항(individual effect 오차항, ui)이 확률변수일 때 OLS로 추정하게 되면 오차항의 1계 자기상관(AR(1)) 문제가 발생한다. 따라서 오차항의 1계 자기상관 문제를 해결하고 효율적인 추정량(efficient estimator)을 얻기 위해서는 우선 추정모형에 대한 검정이 이루어져야 한다. 이에 패널자료분석을 위한 합동 최소자승법(Pooled OLS)모형과 이원오차성분패널모형(two-way error component panel model)을 후보 추정모형으로 상정하고 개별 모형의 타당성을 검정해야 한다.

우선 첫 단계에서는 합동 최소자승법과 이원오차성분패널모형 간 적합성을 판단하기 위해 F-test와 Breusch-Pagan test를 실시한다. 전자는 합동 최소자승법과 고정효과모형(fixed effect model) 간 선택에 필요한 작업이고, 후자는 합동 최소자승법과 확률효과모형(random effect model)간 선택에 필요한 작업이다. F-test 결과 1% 유의수준에서 귀무가설이 기각되어 고정효과모형의 타당성이 지지되고, 확률효과가 없다는 동분산성 귀무가설(H0: var(ui)= = 0) 에 대한 Breusch and Pagan 검정 결과 1% 유의수준에서 귀무가설이 기각되어 확률효과모형의 타당성이 입증되는 경우를 생각해보자. 이 경우에는 일치추정량을 얻기 위해 (개별효과)오차항(ui)과 설명변수들 간에 상관관계가 없다는 귀무가설(H0: cov (Xit , ui) = 0) 하에 고정효과모형과 확률효과모형 간 선택을 위한 Hausman 검정을 실시해야 한다.

- **고정효과모형**: 고정효과모형은 개체별 효과를 고려하는 모형이다. 오차항이란 것이 단순히 e항으로

만 표현되는 것이 아니라, $\upsilon_{it} = \upsilon_i + \varepsilon_{it}$일 때가 있다. 이 가운데 개체별 효과(υi)를 보고 싶을 때 고정효과모형을 선택하게 된다. 개체별 효과가 독립변수들과 상관관계를 보인다면 당연히 고정효과모형을 사용해야 한다. 정확하게는 개체별 효과를 '고정효과'로 보는 것이 고정효과모형이고, 개체별 효과를 '임의효과'로 보는 것이 임의효과모형이다.

- **확률효과모형**: 확률효과모형은 오차항의 1계 자기상관 문제를 해결하기 위해 GLS(generalized least squares) 추정을 사용하며 설명변수와 오차항 간 상관관계가 없음(cov (X_{it} , $_u$i) = 0)을 가정한다. 또한 그룹간(between) 정보와 그룹내(within) 정보를 모두 사용하는 장점이 있으며 시간에 따라 변화하지 않는(time-invariant) 설명변수를 분석에 포함시킬 수 있다(Dikova et al., 2010, p. 234).

패널분석을 위한 경영학 실습 주제로 "은행의 국제화를 포함한 재무 항목들이 은행의 수익성(ROE)에 미치는 영향"을 살펴보고자 한다. 종속변수로는 은행의 수익성 지표 중 하나인 자본수익률(ROE)을 선정하였고, 독립변수로는 multinationality, PBR, CIV, reputation, enterprisevalueLN, growthopportunity, totalassets 등을 선정하였다.

※연구모형 처리 절차※

- **1차**: pdata.frame( ) 함수로 개체와 연도 인식시킨후 pdim( ) 함수로 패널데이터 구조 살펴보기
- **2차**: f-test로 Pooled OLS와 고정효과 검증(OLS와 패널모형 중 어느 것이 더 적합한지를 판단)
- **3차(breusch-pagan 검정)**: Pooled OLS와 임의효과 검증(OLS와 패널모형 중 어느 것이 더 적합한지를 판단)
- **4차**: 하우즈만 검정 - 고정효과모형과 임의효과모형 중 어느 것이 더 적합한지를 판단

① 패널 데이터 정렬: **pdata.frame( )**

사용하는 데이터가 패널인 까닭에 분석에 앞서 우선 데이터 정렬을 위해 개체와 연도를 인식시켜야 한다. 실습데이터 panel_1.dta를 활용하여 이를 실행해보자. R 프로그램에서는 pdata.frame( ) 함수를 사용하여 시간과 개체로 구성된 패널 데이터셋임을 인식시킨다. 필요한 패키지로 plm과 haven을 불러온 후, 실습데이터에 대해 시간과 개체를 인식시키자.

명령어

```
> install.packages("plm")
> library(plm)
> library(haven)
```

```
> install.packages("plm")
Installing package into ‘C:/Users/OSYang/Documents/R/win-library/4.0’
(as ‘lib’ is unspecified)
also installing the dependencies ‘miscTools’, ‘bibtex’, ‘gbRd’, ‘bdsmatri
x’, ‘sandwich’, ‘maxLik’, ‘Rdpack’, ‘Formula’

URL 'https://cran.rstudio.com/bin/windows/contrib/4.0/miscTools_0.6-26.z
ip'을 시도합니다
Content type 'application/zip' length 87775 bytes (85 KB)
downloaded 85 KB

URL 'https://cran.rstudio.com/bin/windows/contrib/4.0/bibtex_0.4.2.2.zip
'을 시도합니다
Content type 'application/zip' length 128027 bytes (125 KB)
downloaded 125 KB

URL 'https://cran.rstudio.com/bin/windows/contrib/4.0/gbRd_0.4-11.zip'을
시도합니다
Content type 'application/zip' length 44509 bytes (43 KB)
downloaded 43 KB

URL 'https://cran.rstudio.com/bin/windows/contrib/4.0/bdsmatrix_1.3-4.zi
p'을 시도합니다
Content type 'application/zip' length 314720 bytes (307 KB)
downloaded 307 KB

URL 'https://cran.rstudio.com/bin/windows/contrib/4.0/sandwich_2.5-1.zip
'을 시도합니다
Content type 'application/zip' length 1380858 bytes (1.3 MB)
downloaded 1.3 MB

URL  'https://cran.rstudio.com/bin/windows/contrib/4.0/maxLik_1.3-8.zip'
을 시도합니다
Content type 'application/zip' length 363445 bytes (354 KB)
downloaded 354 KB

URL  'https://cran.rstudio.com/bin/windows/contrib/4.0/Rdpack_1.0.0.zip'
을 시도합니다
Content type 'application/zip' length 923949 bytes (902 KB)
```

```
downloaded 902 KB

URL 'https://cran.rstudio.com/bin/windows/contrib/4.0/Formula_1.2-3.zip'
을 시도합니다
Content type 'application/zip' length 181272 bytes (177 KB)
downloaded 177 KB

URL 'https://cran.rstudio.com/bin/windows/contrib/4.0/plm_2.2-3.zip'을 시
도합니다
Content type 'application/zip' length 1672729 bytes (1.6 MB)
downloaded 1.6 MB

package 'miscTools' successfully unpacked and MD5 sums checked
package 'bibtex' successfully unpacked and MD5 sums checked
package 'gbRd' successfully unpacked and MD5 sums checked
package 'bdsmatrix' successfully unpacked and MD5 sums checked
package 'sandwich' successfully unpacked and MD5 sums checked
package 'maxLik' successfully unpacked and MD5 sums checked
package 'Rdpack' successfully unpacked and MD5 sums checked
package 'Formula' successfully unpacked and MD5 sums checked
package 'plm' successfully unpacked and MD5 sums checked

The downloaded binary packages are in
      C:\Users\OSYang\AppData\Local\Temp\RtmpIzA5y1\downloaded_packages
> library(plm)

다음의 패키지를 부착합니다: 'plm'

The following objects are masked from 'package:dplyr':

    between, lag, lead

경고메시지(들):
패키지 'plm'는 R 버전 4.0.2에서 작성되었습니다
> library(haven)
```

패키지를 불러온 후, pdata.frame( ) 함수로 시간과 개체(여기서는 year, firm)를 인식시킨 후, 패널 데이터 상황(구조와 표본 크기 등)을 열람해보자. 사용할 함수는 pdim( ) 함수이다.

명령어

```
> setwd("C:/Users/osyan/")
> panel_1 <- read_dta("panel_1.dta")
> panel_1 <-pdata.frame(panel_1, index=c("firm","year"))
> pdim(panel_1)
```

```
> setwd("C:/Users/osyan/")
> panel_1 <- read_dta("panel_1.dta")
> panel_1 <-pdata.frame(panel_1, index=c("firm","year"))
> pdim(panel_1)
Balanced Panel: n = 9, T = 18, N = 162
```

해석

처리 결과 화면을 보면, 표본크기는 162이고, 시간(T)은 18로 나타나 있다. 시간은 year로 1990~2007년까지이므로 18이라는 표기가 정확하다.

② F-검정: pFtest( )

이 검정은 오차항(ui)의 고정된 개체 특성을 고려할 필요가 있는지를 확인하는 작업이다. 이 가설이 기각되지 않으면 합동 OLS로 추정해야 하고, 기각되면 고정효과 모형을 추정해야 한다. 연습데이터(panel_1.dta)로 이를 실행해보자.

자 이제, lm( ) 함수식을 이용하여 그룹더미인 연도변수를 고려한 모형을 처리하고, plm( ) 함수식을 사용하여 고정효과모형(fixed effect model)을 돌려보자. 처리한 결과를 저장할 파일명은 전자는 “ols”으로, 후자는 “fixed”로 한다. 사용할 데이터는 연습파일(panel_1.dta)이다. 선자의 경우는 일반 ols 모형으로 처리하고, 후자의 경우에는 index=c(“개체변수명”, “시간변수명”)을 사용하여 패널 데이터 설정을 해주는 동시에 모형 유형을 “within”으로 지정해주어야 한다. 종속변수는 roe, 독립변수는 multinationality, CIV, reputation으로 한다. 두 모형을 처리한 후에는 처리결과를 가지고 pFtest( ) 함수를 사용하여 “OLS가 고정효과보다 우수하다”는 귀무가설을 검정해야 한다.

명령어

```
> 저장할파일명1 <- lm(종속변수~독립변수1 + 독립변수2 + 독립변수3, data=데이터파일명)
> 저장할파일명2 <- plm(종속변수~독립변수1 + 독립변수2 + 독립변수3, data=데이터파일명,
index=c("개체명", "시간명"), model="within")
> fixef(저장할파일명2)
> pFtest(저장할파일명2, 저장할파일명1)
```

```
> ols <-lm(roe~multinationality + CIV + reputation, data=panel_1)
> fixed <- plm(roe~multinationality + CIV + reputation, data=panel_1, index
=c("firm", "year"), model="within")
> fixef(fixed) # Display the fixed effects (constants for each firm)
     1      2      3      4      5      6      7      8      9
10.088 13.297 13.418 15.543 11.471 12.013 16.608 15.859 13.032
> pFtest(fixed, ols) # Testing for fixed effects, null: OLS better than fixed

	F test for individual effects

data:  roe ~ multinationality + CIV + reputation
F = 2.8792, df1 = 8, df2 = 150, p-value = 0.005204
alternative hypothesis: significant effects
```

해석

처리 결과 화면을 보면, p-value가 0.005204로 0.05보다 작아 귀무가설이 기각되었다. 따라서 고정효과모형이 OLS 모형보다 우수한 것으로 판단할 수 있다.

[처리결과화면]

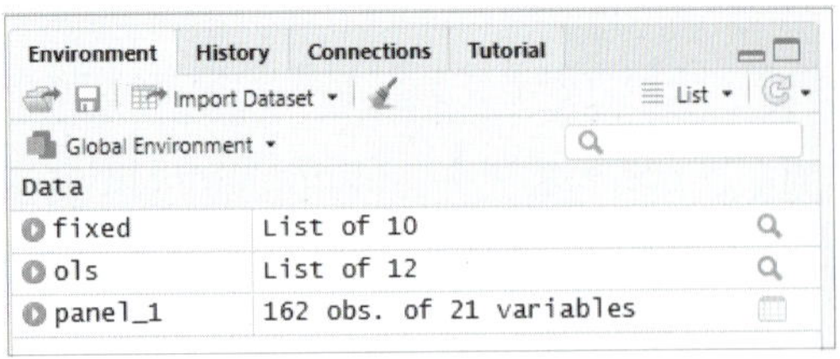

③ Breusch-Pagan 검정

다음에는 OLS모형과 임의효과모형 간 타당성을 비교해보자. 간단히 Breusch-Pagan 검정을 통해 이를 처리할 수 있다. 이 검정은 Pooled OLS와 임의효과 간 타당성을 판단(OLS와 패널분석 중 어느 것이 더 적합한지를 판단)하는데 사용된다. 이에 대한 검정은 2단계를 거쳐 진행된다. 우선 pooling 모형을 추정하고, 그리고 나서 Breusch-Pagan 검정을 시행하자.

명령어

```
> random <- plm(roe~multinationality + CIV + reputation, data=panel_1, index=c
("firm", "year"), model="pooling")
> plmtest(random,
+         effect="individual",
+         type="bp")
```

```
> random <- plm(roe~multinationality + CIV + reputation, data=panel_1, inde
x=c("firm", "year"), model="pooling")

> plmtest(random,
+         effect="individual",
+         type="bp")

      Lagrange Multiplier Test - (Breusch-Pagan) for balanced panels

data:  roe ~ multinationality + CIV + reputation
chisq = 5.4036, df = 1, p-value = 0.0201
alternative hypothesis: significant effects
```

해석

처리 결과 화면을 보면, p-value가 0.0201로 OLS 모형보다 임의효과모형이 더 우수함을 보여주고 있다. 임의효과의 분산이 0값이라는 귀무가설이 기각되었다.

④ 하우즈만 검정

이 검정은 고정효과 모형과 확률효과 모형 간 어느 것이 더 적합한지를 판단하는데 사용된다. 귀무가설("임의효과모형이 더 선호된다")이 기각되면 고정효과 모형이 타당함을 의미하고, 귀무가설이 기각되지 않으면 확률효과 모형이 타당함을 의미한다. 사용하는 함수는 phtest( )이다.

명령어

```
> phtest(fixed, random)
```

```
> phtest(fixed, random)

	Hausman Test

data:  roe ~ multinationality + CIV + reputation
chisq = 5.6196, df = 3, p-value = 0.1317
alternative hypothesis: one model is inconsistent
```

해석

처리 결과 화면을 보면, p-value가 0.1317로 0.05보다 커서 귀무가설이 기각되지 않았다. 따라서 고정효과모형보다 임의효과모형이 더 선호, 즉 우수한 것으로 판단할 수 있다.

모든 검정이 끝났으니 이제 ols모형결과, 고정효과모형결과, 임의효과모형결과를 모두 한 자리에 불러와 표로 정리해보자. 사용할 함수는 당연히 stargazer( )이다.

명령어

```
> library(stargazer)
> stargazer::stargazer(ols, fixed, random,
+                      type="text",
+                      model.names=FALSE,
+                      keep.stat=c("n", "rsq", "adj.rsq", "f"),
+                    column.labels=c("ols", "Fixed Effect", "Random Effect"),
+                      dep.var.caption="Dependent Variable: ln(Sales)",
+                      dep.var.labels.include=FALSE,
+                      df=FALSE)
```

```
> library(stargazer)

Please cite as:

 Hlavac, Marek (2018). stargazer: Well-Formatted Regression and Summary Sta
tistics Tables.
 R package version 5.2.2. https://CRAN.R-project.org/package=stargazer

> stargazer::stargazer(ols, fixed, random,
+                     type="text",
+                     model.names=FALSE,
+                     keep.stat=c("n", "rsq", "adj.rsq", "f"),
+                 column.labels=c("ols", "Fixed Effect", "Random Effect"),
+                     dep.var.caption="Dependent Variable: ln(Sales)",
+                     dep.var.labels.include=FALSE,
+                     df=FALSE)

==================================================================
                          Dependent Variable: ln(Sales)
                  ------------------------------------------------
                     ols       Fixed Effect   Random Effect
                     (1)           (2)             (3)
------------------------------------------------------------------
multinationality   0.022         -0.015           0.022
                  (0.027)       (0.051)          (0.027)

CIV              0.00004**      0.0001**        0.00004**
                 (0.00002)     (0.00002)        (0.00002)

reputation       21.655***     27.957***        21.655***
                  (2.912)       (4.199)          (2.912)

Constant         13.229***                      13.229***
                  (0.750)                        (0.750)

------------------------------------------------------------------
Observations        162           162              162
R2                 0.290         0.243            0.290
Adjusted R2        0.277         0.187            0.277
```

```
F Statistic       21.522***  16.008***      21.522***
==========================================================
Note:                       *p<0.1; **p<0.05; ***p<0.01
```

2) 동적 패널 모형(현재에 드리워진 과거의 그림자)

> **Q.** 살펴보고 싶은 종속변수가 자신의 과거값에 의해 통제받는다면 어떤 모형을 사용해야 하나요?

과거의 모습이 현재에 드리워져 있는 경우는 매우 흔하다. 예를 들어 담배를 피우는 사람은 2012년 담배소비량이 2013년 담배소비량에 영향을 주기가 쉽다. 이처럼 종속변수의 과거값이 현 시점의 설명변수로 고려될 때 사용해야 할 연구모형을 동적패널모형이라고 한다.

※동적패널모형(양오석, 2018)※

동적패널모형은 2단계추정량(FD2SLS)과 GMM 추정량(알레라노-본드 GMM 추정, 시스템 GMM 추정)으로 세분된다. 기초통계에서 살펴본 바와 같이 어떤 모형을 선택하게 되든지 통계 처리는 일치추정량을 얻을 수 있어야 한다. 동적 패널모형에서 일치추정량을 얻기 위해서는 기본적으로 고정효과 모형을 선택하는 방법을 생각해 볼 수 있다. 그러나 패널모형에서 연구자가 임의로 고정효과 모형을 선택하는 것은 방법론상의 엄격성을 해하는 일이다. 더욱이 고정효과 모형을 임의로 선택할 경우 내생적인 설명변수 문제가 발생하기 때문에 이 또한 해결해야 할 문제로 남게 된다. 따라서 대안적인 방법으로 고정효과 모형을 선택하는 동시에 도구변수(instrumental variables) 추정법을 이용하여 내생적인 설명변수 문제를 해결하는 방법을 취할 수 있다. 여기서 연구자가 직면하게 되는 또 다른 문제가 있다. 그것은 도구변수 추정법으로 2단계 추정량(2SLS) 사용을 위한 FE2SLS와 FD2SLS 방법 가운데 어느 것이 적절하냐의 문제이다. 통계의 기본 내용을 잘 숙지한 연구자라면 당연히 FE2SLS는 도구변수인 종속변수의 과거값(lagged value)이 오차항과 갖는 상관관계로 인한 내생성문제가 있음을 알 수 있다. 따라서 FD2SLS가 적절한 도구임을 판단할 수 있다.

- Arellano-Bond GMM 추정: Arellano-Bond GMM 추정은 one-step 추정과 two-step 추정으로 구분된다. One-step 추정 보다 two-step 추정이 점근적으로(asymptotically) 더 효율적인 것으로 평가받고 있다. 따라서 연구자들은 이들 논의를 좀 더 깊이 살펴보고 연구모형 선정에 있어서 더욱 신중할 필요가 있다. GMM 추정량은 도구변수의 숫자가 내생적 설명변수의 수보다 많은 경우 더 효율적인 분석결과를 도출해 낸다. 도구변수 수가 내생적 설명변수 수보다 많은 경우 "과대식별(over-identified)" 모형으로 인한 문제가 발생할 수 있다. Arellano-Bond 추정에서는 연구자가 별도로 도구변수를 지정하지 않는다. 추정모형 스스로 종속변수의 과거값을 도구변수로 투입한다.
- 시스템 GMM 추정: 일반 Arellano-Bond GMM 추정은 "차분(difference) GMM"으로 불리고, 이와 또 다른 "시스템 GMM"은 종속변수의 차분값의 과거값을 추가적인 도구변수로 사용한다. 시스템 GMM은 추가적인 도구변수를 사용하기 때문에 '차분 GMM' 보다 더 효율적인 추정량으로 평가받

고 있다.

- Arellano-Bond 추정에서는 종속변수의 과거값이 도구변수로 투입되었다. 즉 종속변수의 수준변수(level variable)들이 도구변수로 사용된 것이다. 그렇다면 과연 종속변수의 수준변수들이 도구변수로서 적절할까? 그렇지 않을 수도 있다. 특히 종속변수가 확률(임의)보행과정(random walk process)을 따른다면 종속변수의 과거값을 도구변수로 투입하는 것은 확률보행과정의 기본 가정에 위배된다(Arellano and Bover, 1995; Blundell and Bond, 1998). 물론 기업이 전략을 선택할 때 확률(임의)적으로 선택을 결정하는 경우는 없다. 따라서 종속변수의 과거값을 도구변수로 투입하는 것이 반드시 잘못된 것은 아닐 것이다. 이에 대한 논의는 좀 더 많은 고찰이 필요하다.

① 패널데이터셋 준비: pdata.frame( )

패키지에서 제공되는 데이터셋을 사용하여 동적 패널 모형을 연습해보자. 사용할 패키지는 plm이고제공되는 데이터셋 중에 EmplUK 데이터셋을 사용하도록 하자. 해당 데이터셋을 불러온 뒤 시간단위(여기서는 year)와 개체(여기서는 firm)를 등록하자.

명령어

```
> data("EmplUK", package="plm")
> library(plm)
> EmplUK_lag <-pdata.frame(EmplUK, index=c("firm","year"))
> pdim(EmplUK_lag)
```

```
> data("EmplUK", package="plm")
> library(plm)
> EmplUK_lag <-pdata.frame(EmplUK, index=c("firm","year"))
> pdim(EmplUK_lag)
Unbalanced Panel: n = 140, T = 7-9, N = 1031
```

해석

처리 결과 화면을 보면, "Unbalanced Panel: n = 140, T = 7-9, N = 1031"라는 메시지가 도출되었다. 관측치 1031개, 시간(T)은 총 7~9단위(이는 시작연도와 끝나는 연도가 7개년인 경우가 있고, 9개년인 경우가 있음을 의미)인 것으로 나타났다.

[처리결과화면(원본데이터셋)]

	firm	year	sector	emp	wage	capital	output
1	1	1977	7	5.041000	13.1516	0.5894	95.7072
2	1	1978	7	5.600000	12.3018	0.6318	97.3569
3	1	1979	7	5.015000	12.8395	0.6771	99.6083
4	1	1980	7	4.715000	13.8039	0.6171	100.5501
5	1	1981	7	4.093000	14.2897	0.5076	99.5581
6	1	1982	7	3.166000	14.8681	0.4229	98.6151
7	1	1983	7	2.936000	13.7784	0.3920	100.0301
8	2	1977	7	71.319000	14.7909	16.9363	95.7072
9	2	1978	7	70.642998	14.1036	17.2422	97.3569
10	2	1979	7	70.917999	14.9534	17.5413	99.6083
11	2	1980	7	72.030998	15.4910	17.6574	100.5501
12	2	1981	7	73.689003	16.1969	16.7133	99.5581

Showing 1 to 13 of 1,031 entries, 7 total columns

[처리결과화면(firm, year 패널데이터 인지)]

	firm	year	sector	emp	wage	capital	output
1-1977	1	1977	7	5.041000	13.1516	0.5894	95.7072
1-1978	1	1978	7	5.600000	12.3018	0.6318	97.3569
1-1979	1	1979	7	5.015000	12.8395	0.6771	99.6083
1-1980	1	1980	7	4.715000	13.8039	0.6171	100.5501
1-1981	1	1981	7	4.093000	14.2897	0.5076	99.5581
1-1982	1	1982	7	3.166000	14.8681	0.4229	98.6151
1-1983	1	1983	7	2.936000	13.7784	0.3920	100.0301
2-1977	2	1977	7	71.319000	14.7909	16.9363	95.7072
2-1978	2	1978	7	70.642998	14.1036	17.2422	97.3569
2-1979	2	1979	7	70.917999	14.9534	17.5413	99.6083
2-1980	2	1980	7	72.030998	15.4910	17.6574	100.5501
2-1981	2	1981	7	73.689003	16.1969	16.7133	99.5581

Showing 1 to 13 of 1,031 entries, 7 total columns

② Arellano-Bond GMM 추정: pgmm( )

이제 데이터셋이 모두 준비되었으니 본격적으로 동적 패널모형을 처리해보자. 우선 Arellano-Bond GMM 추정을 실습해보자. 이는 다시 one-step 추정과 two-step 추정으로 나뉘는데 여기서는 점근적으로 더 효율적인 것으로 평가받는 two-step 추정을 연습해보자. 종속변수는 emp, 독립변수는 wage, capital, output으로 하고, 처리결과를 저장할 파일명은 abond_gmm으로 하자. 종속변수인 emp에 대한 래그 변수는 1차와 2차 모두 적용하도록 하자.

명령어

```
> abond_gmm <- pgmm(emp~lag(emp, 1:2) + wage + capital + output|lag(emp, 2:99),
+                 data=EmplUK_lag, effect="twoways", model="twosteps")
> summary(abond_gmm)
```

```
> abond_gmm <- pgmm(emp~lag(emp, 1:2) + wage + capital + output|lag(emp,
2:99),
+                 data=EmplUK_lag, effect="twoways", model="twosteps")
> summary(abond_gmm)
Twoways effects Two steps model

Call:
pgmm(formula = emp ~ lag(emp, 1:2) + wage + capital + output |
    lag(emp, 2:99), data = EmplUK_lag, effect = "twoways",
    model = "twosteps")

Unbalanced Panel: n = 140, T = 7-9, N = 1031

Number of Observations Used: 611

Residuals:
     Min.   1st Qu.    Median      Mean   3rd Qu.      Max.
-30.07399  -0.07208   0.00000  -0.02807   0.20443  15.15502

Coefficients:
                 Estimate Std. Error z value Pr(>|z|)
lag(emp, 1:2)1  0.532425   0.375616  1.4175  0.15635
lag(emp, 1:2)2 -0.105570   0.043116 -2.4485  0.01435 *
wage           -0.095166   0.085769 -1.1096  0.26719
capital         1.578135   0.973842  1.6205  0.10512
output         -0.018052   0.022765 -0.7930  0.42779
---
Signif. codes:  0 ‘***’ 0.001 ‘**’ 0.01 ‘*’ 0.05 ‘.’ 0.1 ‘ ’ 1
```

```
Sargan test: chisq(25) = 60.27787 (p-value = 9.5721e-05)
Autocorrelation test (1): normal = -1.394199 (p-value = 0.16326)
Autocorrelation test (2): normal = -1.202923 (p-value = 0.22901)
Wald test for coefficients: chisq(5) = 341.9756 (p-value = < 2.22e-16)
Wald test for time dummies: chisq(6) = 5.378505 (p-value = 0.49626)
```

해석

처리 결과 화면을 보면, emp 변수의 1차 래그는 통계적 유의도가 없는 것으로 나타났고, 2차 래그는 통계적 유의도(유의수준 0.05)를 보이는 가운데 탄력성이 -0.11인 것으로 나타났다. 따라서 종속변수인 emp의 과거값은 1년 전 데이터는 영향력이 없지만 2년 전 값은 음(-)의 영향을 미치는 것으로 해석이 가능하다. 한편 Sargan 검정 결과를 살펴보면, p-value가 9.5721e-05(0.000095721...)로 매우 작은 숫자를 보이고 있어(이는 0.05보다 훨씬 작은 수치), 귀무가설("과대식별 문제가 없다")이 기각되었다. 따라서 도구변수의 적절성을 의심하게 된다. 또한 자기상관 검정(Autocorrelation test) 결과를 살펴보면, 1계 즉 Order 1에서는 유의수준 5%에서 p-value가 0.16326으로 나타나 귀무가설("오차항 Δeit에 1계 자기상관이 없다")이 기각되지 않았다. 따라서 1계 자기상관이 없다고 판단할 수 있다. 2계 즉 Order 2에서는 p-value가 0.22901로 나타나 유의수준 5%에서 귀무가설("오차항 Δeit에 2계 자기상관이 없다")이 기각되지 않아 2계 자기상관이 없다고 판단할 수 있다.

③ System GMM 추정: pgmm( )

다음에는 경쟁 모형인 시스템 GMM 추정을 실행해보자. 명령어 구조가 조금 다를 뿐이다. 추정한 결과는 sys_gmm 파일명에 반환하도록 하자.

명령어

```
> sys_gmm <- pgmm(emp~lag(emp, 1:2) + wage + capital + output|lag(emp, 2:99),
+                data=EmplUK_lag, effect="twoways", model="twosteps", transformat
  ion="ld")
> summary(sys_gmm)
```

```
> sys_gmm <- pgmm(emp~lag(emp, 1:2) + wage + capital + output|lag(emp, 2:9
9),
+                     data=EmplUK_lag, effect="twoways", model="twosteps",
transformation="ld")
> summary(sys_gmm)
Twoways effects Two steps model

Call:
pgmm(formula = emp ~ lag(emp, 1:2) + wage + capital + output |
    lag(emp, 2:99), data = EmplUK_lag, effect = "twoways",
    model = "twosteps", transformation = "ld")

Unbalanced Panel: n = 140, T = 7-9, N = 1031

Number of Observations Used: 1362

Residuals:
    Min.  1st Qu.   Median     Mean  3rd Qu.     Max.
-37.1921  -0.1440   0.0000   0.0020   0.2194  29.4138

Coefficients:
                Estimate Std. Error z-value  Pr(>|z|)
lag(emp, 1:2)1  1.008845   0.175534  5.7473 9.069e-09 ***
lag(emp, 1:2)2 -0.101141   0.116926 -0.8650    0.3870
wage           -0.048305   0.038622 -1.2507    0.2110
capital         0.138696   0.199051  0.6968    0.4859
output         -0.019661   0.019450 -1.0108    0.3121
---
Signif. codes:  0 '***' 0.001 '**' 0.01 '*' 0.05 '.' 0.1 ' ' 1

Sargan test: chisq(35) = 88.63244 (p-value = 1.5251e-06)
Autocorrelation test (1): normal = -1.440947 (p-value = 0.1496)
Autocorrelation test (2): normal = -0.9363754 (p-value = 0.34908)
Wald test for coefficients: chisq(5) = 4427.89 (p-value = < 2.22e-16)
Wald test for time dummies: chisq(6) = 14.83848 (p-value = 0.021551)
```

해석

처리 결과 화면을 보면, 앞서 추정한 모형 결과와 정반대의 결과가 도출되었다. 즉 emp 변수의 1차 래그는 통계적 유의도가 있는 탄력성 1.008의 양(+)의 관계로 나타났고, 2차 래그는 통계적 유의도(유의수준 0.001)가 없는 것으로 나타났다. 따라서 종속변수인 emp의 과거 값은 1년 전 데이터는 영향력이 있지만 2년 전 값은 영향을 미치지 않는 것으로 해석이 가능하다. 한편 Sargan 검정 결과를 살펴보면, p-value가 1.5251e-05(0.000015251...)로 매우 작은 숫자를 보이고 있어(이는 0.05보다 훨씬 작은 수치), 귀무가설("과대식별 문제가 없다")이 기각되었다. 따라서 도구변수의 적절성을 의심하게 된다. 또한 자기상관 검정(Autocorrelation test) 결과를 살펴보면, 1계 즉 Order 1에서는 유의수준 5%에서 p-value가 0.1496으로 나타나 귀무가설("오차항 Δeit에 1계 자기상관이 없다")이 기각되지 않았다. 따라서 1계 자기상관이 없다고 판단할 수 있다. 2계 즉 Order 2에서는 p-value가 0.34908로 나타나 유의수준 5%에서 귀무가설("오차항 Δeit에 2계 자기상관이 없다")이 기각되지 않아 2계 자기상관이 없다고 판단할 수 있다.

지금까지 추정한 동적 패널 모형 결과를 한 테이블로 모아보면 다음과 같다.

명령어

```
> library(stargazer)
> stargazer::stargazer(abond_gmm, sys_gmm,
+                      type="text",
+                      model.names=FALSE,
+                   keep.stat=c("n", "rsq", "adj.rsq", "f", "wald", "ser" ),
+                      column.labels=c("Arellano-Bond GMM", "System GMM"),
+                      dep.var.caption="Dependent Variable: emp",
+                      dep.var.labels.include=FALSE,
+                      df=FALSE)
```

```
> library(stargazer)

Please cite as:

 Hlavac, Marek (2018). stargazer: Well-Formatted Regression and Summary Sta
tistics Tables.
```

```
R package version 5.2.2. https://CRAN.R-project.org/package=stargazer

> stargazer::stargazer(abond_gmm, sys_gmm,
+                      type="text",
+                      model.names=FALSE,
+                    keep.stat=c("n", "rsq", "adj.rsq", "f", "wald", "ser"
),
+                     column.labels=c("Arellano-Bond GMM", "System GMM"),
+                      dep.var.caption="Dependent Variable: emp",
+                      dep.var.labels.include=FALSE,
+                      df=FALSE)

============================================
               Dependent Variable: emp
             ----------------------------
             Arellano-Bond GMM System GMM
                    (1)           (2)
--------------------------------------------
lag(emp, 1:2)1     0.532        1.009***
                  (0.376)       (0.176)

lag(emp, 1:2)2   -0.106**       -0.101
                  (0.043)       (0.117)

wage             -0.095         -0.048
                  (0.086)       (0.039)

capital            1.578         0.139
                  (0.974)       (0.199)

output            -0.018        -0.020
                  (0.023)       (0.019)

--------------------------------------------
Observations        140           140
============================================
Note:           *p<0.1; **p<0.05; ***p<0.01
```

※기업의 전략적 선택과 임의보행(양오석, 2018)※

Arellano-Bond 추정에서는 종속변수의 과거값이 도구변수로 투입되었다. 즉 종속변수의 수준변수(level variable)들이 도구변수로 사용된 것이다. 그렇다면 과연 종속변수의 수준변수들이 도구변수로서 적절할까? 그렇지 않을 수도 있다. 특히 종속변수가 확률(임의)보행과정(random walk process)을 따른다면 종속변수의 과거값을 도구변수로 투입하는 것은 확률보행과정의 기본 가정에 위배된다(Arellano and Bover, 1995; Blundell and Bond, 1998). 물론 기업이 전략을 선택할 때 확률(임의)적으로 선택을 결정하는 경우는 없다. 따라서 종속변수의 과거값을 도구변수로 투입하는 것이 반드시 잘못된 것은 아닐 것이다. 이에 대한 논의는 좀 더 많은 고찰이 필요하다.

7. 로짓 모형 분석

Q. 살펴보고 싶은 종속변수가 1과 0값을 갖는 경우 어떤 모형을 사용해야 하나요?

이 장에서 설명할 통계처리 모형은 로짓, 프로빗, 그리고 토빗 모형이다. 로짓과 프로빗은 종속변수를 0과 1로 나눌 때, 토빗은 0 값과 1 이상의 값을 지닐 때 사용하는 통계처리 방법이다. 로짓과 프로빗, 그리고 토빗의 결정적인 차이는 자료를 어떻게 이용하느냐이다. 로짓과 프로빗은 주어진 정보를 모드 사용하는 반면, 토빗 모형에서는 한쪽으로 절삭된 자료를 사용한다. 앞서 설명한 바와 같이 어떤 모형을 사용할지는 통계를 돌리는 연구자의 몫이다. 연구자가 데이터의 성격을 충분히 살펴 연구모형에 적합한 모형을 선택해야만 한다. 물론 이러한 판단을 돕는 통계 기법도 동시에 발달하고 있다.

로지스틱 회귀분석은 일어날 확률과 일어나지 않을 확률의 비(즉 일어날 확률이 일어나지 않을 확률의 몇배인지)를 말하는 Odds를 log 변환시킨 log(Odds)를 모형화한다.

1) 일반 로지스틱 모형: glm( )

① 기초 통계 자료 처리: **as.factor( )**

우선 실습예제 파일(logit_1.dta)을 불러오자. Stata 파일이므로 "Import Dataset"을 이용해서 간편하게 불러올 수 있다. 분석 목적은 종속변수인 JV(Joint Venture, 즉 합작투자)를 기준으로 JV를 선택한 기업과 그렇지 않는 기업의 특성을 비교하는 것이다.

[처리결과화면]

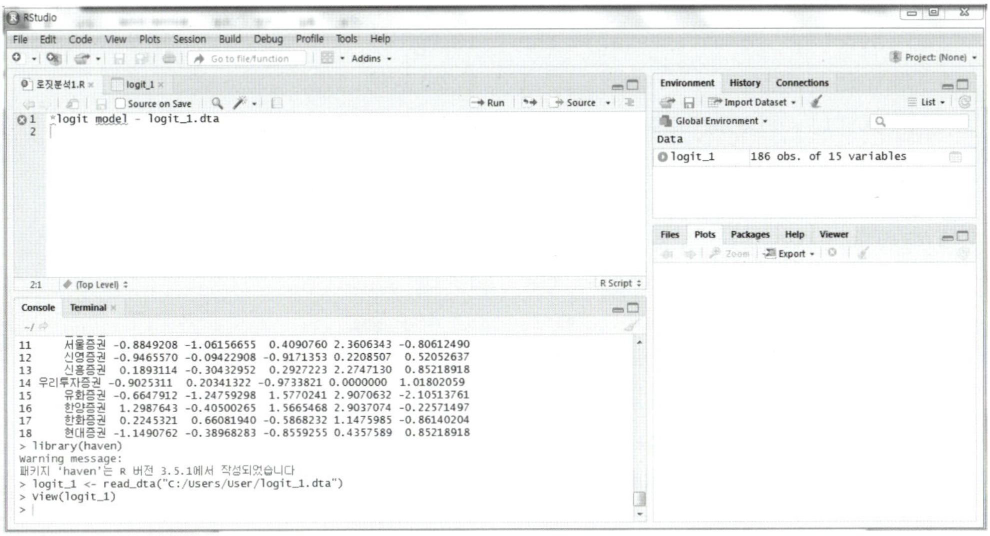

불러온 데이터 파일의 구조를 확인하는 명령어를 작성해 보자.

명령어

```
> str(파일명)
> head(파일명)
```

```
> str(logit_1) # 데이터 구조 확인
Classes ‘tbl_df’, ‘tbl’ and 'data.frame':     186 obs. of  15 variables:
 $ bank               : num  1 1 1 1 1 1 2 2 2 2 ...
  ..- attr(*, "format.stata")= chr "%10.0g"
 $ ROE                : num  9.92 8.56 10.78 15.2 17.6 ...
  ..- attr(*, "format.stata")= chr "%10.0g"
 $ economyscale      : num  0.079 0.073 0.069 0.079 0.079 0.087 0.047 0.046 0.044 0.057 ...
  ..- attr(*, "format.stata")= chr "%10.0g"
 $ costefficiency     : num  0.0992 0.0866 0.0689 0.0758 0.0729 0.0782 0.0637 0.0632 0.0607 0.0725 ...
  ..- attr(*, "format.stata")= chr "%10.0g"
 $ CIV               : num  -69.6 -98.2 -125 -106 -94.7 -152 -77 -109 -139 -208 ...
  ..- attr(*, "format.stata")= chr "%10.0g"
 $ reputation         : num  0.451 0.455 0.476 0.495 0.5 ...
  ..- attr(*, "format.stata")= chr "%10.0g"
 $ year               : num  2002 2003 2004 2005 2006 ...
  ..- attr(*, "format.stata")= chr "%10.0g"
```

```
 $ JV                 : num  0 0 0 0 0 0 0 0 0 0 ...
  ..- attr(*, "format.stata")= chr "%10.0g"
 $ PBRtoIndustry      : num  1.37 1.1 1.29 1.05 1.25 ...
  ..- attr(*, "format.stata")= chr "%10.0g"
 $ enterprisevalue    : num  26.4 49.1 98.8 69.7 138.3 ...
  ..- attr(*, "format.stata")= chr "%10.0g"
 $ CIVincrease        : num  22.6 -28.6 -27.6 19 12.2 ...
  ..- attr(*, "format.stata")= chr "%10.0g"
 $ totalassets        : num  208 254 357 456 551 ...
  ..- attr(*, "format.stata")= chr "%10.0g"
 $ PER                : num  19.1 21.2 24.5 14.3 15.9 ...
  ..- attr(*, "format.stata")= chr "%10.0g"
 $ LN_totalasset      : num  5.34 5.54 5.88 6.12 6.31 ...
  ..- attr(*, "format.stata")= chr "%9.0g"
 $ LN_enterprisevalue: num  3.28 3.89 4.59 4.24 4.93 ...
  ..- attr(*, "format.stata")= chr "%9.0g"
> head(logit_1)
# A tibble: 6 x 15
   bank   ROE economyscale costefficiency    CIV reputation  year    JV PBRtoIndustry
  <dbl> <dbl>        <dbl>          <dbl>  <dbl>      <dbl> <dbl> <dbl>         <dbl>
1     1  9.92        0.079         0.0992  -69.6      0.451  2002     0          1.37
2     1  8.56        0.073         0.0866  -98.2      0.455  2003     0          1.10
3     1 10.8         0.069         0.0689 -125        0.476  2004     0          1.29
4     1 15.2         0.079         0.0758 -106        0.495  2005     0          1.05
5     1 17.6         0.079         0.0729  -94.7      0.5    2006     0          1.25
6     1 15.1         0.087         0.0782 -152        0.538  2007     0          1.05
# ... with 6 more variables: enterprisevalue <dbl>, CIVincrease <dbl>, totalassets <dbl>,
#   PER <dbl>, LN_totalasset <dbl>, LN_enterprisevalue <dbl>
```

해석

처리 결과 화면을 보면, 종속변수인 JV를 포함하여 모든 변수 항목이 numeric인 것을 알 수 있다. 이에 종속변수인 JV를 factor(범주형)로 유형변화를 시키자. 사용할 명령어는 as.factor( )이다. 이로써 연속형 데이터가 범주형 데이터로 전환된다.

명령어

> 파일명$대상변수명 <-as.factor(파일명$대상변수명)

```
> logit_1$JV <-as.factor(logit_1$JV) #JV factor
> str(logit_1)
Classes 'tbl_df', 'tbl' and 'data.frame':      186 obs. of  15 variables:
 $ bank               : num  1 1 1 1 1 1 2 2 2 2 ...
  ..- attr(*, "format.stata")= chr "%10.0g"
 $ ROE                : num  9.92 8.56 10.78 15.2 17.6 ...
  ..- attr(*, "format.stata")= chr "%10.0g"
 $ economyscale      : num  0.079 0.073 0.069 0.079 0.079 0.087 0.047 0.046
0.044 0.057 ...
  ..- attr(*, "format.stata")= chr "%10.0g"
 $ costefficiency    : num  0.0992 0.0866 0.0689 0.0758 0.0729 0.0782 0.0637
0.0632 0.0607 0.0725 ...
  ..- attr(*, "format.stata")= chr "%10.0g"
 $ CIV              : num  -69.6 -98.2 -125 -106 -94.7 -152 -77 -109 -139
-208 ...
  ..- attr(*, "format.stata")= chr "%10.0g"
 $ reputation         : num  0.451 0.455 0.476 0.495 0.5 ...
  ..- attr(*, "format.stata")= chr "%10.0g"
 $ year               : num  2002 2003 2004 2005 2006 ...
  ..- attr(*, "format.stata")= chr "%10.0g"
 $ JV               : Factor w/ 2 levels "0","1": 1 1 1 1 1 1 1 1 1 1 ...
 $ PBRtoIndustry      : num  1.37 1.1 1.29 1.05 1.25 ...
  ..- attr(*, "format.stata")= chr "%10.0g"
 $ enterprisevalue    : num  26.4 49.1 98.8 69.7 138.3 ...
  ..- attr(*, "format.stata")= chr "%10.0g"
 $ CIVincrease        : num  22.6 -28.6 -27.6 19 12.2 ...
  ..- attr(*, "format.stata")- chr "%10.0g"
 $ totalassets        : num  208 254 357 456 551 ...
  ..- attr(*, "format.stata")= chr "%10.0g"
 $ PER                : num  19.1 21.2 24.5 14.3 15.9 ...
  ..- attr(*, "format.stata")= chr "%10.0g"
 $ LN_totalasset      : num  5.34 5.54 5.88 6.12 6.31 ...
  ..- attr(*, "format.stata")= chr "%9.0g"
 $ LN_enterprisevalue: num  3.28 3.89 4.59 4.24 4.93 ...
  ..- attr(*, "format.stata")= chr "%9.0g"
```

해석

처리 결과 화면을 보면, 종속변수에 해당되는 JV가 numeric에서 factor로 전환된 것을 알 수 있다.

② 기초 통계 연구모형 처리: glm(~, family=binomial)

이제 종속변수(JV)가 합작투자 이행여부(이행=1, 불이행=0)인 사례를 통해 로짓분석을 실습해보자 (실습데이터 'logit_1.dta를 사용). 파일을 열람해 보면 종속변수인 종속변수인 JV 변수가 0과 1값으로 표기되어 있음을 알 수 있다. 1998~2001년 기간 동안 합작투자(Joint Venture: JV)를 이행한 은행의 경우 1값을 부여하고, 그렇지 않은 경우 0값을 부여하여 이항변수로 처리하였다.

로지스틱 회귀분석 모형 처리는 명령어 glm( )으로 한다. 종속변수는 JV, 독립변수는 ROE, economyscale, costefficiency, CIV, repuation, PBRtoIndustry, CIVincrease, PER 등이다. 로지스틱유형은 1과 0으로만 구성된 "binomial"이다. 데이터 파일명은 logit_1이고, 저장할 파일명은 logit1으로 하자. 로지스틱모형 분석 처리가 끝나면 summary( ) 함수로 결과를 열람해보자.

※glm( ) + family=binomial※
OLS 회귀분석에서는 lm( ) 함수 대신 glm( ) 함수를 사용하고, family=binomial을 반드시 투입해야 한다.

명령어

```
> 저장할파일명 <-glm(종속변수~독립변수1+독립변수2+독립변수3+독립변수4+독립변수5,
data=데이터파일명, family="로지스틱유형")
> summary(저장할파일명)
```

```
> logit1 <-glm(JV~ROE+economyscale+costefficiency+CIV+reputation+PBRtoIn
dustry+CIVincrease+PER, data=logit_1, family="binomial")
> summary(logit1)

Call:
glm(formula = JV ~ ROE + economyscale + costefficiency + CIV +
```

```
    reputation + PBRtoIndustry + CIVincrease + PER, family = "binomial",
    data = logit_1)

Deviance Residuals:
     Min        1Q    Median        3Q       Max
-1.50661  -0.40331   0.02703   0.25314   2.36397

Coefficients:
                  Estimate Std. Error z value Pr(>|z|)
(Intercept)      2.023e+00  2.109e+00   0.959   0.3374
ROE              3.206e-01  1.293e-01   2.480   0.0131 *
economyscale     2.172e+01  1.822e+01   1.192   0.2332
costefficiency  -1.766e+01  1.322e+01  -1.336   0.1815
CIV              6.566e-05  4.044e-05   1.624   0.1044
reputation      -1.128e+01  2.111e+00  -5.344 9.11e-08 ***
PBRtoIndustry   -2.857e+00  1.517e+00  -1.883   0.0597 .
CIVincrease      2.161e-05  4.264e-05   0.507   0.6122
PER             -1.617e-02  5.543e-02  -0.292   0.7705
---
Signif. codes:  0 '***' 0.001 '**' 0.01 '*' 0.05 '.' 0.1 ' ' 1

(Dispersion parameter for binomial family taken to be 1)

    Null deviance: 254.900  on 184  degrees of freedom
Residual deviance:  98.067  on 176  degrees of freedom
  (1 observation deleted due to missingness)
AIC: 116.07

Number of Fisher Scoring iterations: 7
```

해석

처리 결과 화면을 보면, 우선 모형의 적합도 및 유의도를 살펴보면 기존 Stata 통계 프로그램에서 보여주는 Pseudo R^2, 그리고 LR chi2(Log likelihood chi square test를 보여주는 LR Chi-Square(8) 등에 관한 정보는 보여주지 않는다. 단순히 통계적 유의수준을 나타내는 Signif. codes: 0 '***' 0.001 '**' 0.01 '*' 0.05 '.' 0.1 ' ' 1가 제시되어 있다. 이는 0~0.001은 '***'로 표시하고, 0.001~0.01은 '**'로, 0.01~0.05는 '*'로, 0.1~1은 ' '로 표시하였음을 의미

한다. 이 로지스틱 모형은 Stata 프로그램에서 처리할 경우 다음과 같은 모형적합도에 관한 정보를 제시해준다.

※동일한 모형을 Stata에서 로지스틱모형으로 처리할 경우※

모형의 적합도 및 유의도를 살펴보면 Pseudo R2가 0.6153으로 일반적으로 수용되는 0.40 이상으로서 적정수준임을 입증해주었다 (물론 이 해석에 대한 확정은 어렵다). Pseudo R2는 0과 1사이의 값을 갖는데 그 값이 클수록 모델이 적절하다고 할 수 있다. LR chi2는 Log likelihood chi square test로서 본 연습과제에서는 LR Chi-Square(8)로 나타났다. 이때 (8)은 독립변수의 개수를 의미하고 그 값은 156.83으로 Prob > chi2 = 0.0000 이므로 유의수준 1%에서 귀무가설을 기각한다. 따라서 이 모형의 적합도는 적절하다고 판단할 수 있다.

다음으로 종속변수와 독립변수간 관계(통계적 유의도 및 상관계수의 방향)를 살펴보면 우선 ROE 항목이 Pr(>|z|) 값이 0.0131로 나타나 유의수준 5%($p < 0.05$를 만족)에서 통계적으로 유의한 정(+)의 관계(Coef. 값이 0.3206인 양의 값을 보임)를 보여주고, reputation은 Pr(>|z|) 값이 0.000으로 나타나 유의수준 1%($p < 0.01$를 만족)에서 부(-)의 관계(Coef. 값이 -11.2795인 음의 값을 보임)를 나타냈다. 그리고 PBRtoIndustry는 Pr(>|z|) 값이 0.060으로 나타나 유의수준 10%($p < 0.10$를 만족)에서 통계적으로 유의한 부(-)의 관계(Coef. 값이 -2.8570인 음의 값을 보임)를 보여주었다. 나머지 변수들은 Pr(>|z|) 값이 p<0.01, 0.05, 0.10 등 세 가지 유의수준 검정을 통과하지 못해 통계적으로 유의하지 않은 것으로 증명되었다.

이를 해석하자면 은행의 합작투자(JV)는 ROE가 높은 은행이 선호하는 반면 reputation과 PBRtoIndustry가 높은 은행은 합작투자를 선호하지 않는 것으로 확인되었다. 이들 세 가지 변수는 기업의 합작투자 실행 여부와 관련된 변수로 통계분석 결과 확인되었기에 이렇게 연구자의 해석을 위해 동원될 수 있지만, 나머지 변수들은 통계적 유의도가 나타나지 않았기 때문에 인과 관계에 관한 설명에 있어서 이들 변수를 사용할 수 없다는 사실을 명심해야 한다.

이제 로짓모형에 기반한 예측 값이 안정적인지 확인해보자. 가장 쉬운 방법은 예측이란 것이 확률이기 때문에 예측값이 0~1 사이의 값을 갖는지를 확인하면 된다. 이를 위해서는 predict에 대해 ggplot( )함수를 사용한 그래프를 도출하는 방법을 사용한다. 또한 x축에는 PBRtoIndustry 변수를 사용하고, y축에는 predict한 결과를 사용하자. 그리고 이들 둘 변수 간 관계를 1과 0값을 갖는 JV 변수를 통해 고찰해보자. 즉 JV를 수행한 기업과 그렇지 않은 기업의 차이를 고찰하려는 것이다.

명령어

```
> library(dplyr)
> library(ggplot2)
> logit_p <-predict(logit1, newdata=logit_1, type="response")
> logit_1 <- logit_1 %>% mutate(logit_p)
> win.graph()
> ggplot(data=logit_1, aes(x=PBRtoIndustry, y=logit_p, colour=JV)) +  geom_po
int(size=2, alpha=0.3) +  geom_hline(yintercept=c(0,1.0), colour="red", linet
ype="dashed") +  ylab("logit-prediction") +  scale_color_brewer(palette="Set
1")
```

```
> library(dplyr)
다음의 패키지를 부착합니다: 'dplyr'

The following objects are masked from 'package:plyr':

    arrange, count, desc, failwith, id, mutate, rename, summarise, summariz
e

The following objects are masked from 'package:stats':

    filter, lag

The following objects are masked from 'package:base':

    intersect, setdiff, setequal, union
> library(ggplot2)
> logit_p <-predict(logit1, newdata=logit_1, type="response")
> logit_1 <- logit_1 %>% mutate(logit_p)
> win.graph()
> ggplot(data=logit_1, aes(x=PBRtoIndustry, y=logit_p, colour=JV)) +
+   geom_point(size=2, alpha=0.3) +
+   geom_hline(yintercept=c(0,1.0), colour="red", linetype="dashed") +
+   ylab("logit-prediction") +
+   scale_color_brewer(palette="Set1")
경고메시지(들):
Removed 1 rows containing missing values (geom_point).
```

[처리결과화면]

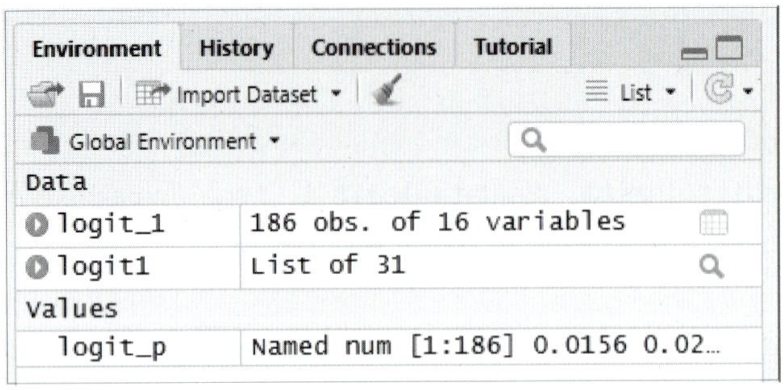

[처리결과화면]

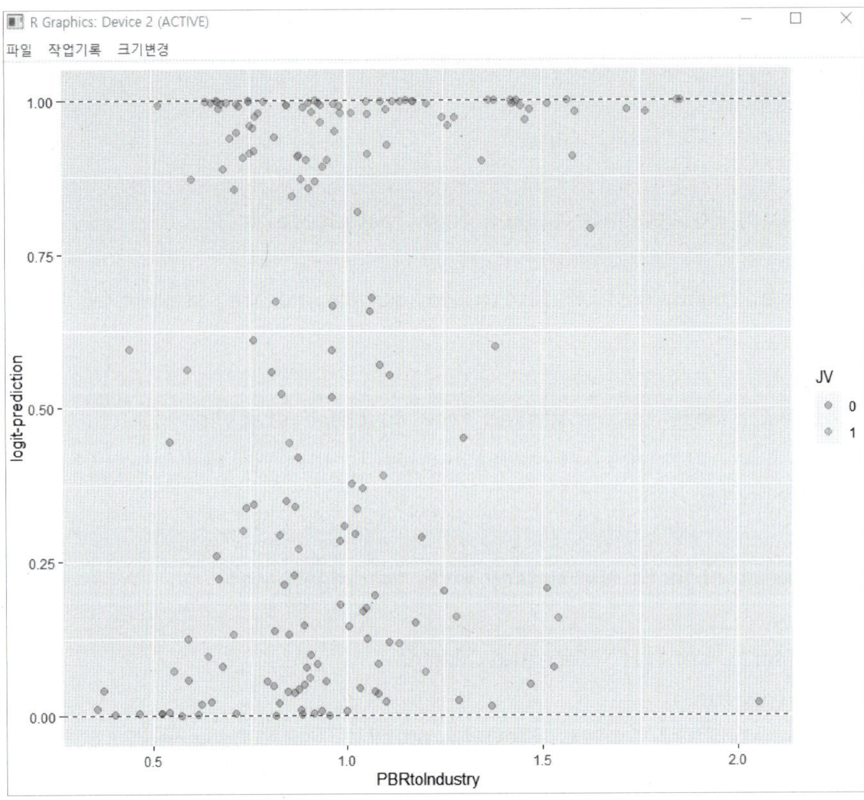

해석

처리 결과 화면을 보면, 확률로 추정하는 결과답게 예측값들이 0~1 값 안에 안착해 있다.

③ Odds Ratio 확인(1): McFadden R2

분석결과 은행이 합작투자를 선택할 확률을 높이는 요인들에 대한 Odds Ratio, 즉 결정계수와 신뢰구간 확인은 다음 명령어를 사용한다. 결정계수는 Odds Ratio(즉 일어날 확률이 일어나지 않을 확률의 몇배인지)와 같다.

명령어

```
> exp(coef(로지스틱처리파일명))
> exp(confint(로지스틱처리파일명))
```

```
> exp(coef(logit1))
   (Intercept)           ROE     economyscale    costefficiency
7.563413e+00    1.378007e+00    2.698749e+09    2.137209e-08
CIV              reputation    PBRtoIndustry     CIVincrease
1.000066e+00    1.262919e-05    5.743624e-02     1.000022e+00
     PER
9.839585e-01
> exp(confint(logit1))
Waiting for profiling to be done...
                       2.5 %       97.5 %
(Intercept)     1.184217e-01 4.223087e+02
ROE             1.131874e+00 1.798530e+00
economyscale    5.894582e-06 3.668167e+26
costefficiency  6.466431e-20 2.802855e+03
CIV             9.999992e-01 1.000169e+00
reputation      1.260499e-07 5.441218e-04
PBRtoIndustry   2.686628e-03 9.227660e-01
CIVincrease     9.999623e-01 1.000136e+00
PER             8.864157e-01 1.055849e+00
```

해석

처리 결과 화면을 보면, 우선 y-절편(Intercept)은 7.563413e+00이고, ROE는 합작투자(JV)의 odds를 1.378007e+00배 높이고, economyscale이 1 증가하면 합작투자 선택의 odds는 2.698749e+09배 증가한다.

④ 연구모형 적합성 확인(1): McFadden R^2

R에서 실행한 로지스틱 모형분석은 선형회귀분석에서 보여주는 R^2 값과 유사한개념을 제공한다. McFadden R2가 그것인데 다음 명령어를 통해 확인해 보자. 우선 이를 위한 패키지

"pscl"을 설치하고 패키지를 불러 오자.

명령어

```
> install.packages("pscl")
> library(pscl)
```

```
> install.packages("pscl")
Installing package into 'C:/Users/User/Documents/R/win-library/3.5'
(as 'lib' is unspecified)
trying URL 'https://cran.rstudio.com/bin/windows/contrib/3.5/pscl_1.5.2.
zip'
Content type 'application/zip' length 3538176 bytes (3.4 MB)
downloaded 3.4 MB

package 'pscl' successfully unpacked and MD5 sums checked

The downloaded binary packages are in
        C:\Users\User\AppData\Local\Temp\RtmpslFqWT\downloaded_packages
> library(pscl)
Classes and Methods for R developed in the
Political Science Computational Laboratory
Department of Political Science
Stanford University
Simon Jackman
hurdle and zeroinfl functions by Achim Zeileis
Warning message:
패키지 'pscl'는 R 버전 3.5.1에서 작성되었습니다
```

이제 "pscl" 패키지를 사용하여 McFadden R2 값을 보여주는 명령어를 작성해보자. 사용할 함수는 pR2( )이다.

명령어

```
> pR2(로지스틱처리파일명)
```

```
> pR2(logit1)
        llh        llhNull           G2      McFadden         r2ML         r2CU
 -49.0333485 -128.0530433  158.0393894   0.6170856    0.5744049    0.7663686
```

해석

처리 결과 화면을 보면, 실시한 연구모형은 데이터 셋의 분산 가운데 약 0.61~0.76%를 설명해준다는 사실을 확인할 수 있다.

⑤ 연구모형 적합성 확인(2): ROC 곡선

이번에는 로지스틱 연구모형의 적합성을 확인하기 위해 ROC 곡선을 도출해보자. ROC 곡선은 곡선 아래쪽 영역에 AUC가 표기되며 이 수치가 1에 가까울수록 연구모형의 예측 정확도가 높은 것으로 판단할 수 있다. 이를 위해 우선 "ROCR" 패키지를 설치하고 불러 오도록 하자.

명령어

```
> install.packages("ROCR")
> library(ROCR)
```

```
> install.packages("ROCR")
Installing package into 'C:/Users/User/Documents/R/win-library/3.5'
(as 'lib' is unspecified)
also installing the dependencies 'gdata', 'gplots'

trying URL 'https://cran.rstudio.com/bin/windows/contrib/3.5/gdata_2.18.
0.zip'
Content type 'application/zip' length 1260175 bytes (1.2 MB)
downloaded 1.2 MB

trying URL 'https://cran.rstudio.com/bin/windows/contrib/3.5/gplots_3.0.
1.zip'
Content type 'application/zip' length 656370 bytes (640 KB)
downloaded 640 KB
```

```
trying URL 'https://cran.rstudio.com/bin/windows/contrib/3.5/ROCR_1.0-7.
zip'
Content type 'application/zip' length 202154 bytes (197 KB)
downloaded 197 KB

package ‘gdata’ successfully unpacked and MD5 sums checked
package ‘gplots’ successfully unpacked and MD5 sums checked
package ‘ROCR’ successfully unpacked and MD5 sums checked

The downloaded binary packages are in
      C:\Users\User\AppData\Local\Temp\RtmpslFqWT\downloaded_packages
> library(ROCR)
필요한 패키지를 로딩중입니다: gplots

다음의 패키지를 부착합니다: ‘gplots’

The following object is masked from ‘package:stats’:

    lowess

Warning messages:
1: 패키지 ‘ROCR’는 R 버전 3.5.1에서 작성되었습니다
2: 패키지 ‘gplots’는 R 버전 3.5.1에서 작성되었습니다
```

다음으로 ROC 곡선을 도출하는 명령어를 작성해보자. 이를 위해 predict( ) 함수와 performance( ) 함수를 사용하자. Predict( ) 함수에서 type은 “response”로 지정한다. 종속변수 JV에 대해 predict( ) 함수를 실시하며, 마지막으로 performance( ) 함수에서는 measure를 “tpr”로, x.measure는 “fpr”로 지정한다. 데이터 파일명은 logit_1이다(좀 더 정확히 ROC 곡선을 도출하자면 데이터 파일을 반으로 나누어서 앞부분 데이터를 사용하여 로지스틱 연구모형을 처리하고 나머지 뒷부분 데이터에 대해 앞서 실행한 로지스틱 연구모형을 그대로 적용해 보는 것이 연구모형의 예측 정확도를 확인하는 바람직한 방법이다).[15]

15 이 경우 하나의 데이터 파일을 둘로 나누려면 data1 <-logit_1[1:94], data2 <-logit_1[95:186]이라는 명령어를 사용하면 된다. 총 186개 은행 자료가 들어 있으므로, 예를 들어 절반으로 나눈다면 data1은 1~94, data2는 95~186으로 나누어 저장하면 된다.

명령어

```
> 저장할파일명1 <-predict(로짓분석한파일명, newdata=데이터파일명, type="유형")
> 저장할파일명2 <-prediction(저장할파일명1, 데이터파일명$종속변수)
> 저장할파일명3 <-performance(저장할파일명2, measure="유형", x.measure="유형")
```

```
> logit_p <-predict(logit1, newdata=logit_1, type="response")
> logit_pr <-prediction(logit_p, logit_1$JV)
> logit_prf <-performance(logit_pr, measure="tpr", x.measure="fpr")
```

이렇게 처리된 명령어 결과를 이제 그래프로 그려보자. 그릴 대상은 logit_prf이다.

명령어

```
> plot(logit_prf)
```

[처리결과화면]

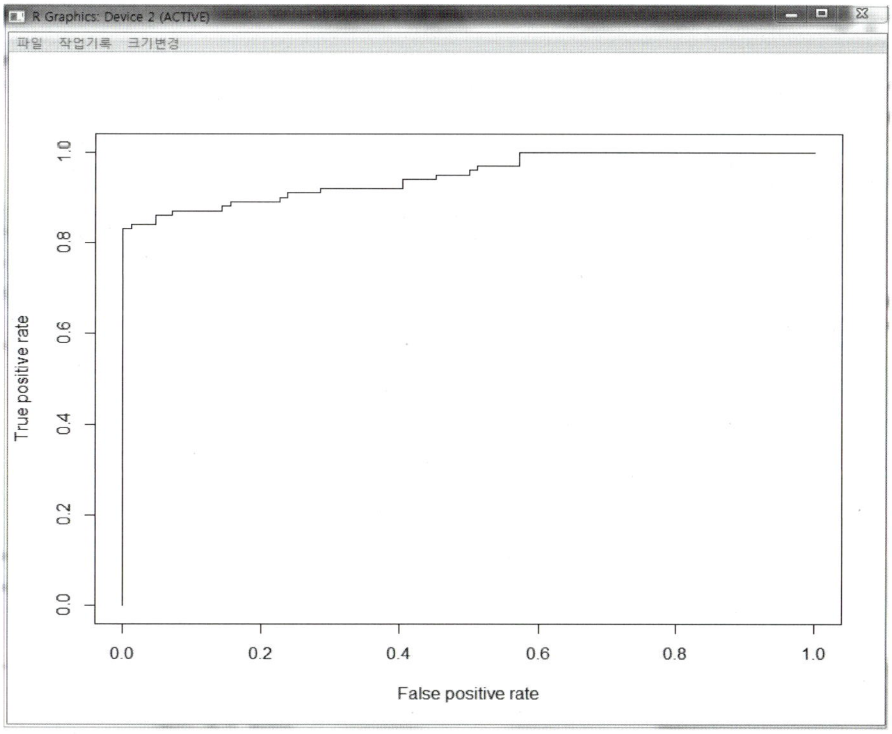

해석

처리 결과 화면을 보면, 왼쪽 상단에 있는 1값으로 수렴하는 모습을 보여주고 있다. 여기에 기준 곡선(reference line)을 삽입하면 다음과 같다.

명령어

```
> abline(0, 1, lty=3)
```



```
> abline(0, 1, lty=3)
```


[처리결과화면]

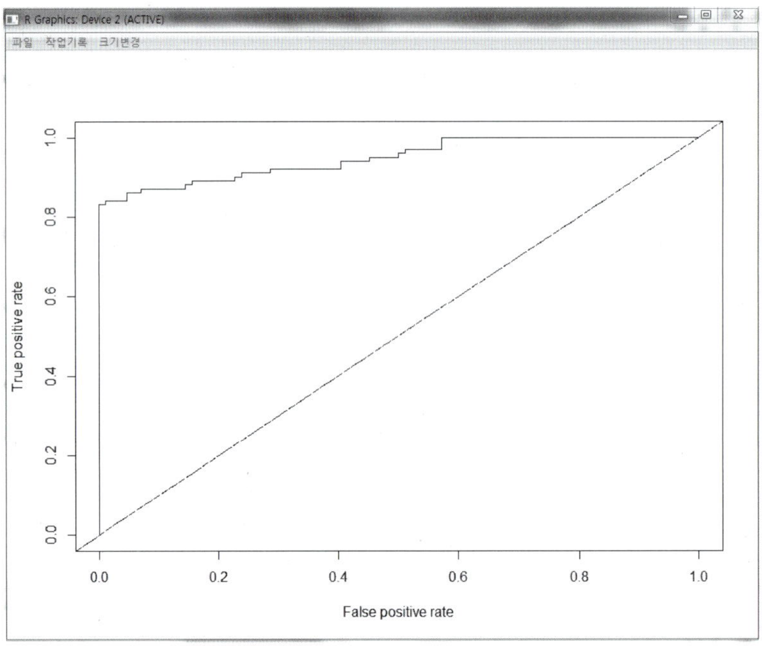

좀 더 정확히 설명하기 위해 필자가 이 그래프에 임의로 곡선 두 개를 첨부해 보겠다.

[처리결과화면]

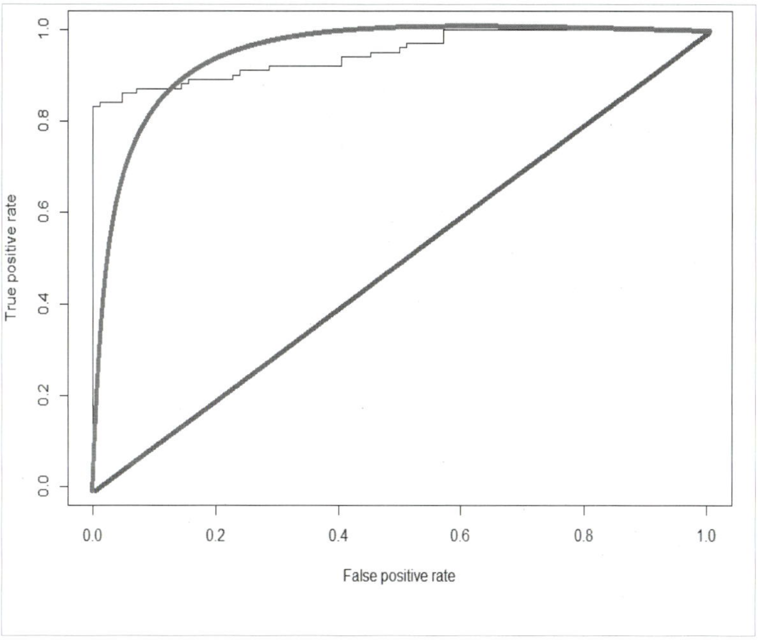

해석

처리 결과 화면을 보면, 가운데 대각선으로 표시된 빨간색 선이 reference line이다. ROC 곡선이 이 reference line에 가까울수록 연구모형의 예측 정확도는 떨어진다는 의미이다. 이와 달리 파란색 선에 가까울수록, 즉 1값을 가질수록 연구모형의 예측 정확도가 증가한다고 판단할 수 있다. 이는 파란색 선에 가까울수록 AUC 값이 커지기 때문이다. reference line은 무작위로 예측한 모형과 다르지 않은 경우를 나타내는데 이때 AUC 값은 0.5가 된다. 이와 달리 모든 사례를 완벽하게 예측하는 모형이라면 AUC 값이 1값을 갖는다(과연 그런 모형이 있을까?). 앞서 실행한 로지스틱 연구모형은 파란색 선에 가까우므로 예측 정확도가 높다고 최종 판단할 수 있다.

이제 AUC 면적을 직접 구해보자. 이는 종속변수(JV)에 대해 predict를 구한 logit_pr 값을 사용한다. 그리고 measure를 위해 "tpr"이나 "fpr"이 아니라, "auc"를 선택해주면 된다.

명령어

```
> auc <-performance(logit_pr, measure="auc")
> auc <-auc@y.values[[1]]
> auc
```

```
> auc <-performance(logit_pr, measure="auc")
> auc <-auc@y.values[[1]]
> auc
[1] 0.9483734
```

해석

처리 결과 화면을 보면, 연구모형의 예측 정확도를 보여주는 AUC 값이 0.9484로 나와, 예측력이 매우 높은 것으로 판단할 수 있다(수준 excellent). AUC 값으로 연구모형의 예측 정확도를 판단하는 기준은 다음과 같다. 혹 기준치 수준이 낮다면 변수를 추가하거나 유의하지 않은 변수를 제거하는 등 연구모형을 다시 재구성하는 작업(소위 fitting)이 필요하다.

기준치	판단 방향
0.9~1	Excellent
0.8~0.9	Good
0.7~0.8	Fair
0.6~0.7	Poor
0.5~0.6	Fail

⑥ 계수 플롯 그리기: **coefplot** 패키지

이번에는 로지스틱 모형 분석 결과를 계수 플롯으로 나타내보자. 사용되는 패키지는 coefplot이며이를우선 설치하고, 로지스틱 모형 분석 결과를 저장한 파일( )에 대해 계수 플롯 그래프를 도출하라는 명령어를 작성하도록 하자. 당연히 그래프 도출을 위해 win.graph( )를 선행하도록 한다.

명령어

```
> install.packages("coefplot")
> require(coefplot)
> win.graph()
> coefplot(logit1)
```

```
> install.packages("coefplot")
Installing package into 'C:/Users/User/Documents/R/win-library/3.5'
(as 'lib' is unspecified)
also installing the dependency 'dygraphs'

trying URL 'https://cran.rstudio.com/bin/windows/contrib/3.5/dygraphs_1.
1.1.6.zip'
Content type 'application/zip' length 441890 bytes (431 KB)
downloaded 431 KB

trying URL 'https://cran.rstudio.com/bin/windows/contrib/3.5/coefplot_1.
2.6.zip'
Content type 'application/zip' length 139497 bytes (136 KB)
downloaded 136 KB

package 'dygraphs' successfully unpacked and MD5 sums checked
package 'coefplot' successfully unpacked and MD5 sums checked

The downloaded binary packages are in
      C:\Users\User\AppData\Local\Temp\RtmpoNtGqW\downloaded_packages

> coefplot(logit1)
> win.graph()
> coefplot(logit1)
```

[처리결과화면]

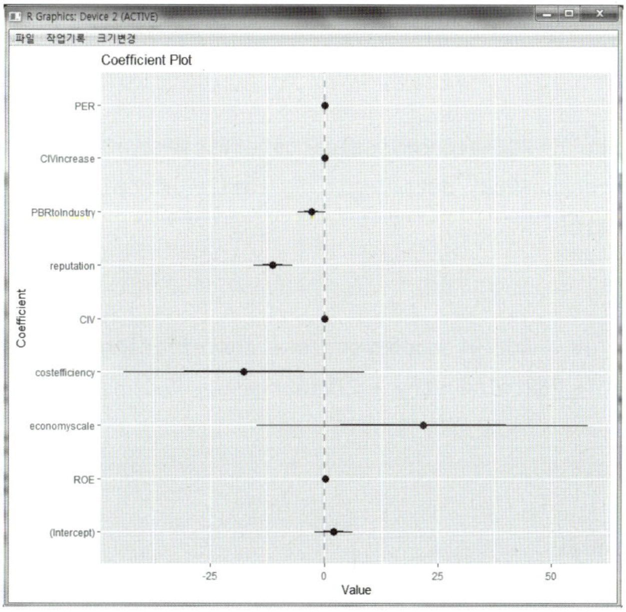

해석

처리 결과 화면을 보면, JV를 선택한 기업(은행)에 대한 계수 플롯이 나타나 있다. 각 예측변수에 대한 계수 값이 나와 있으며, 0값을 기준선으로 해서 왼쪽에는 계수가 음수(-)인 예측변수가 나타나 있고, 오른쪽에는 계수가 양수(+)인 예측변수가 나타나 있다. 일부 변수(PER, CIVincrease, CIV, ROE)는 기준선인 0값 위에 나타나 있어 이들 변수는 계수가 0.~임을 알 수 있다.

2) 프로빗과 토빗 모형

① 프로빗 모형: **glm(, family=binomial(link="probit"))**

Q. 프로빗과 로짓과 어떤 차이가 있는가요?

이번에는 프로빗 모형과 토빗모형을 살펴보도록 하자. 우선 같은 실습데이터(logit_1.dta)를 사용하여 프로빗 모형부터 처리해보자. 동일한 구조에 옵션에서 family=binomial(link="probit")으로 고쳐주기만 하면 된다. 결과를 반환할 파일명은 probit1으로 하자.

명령어

```
> probit1 <-glm(JV~ROE+economyscale+costefficiency+CIV+reputation+PBRtoIndus
try+CIVincrease+PER, data=logit_1, family=binomial(link="probit"))
> summary(probit1)
```

```
> probit1 <-glm(JV~ROE+economyscale+costefficiency+CIV+reputation+PBRtoI
ndustry+CIVincrease+PER, data=logit_1, family=binomial(link="probit"))
> summary(probit1)

Call:
glm(formula = JV ~ ROE + economyscale + costefficiency + CIV +
    reputation + PBRtoIndustry + CIVincrease + PER, family = binomial(link
= "probit"),
    data = logit_1)

Deviance Residuals:
```

```
     Min        1Q    Median        3Q       Max
-1.53109  -0.40504   0.00491   0.23834   2.32781

Coefficients:
                 Estimate Std. Error z value Pr(>|z|)
(Intercept)     1.329e+00  1.121e+00   1.186  0.23560
ROE             1.733e-01  6.682e-02   2.594  0.00949 **
economyscale    1.192e+01  9.544e+00   1.249  0.21175
costefficiency -9.693e+00  6.925e+00  -1.400  0.16163
CIV             3.511e-05  2.132e-05   1.646  0.09967 .
reputation     -6.647e+00  1.116e+00  -5.954 2.61e-09 ***
PBRtoIndustry  -1.604e+00  8.149e-01  -1.969  0.04898 *
CIVincrease     9.707e-06  1.987e-05   0.489  0.62514
PER            -8.663e-03  2.783e-02  -0.311  0.75560
---
Signif. codes:  0 '***' 0.001 '**' 0.01 '*' 0.05 '.' 0.1 ' ' 1

(Dispersion parameter for binomial family taken to be 1)

    Null deviance: 254.900  on 184  degrees of freedom
Residual deviance:  97.253  on 176  degrees of freedom
  (1 observation deleted due to missingness)
AIC: 115.25

Number of Fisher Scoring iterations: 9
```

해석

처리 결과 화면을 보면, ROE, reputation, PBRtoIndustry 등이 통계적으로 유의한 영향을 미치는 독립변수인 것으로 나타났나.

앞서 살펴본 방법을 적용하여 프로빗 모형에 기반한 예측 값이 안정적인지 확인해보자.

명령어

```
> probit_p <-predict(probit1, newdata=logit_1, type="response")
> win.graph()
> ggplot(data=logit_1, aes(x=PBRtoIndustry, y=probit_p, colour=JV)) +
```

```
+    geom_point(size=2, alpha=0.3) +
+    geom_hline(yintercept=c(0,1.0), colour="red", linetype="dashed") +
+    ylab("probit-prediction") +
+    scale_color_brewer(palette="Set1")
```

```
> probit_p <-predict(probit1, newdata=logit_1, type="response")
> win.graph()
> ggplot(data=logit_1, aes(x=PBRtoIndustry, y=probit_p, colour=JV)) +
+    geom_point(size=2, alpha=0.3) +
+    geom_hline(yintercept=c(0,1.0), colour="red", linetype="dashed") +
+    ylab("probit-prediction") +
+    scale_color_brewer(palette="Set1")
경고메시지(들):
Removed 1 rows containing missing values (geom_point).
```

[처리결과화면]

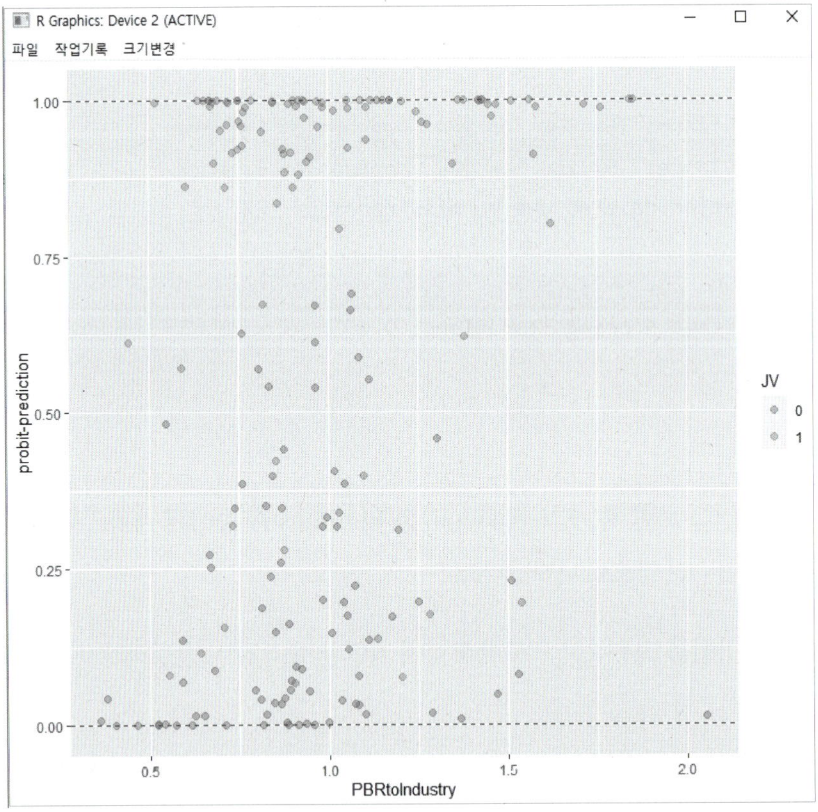

해석

처리 결과 화면을 보면, 확률로 추정하는 결과답게 예측값들이 0~1 값 안에 안착해 있다.

② 토빗 모형: tobit( ), censReg( )

Q. 종속변수가 절삭되어 있는 경우도 있다는데 무슨 뜻인가요?

종속변수값이 '0'과 양(+)의 값을 가지면 토빗 회귀모형을 사용하여 분석한다. 예를 들어 종속변수가 구입한 냉장고 개수라고 할 때 냉장고를 사지 않으면 그 값이 '0', 구매한다면 그 값이 0보다 크다 (예, 1대 구입의 경우 1, 10대 구입의 경우 10). 즉 종속변수가 0의 값이나 0 이상의 수치를 보이는 연속변수인 경우도 있다. 이때 0의 값은 구매를 하지 않은 경우이지만 무시할 수 없을 정도로 경우의 수가 클 수 있다. 하지만 데이터는 0의 값을 기준으로 한쪽으로 절삭되어 있는 상황이다. 이 경우 데이터의 평균은 0의 경우를 포함할 때와 그렇지 않을 때 사뭇 다르다. 이와 같은 경우 분석결과의 엄밀성을 높이기 위해 이 같은 데이터의 구도를 반영하여 토빈(J. Tobin)이 개발한 토빗모형을 사용해야 한다. 여기서는 토빗모형으로 회귀분석하기 위해 우리가 열었던 데이터파일의 변수 중 종속변수인 JV를 토빗모형에 맞게 임의로 수정하였다. 따라서 종속변수인 JV가 본 저자가 임의로 제시한 0 이상의 정수로 이루어져 있다(양오석, 2018).

종속변수가 절삭된 데이터일 경우, 우선 종속변수 상황을 살펴보자. 실습데이터(tobit_1.dta)를 불러와종속변수(JV)의 히스토그램을 시각화해보자.

명령어

```
> library(haven)
> tobit_1 <- read_dta("C:/Users/osyan/tobit_1.dta")
> View(tobit_1)
> win.graph()
> hist(tobit_1$JV, breaks=20, col="grey")
```

```
> library(haven)
> tobit_1 <- read_dta("C:/Users/osyan/tobit_1.dta")
> View(tobit_1)
```

```
> win.graph()
> hist(tobit_1$JV, breaks=20, col="grey")
```

[처리결과화면]

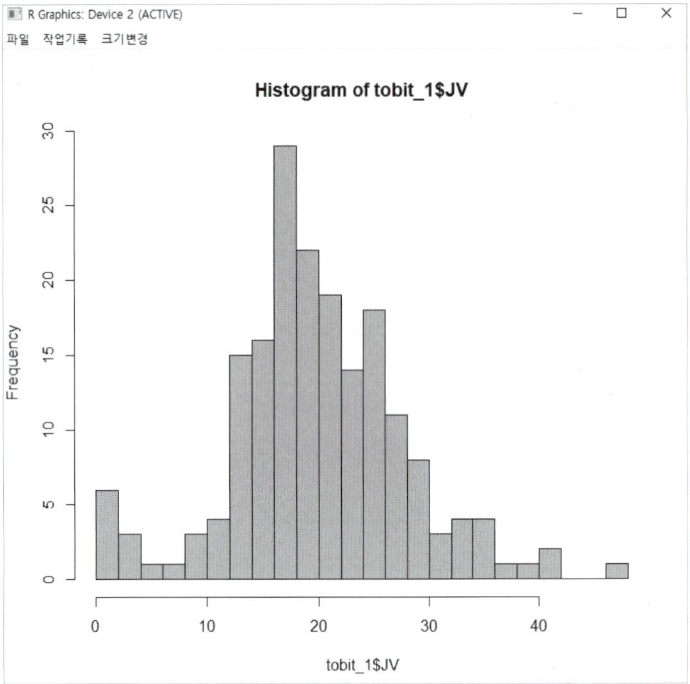

이제 필요한 패키지(AER)를 설치하고 불러오자.[16] 토빗모형 추정에 필요한 tobit( ) 함수는 AER 패키지에서 제공되고 있다.

명령어

```
> library(car) #필요시 car 패키지 install 할 것
> install.packages("AER")
> library(AER)
```

```
> library(car)
필요한 패키지를 로딩중입니다: carData
> install.packages("AER")
```

16 패키지 AER은 패키지 car가 설치된 상태에서 설치해야 효과적으로 설치된다. 본 연구자는 이에 대한 경험적 지식이 있을 뿐 기술적 지식은 부족하다.

```
Warning in install.packages :
  lzma decoding result 10
Installing package into 'C:/Users/osyan/Documents/R/win-library/4.0'
(as 'lib' is unspecified)
URL 'https://cran.rstudio.com/bin/windows/contrib/4.0/AER_1.2-9.zip'을 시
도합니다
Content type 'application/zip' length 2497120 bytes (2.4 MB)
downloaded 2.4 MB

package 'AER' successfully unpacked and MD5 sums checked

The downloaded binary packages are in
     C:\Users\Public\Documents\ESTsoft\CreatorTemp\RtmpiAfKQQ\downloade
d_packages
> library(AER)
필요한 패키지를 로딩중입니다: lmtest
필요한 패키지를 로딩중입니다: zoo

다음의 패키지를 부착합니다: 'zoo'

The following objects are masked from 'package:base':

    as.Date, as.Date.numeric

필요한 패키지를 로딩중입니다: sandwich
필요한 패키지를 로딩중입니다: survival
```

패키지가 준비되었으면 본격적으로 토빗모형을 추정해보자. 종속변수(JV)에 대해 독립변수(ROE, economyscale, costefficiency, CIV, reputation, PBRtoIndustry, CIVincrease, PER)를 구성하라는 토빗모형 명령어를 작성해보자. 추정이 끝나면 summary( ) 함수를 사용하여 분석결과를 열람해보자.

명령어

```
> tobit1 <- tobit(JV~ROE+economyscale+costefficiency+CIV+reputation+PBRtoInd
ustry+CIVincrease+PER,
+                 data=tobit_1)
```

```
> summary(tobit1)

 > tobit1 <- tobit(JV~ROE+economyscale+costefficiency+CIV+reputation+PBRto
 Industry+CIVincrease+PER,
 +                  data=tobit_1)
 > summary(tobit1)

 Call:
 tobit(formula = JV ~ ROE + economyscale + costefficiency + CIV +
     reputation + PBRtoIndustry + CIVincrease + PER, data = tobit_1)

 Observations: (1 observation deleted due to missingness)
          Total  Left-censored     Uncensored Right-censored
            185              3            182              0

 Coefficients:
                  Estimate Std. Error z value Pr(>|z|)
 (Intercept)     2.653e+01  3.164e+00   8.385  < 2e-16 ***
 ROE            -1.635e-01  1.432e-01  -1.142  0.25350
 economyscale    1.880e+00  2.474e+01   0.076  0.93944
 costefficiency -4.905e+00  1.579e+01  -0.311  0.75604
 CIV             9.861e-06  3.886e-05   0.254  0.79967
 reputation     -1.038e+01  3.717e+00  -2.792  0.00524 **
 PBRtoIndustry  -2.763e+00  2.595e+00  -1.065  0.28687
 CIVincrease     1.609e-05  3.816e-05   0.422  0.67327
 PER             7.000e-02  4.681e-02   1.495  0.13481
 Log(scale)      2.041e+00  5.273e-02  38.709  < 2e-16 ***
 ---
 Signif. codes:  0 '***' 0.001 '**' 0.01 '*' 0.05 '.' 0.1 ' ' 1

 Scale: 7.698

 Gaussian distribution
 Number of Newton-Raphson Iterations: 3
 Log-likelihood: -634.5 on 10 Df
 Wald-statistic: 14.89 on 8 Df, p-value: 0.06126
```

해석

처리 결과 화면을 보면, 통계적 유의도가 있는 독립변수로 reputation이 확인되었다.

패키지 AER이 제공하는 tobit( ) 함수의 대안 방법으로 censReg 패키지가 제공하는 censReg( ) 함수로 토빗모형을 추정해보자. 우선 필요한 패키지인 censReg를 설치하고 불러오자.

명령어

```
> install.packages("censReg")
> library(censReg)
```

```
> install.packages("censReg")
Installing package into 'C:/Users/osyan/Documents/R/win-library/4.0'
(as 'lib' is unspecified)
also installing the dependency 'glmmML'

URL  'https://cran.rstudio.com/bin/windows/contrib/4.0/glmmML_1.1.1.zip'
을 시도합니다
Content type 'application/zip' length 422496 bytes (412 KB)
downloaded 412 KB

URL 'https://cran.rstudio.com/bin/windows/contrib/4.0/censReg_0.5-30.zip
'을 시도합니다
Content type 'application/zip' length 407707 bytes (398 KB)
downloaded 398 KB

package 'glmmML' successfully unpacked and MD5 sums checked
package 'censReg' successfully unpacked and MD5 sums checked

The downloaded binary packages are in
      C:\Users\Public\Documents\ESTsoft\CreatorTemp\Rtmp27eC0Z\downloade
d_packages
> library(censReg)
필요한 패키지를 로딩중입니다: maxLik
필요한 패키지를 로딩중입니다: miscTools
```

```
Please cite the 'maxLik' package as:
Henningsen, Arne and Toomet, Ott (2011). maxLik: A package for maximum likel
ihood estimation in R. Computational Statistics 26(3), 443-458. DOI 10.1007
/s00180-010-0217-1.

If you have questions, suggestions, or comments regarding the 'maxLik' packa
ge, please use a forum or 'tracker' at maxLik's R-Forge site:
https://r-forge.r-project.org/projects/maxlik/

Please cite the 'censReg' package as:
Henningsen, Arne (2017). censReg: Censored Regression (Tobit) Models. R pac
kage version 0.5. http://CRAN.R-Project.org/package=censReg.

If you have questions, suggestions, or comments regarding the 'censReg' pack
age, please use a forum or 'tracker' at the R-Forge site of the 'sampleSelect
ion' project:
https://r-forge.r-project.org/projects/sampleselection/
```

이제 패키지가 준비되었으니 censReg( ) 함수를 사용하여 토빗모형을 추정하도록 하자.

명령어

```
> tobit2 <- censReg(JV~ROE+economyscale+costefficiency+CIV+reputation+PBRtoI
ndustry+CIVincrease+PER, right=800,
+                     data=tobit_1)
> summary(tobit2)
```

```
> tobit2 <- censReg(JV~ROE+economyscale+costefficiency+CIV+reputation+PBR
toIndustry+CIVincrease+PER, right=800,
+                     data=tobit_1)

> summary(tobit2)

Call:
censReg(formula = JV ~ ROE + economyscale + costefficiency +
    CIV + reputation + PBRtoIndustry + CIVincrease + PER, right = 800,
    data = tobit_1)
```

```
Observations:
         Total  Left-censored     Uncensored Right-censored
           185              3            182              0

Coefficients:
                 Estimate Std. error t value Pr(> t)
(Intercept)     2.653e+01        Inf       0       1
ROE            -1.635e-01        Inf       0       1
economyscale    1.880e+00        Inf       0       1
costefficiency -4.905e+00        Inf       0       1
CIV             9.861e-06        Inf       0       1
reputation     -1.038e+01        Inf       0       1
PBRtoIndustry  -2.763e+00        Inf       0       1
CIVincrease     1.609e-05        Inf       0       1
PER             7.000e-02        Inf       0       1
logSigma        2.041e+00        Inf       0       1

Newton-Raphson maximisation, 6 iterations
Return code 2: successive function values within tolerance limit
Log-likelihood: -634.5478 on 10 Df
```

이렇게 추정한 두 가지 방법이 과연 결과를 달리 보여줄 것인지 비교해보자. 편리한 비교를 위해 stargazer( ) 함수를 사용하도록 하자.

명령어

```
> library(stargazer)
> stargazer::stargazer(tobit1, tobit2, type="text",
 +                     column.labels=c("tobit1", "tobit2"),
 +                     model.names=FALSE,
 +                     dep.var.labels.include = FALSE,
 +                     dep.var.caption = "Dependent Variable: JV",
 +                     df=FALSE
 +                     )
```

```
> library(stargazer)

Please cite as:
```

```
 Hlavac, Marek (2018). stargazer: Well-Formatted Regression and Summary Sta
tistics Tables.
 R package version 5.2.2. https://CRAN.R-project.org/package=stargazer

> stargazer::stargazer(tobit1, tobit2, type="text",
+                      column.labels=c("tobit1", "tobit2"),
+                      model.names=FALSE,
+                      dep.var.labels.include = FALSE,
+                      dep.var.caption = "Dependent Variable: JV",
+                      df=FALSE
+                      )

================================================
                      Dependent Variable: JV
                    ----------------------------
                       tobit1         tobit2
                        (1)            (2)
------------------------------------------------
ROE                   -0.163         -0.163
                      (0.143)       (Inf.000)

economyscale           1.880          1.880
                     (24.745)       (Inf.000)

costefficiency        -4.905         -4.905
                     (15.788)       (Inf.000)

CIV                   0.00001        0.00001
                     (0.00004)      (Inf.000)

reputation          -10.378***      -10.378
                      (3.717)       (Inf.000)

PBRtoIndustry         -2.763         -2.763
                      (2.595)       (Inf.000)

CIVincrease           0.00002        0.00002
                     (0.00004)      (Inf.000)
```

```
PER                         0.070          0.070
                           (0.047)       (Inf.000)

logSigma                                   2.041
                                         (Inf.000)

Constant                  26.532***       26.532
                           (3.164)       (Inf.000)

----------------------------------------------------
Observations                 185            185
Log Likelihood            -634.548       -634.548
Akaike Inf. Crit.                        1,289.096
Bayesian Inf. Crit.                      1,321.299
Wald Test                  14.893*
====================================================
Note:                  *p<0.1; **p<0.05; ***p<0.01
```

해석

처리 결과 화면을 보면, tobit( ) 함수 추정결과에서는 통계적 유의도가 있는 독립변수가 유의수준과 함께 나타나는 반면, censReg( ) 함수 추정결과는 수치는 앞선 함수 추정결과와 동일하지만 통계적 유의도를 직접 보여주지 않고 있다. 또한 tobit( ) 함수 추정결과는 Wald Test 결과를 보여주는 반면, censReg( ) 함수 추정결과는 Akaike Inf. Crit.와 Bayesian Inf. Crit.를 보여준다는 차이가 있다.

3) 해킷 모형

Q. 인버스 밀스 레이쇼(Inverse Mill's Ratio)라는게 있던데, 이건 또 뭔가요?

로짓모형이나 토빗모형에서 우리가 고민해야 할 것은 샘플선택 편향(Sample Selection Bias) 문제이다. 샘플에 들어 있는 한 개체는 자신의 속성을 따르기 때문에 샘플링에 따른 편향이 존재할 수 있다는 것을 의미한다. 즉 샘플링에 포함되지 않은 샘플에서도 같은 결과가 반복, 즉 지속성을 보일 것인가 하는 문제이다. 본 데이터셋의 경우 JV에 참가한 기업만을 대상으로 분석한다. 이 문제를 해결하기 위한 방법으로 "**inverse Mills ratio**" 검정을 사용하는데 이를 해킷(Heckit) 모형이라고 부른다. 우선 필요한 패키지를 설치하고 불러오자.

명령어

```
> install.packages("sampleSelection")
> library(sampleSelection)
```

```
> install.packages("sampleSelection")
Installing package into 'C:/Users/osyan/Documents/R/win-library/4.0'
(as 'lib' is unspecified)
also installing the dependencies 'systemfit', 'VGAM', 'mvtnorm'

URL 'https://cran.rstudio.com/bin/windows/contrib/4.0/systemfit_1.1-24.z
ip'을 시도합니다
Content type 'application/zip' length 807046 bytes (788 KB)
downloaded 788 KB

URL  'https://cran.rstudio.com/bin/windows/contrib/4.0/VGAM_1.1-3.zip'을
시도합니다
Content type 'application/zip' length 8468081 bytes (8.1 MB)
downloaded 8.1 MB

URL 'https://cran.rstudio.com/bin/windows/contrib/4.0/mvtnorm_1.1-1.zip'
을 시도합니다
Content type 'application/zip' length 268839 bytes (262 KB)
downloaded 262 KB

URL 'https://cran.rstudio.com/bin/windows/contrib/4.0/sampleSelection_1.
2-6.zip'을 시도합니다
Content type 'application/zip' length 2028001 bytes (1.9 MB)
downloaded 1.9 MB

package 'systemfit' successfully unpacked and MD5 sums checked
package 'VGAM' successfully unpacked and MD5 sums checked
package 'mvtnorm' successfully unpacked and MD5 sums checked
package 'sampleSelection' successfully unpacked and MD5 sums checked
The downloaded binary packages are in
```

```
    C:\Users\Public\Documents\ESTsoft\CreatorTemp\RtmpiAfKQQ\downloade
d_packages
> library(sampleSelection)
필요한 패키지를 로딩중입니다: maxLik
필요한 패키지를 로딩중입니다: miscTools

Please cite the 'maxLik' package as:
Henningsen, Arne and Toomet, Ott (2011). maxLik: A package for maximum likel
ihood estimation in R. Computational Statistics 26(3), 443-458. DOI 10.1007
/s00180-010-0217-1.

If you have questions, suggestions, or comments regarding the 'maxLik' packa
ge, please use a forum or 'tracker' at maxLik's R-Forge site:
https://r-forge.r-project.org/projects/maxlik/
```

① 모형1: **selection( )**

해킷모형 추정을 위한 첫번 째 방법을 연습해보자. MLE(Maximum Likelihood Estimation) 방법이며 사용할 함수는 selection( )이다. 해킷모형은 두 개의 방정식으로 구성된다. 하나는 종속변수(여기서는 JV)에 대한 방정식이고, 다른 하나는 종속변수의 주요 동기가 되는 변수(여기서는 CIV)를 결정하는 방정식이다. 첫번 째 방정식에는 두번 째 방정식에 포함되지 않은 변수가 1개 이상 포함되어야 한다. 여기서는 연습데이터(tobit_2.dta)를 대상으로, 다음과 같은 두 개의 방정식으로 구성하여 실습해보자:

(1) JV~ROE+economyscale+costefficiency+CIV+reputation+PBRtoIndustry+CIVincrease+PER)

(2) CIV~economyscale+costefficiency+reputation+PER)으로 구성하여 실습해보자.

명령어

```
> library(haven)
> tobit_2 <- read_dta("C:/Users/osyan/tobit_2.dta")
> View(tobit_2)
> heckit <- selection(JV~ROE+economyscale+costefficiency+CIV+reputation+PBRt
oIndustry+CIVincrease+PER,
 +                        CIV~economyscale+costefficiency+reputation+PER,
 +                        data=tobit_2, method="ml")
```

```
> summary(heckit)
```

```
> library(haven)
> tobit_2 <- read_dta("C:/Users/osyan/tobit_2.dta")
> View(tobit_2)
> heckit <- selection(JV~ROE+economyscale+costefficiency+CIV+reputation+P
BRtoIndustry+CIVincrease+PER,
+                       CIV~economyscale+costefficiency+reputation+PER,
+                       data=tobit_2, method="ml")
> summary(heckit)
--------------------------------------------
Tobit 2 model (sample selection model)
Maximum Likelihood estimation
Newton-Raphson maximisation, 18 iterations
Return code 3: Last step could not find a value above the current.
Boundary of parameter space?
Consider switching to a more robust optimisation method temporarily.
Log-Likelihood: -1193.938
185 observations (84 censored and 101 observed)
16 free parameters (df = 169)
Probit selection equation:
                 Estimate Std. Error t value Pr(>|t|)
(Intercept)     1.321e+00        Inf       0        1
ROE             1.741e-01        Inf       0        1
economyscale    1.190e+01        Inf       0        1
costefficiency -9.676e+00        Inf       0        1
CIV             7.472e-05        Inf       0        1
reputation     -6.635e+00        Inf       0        1
PBRtoIndustry  -1.601e+00        Inf       0        1
CIVincrease     4.520e-06        Inf       0        1
PER            -5.036e-03        Inf       0        1
Outcome equation:
                Estimate Std. Error t value Pr(>|t|)
(Intercept)      14903.9        Inf       0        1
economyscale   -307265.4        Inf       0        1
costefficiency  207922.5        Inf       0        1
reputation       38728.5        Inf       0        1
PER                552.5        Inf       0        1
   Error terms:
      Estimate Std. Error t value Pr(>|t|)
```

```
sigma     25312          Inf        0         1
rho          -1          Inf        0         1
--------------------------------------------
```

② 모형2: heckit( )

이번에는 직접 Inverse Mill's Ratio를 생성하여 투입한 모형을 추정해보자. 사용할 함수는 heckit( )이다. 앞선 모형과 동일하게 두 개의 방정식으로 구성된다.

명령어

```
> heckit2 <- heckit(JV~ROE+economyscale+costefficiency+CIV+reputation+PBRtoI
ndustry+CIVincrease+PER,
  +                          CIV~economyscale+costefficiency+reputation+PER,
  +                          data=tobit_2)
> summary(heckit2)
```

```
> heckit2 <- heckit(JV~ROE+economyscale+costefficiency+CIV+reputation+PBR
toIndustry+CIVincrease+PER,
+                          CIV~economyscale+costefficiency+reputation+PER,
+                          data=tobit_2)
> summary(heckit2)
--------------------------------------------
Tobit 2 model (sample selection model)
2-step Heckman / heckit estimation
185 observations (84 censored and 101 observed)
17 free parameters (df = 169)
Probit selection equation:
                 Estimate Std. Error t value Pr(>|t|)
(Intercept)     1.329e+00  1.170e+00   1.136   0.2576
ROE             1.733e-01  6.777e-02   2.557   0.0114 *
economyscale    1.192e+01  1.011e+01   1.179   0.2402
costefficiency -9.693e+00  7.219e+00  -1.343   0.1812
CIV             3.511e-05  2.257e-05   1.556   0.1216
reputation     -6.647e+00  1.165e+00  -5.704 5.14e-08 ***
PBRtoIndustry  -1.604e+00  8.121e-01  -1.976   0.0498 *
CIVincrease     9.707e-06  2.094e-05   0.464   0.6436
PER            -8.663e-03  2.910e-02  -0.298   0.7663
```

```
Outcome equation:
                Estimate Std. Error t value Pr(>|t|)
(Intercept)      14904.4     7888.3   1.889 0.060545 .
economyscale   -307265.4    81444.9  -3.773 0.000223 ***
costefficiency  207922.4    44692.9   4.652  6.6e-06 ***
reputation       38729.4    34215.0   1.132 0.259261
PER                554.5      345.7   1.604 0.110608
Multiple R-Squared:0.3528,     Adjusted R-Squared:0.3187
   Error terms:
                Estimate Std. Error t value Pr(>|t|)
invMillsRatio -26613.770   8314.582  -3.201  0.00164 **
sigma          25313.279         NA      NA       NA
rho               -1.051         NA      NA       NA
---
Signif. codes:  0 '***' 0.001 '**' 0.01 '*' 0.05 '.' 0.1 ' ' 1
-------------------------------------------
```

해석

처리 결과 화면을 보면, IMR의 계수가 -26613.770으로 음수이고, 통계적으로 유의(유의수준 **)한 것으로 나타났다. 따라서 해석하자면, 여러 요인들을 통제하는 상황에서 평균적으로 CIV가 낮은 기업들이 JV에 참여한다고 판단할 수 있다.

8. 구조방정식 모형 분석

Q. 그림을 그리는 것 같은 분석도 있던데, 알기 쉽게 설명해 주세요!

1) 구조방정식 준비 단계

미리 제공된 연습 데이터인 final_final.dta(Stata 자료)를 불러오자. R Studio 프로그램의 오른쪽 상단에 해당 파일이 업로딩되고, 왼쪽 상단에는 해당 파일의 자료가 열람 가능하도록 열린다. Stata 파일은 오른쪽 상단에 있는 "Import Dataset"을 통해 직접 불러오는 것이 안정적이다. 이 경로를 통해 자료를 불러오면 아래와 같이 자동으로 명령어가 처리된다:

명령어

```
> library(haven)
> final_final <- read_dta("C:/Users/osyan/final-final.dta") #필자의 작업디렉토리
> View(final_final)
```

```
> library(haven)
> final_final <- read_dta("C:/Users/osyan/final-final.dta")
> View(final_final)
```

[처리결과화면: View(final_final)]

Filter | Cols: « ‹ 1 - 50 › »

	Subject Subject	Nationality Nationality	Gender Gender	Age Age	Status Status	Major Major	LOR LOR	PR PR	ori1 ori1	ori2 ori2	ori3 ori3	ori4 ori4	ori5 ori5	ori6 ori6
1	1	Korean	2	19	4	Psychology and Education	1	2	2	3	3	2	2	1
2	2	Chinese	2	18	4	Economics	1	2	4	3	4	3	4	4
3	3	Chinese	2	19	4	Blank	0.5	2	4	1	4	4	4	3
4	4	Korean	2	22	4	Blank	0.5	2	2	2	2	3	2	2
5	5	Chinese	2	20	4	Statistics	1	2	5	1	6	3	3	1
6	6	Chinese	2	20	4	Blank	0.5	2	2	2	5	3	2	2
7	7	Chinese	1	19	4	Architecture	2	2	4	4	3	3	3	2
8	8	Chinese	2	18	4	Humanities	0.5	2	3	1	4	4	4	1
9	9	Chinese	1	19	4	Economics	0.5	2	3	6	1	3	5	5
10	10	Chinese	2	19	1	Management Science	0.5	2	5	6	6	2	3	2
11	11	Chinese	1	19	4	Social Science	1	2	4	2	5	5	5	4
12	12	Chinese	1	24	1	Economics & Finance	1	2	4	3	4	4	4	3
13	13	Chinese	1	18	1	Economics	3	2	3	3	5	3	3	4
14	14	Chinese	2	20	1	Statistics	1	2	5	1	6	3	3	1
15	15	Chinese	2	18	4	Mathematics	0.5	2	4	4	3	5	5	4

Showing 1 to 17 of 124 entries, 69 total columns

자 이제 첫 출발로 연습 데이터에 들어 있는 각 변수들의 데이터 구조를 살펴보도록 하자. 명령어는 str( )이다.

명령어

```
> str(파일명)
```

```
> str(final_final)
Classes 'tbl_df', 'tbl' and 'data.frame':     124 obs. of  69 variables:
 $ Subject          : num  1 2 3 4 5 6 7 8 9 10 ...
  ..- attr(*, "label")= chr "Subject"
  ..- attr(*, "format.stata")= chr "%10.0g"
```

```
$ Nationality    : chr  "Korean" "Chinese" "Chinese" "Korean" ...
  ..- attr(*, "label")= chr "Nationality"
  ..- attr(*, "format.stata")= chr "%9s"
$ Gender         : num  2 2 2 2 2 2 1 2 1 2 ...
  ..- attr(*, "label")= chr "Gender"
  ..- attr(*, "format.stata")= chr "%10.0g"
$ Age            : num  19 18 19 22 20 20 19 18 19 19 ...
  ..- attr(*, "label")= chr "Age"
  ..- attr(*, "format.stata")= chr "%10.0g"
$ Status         : num  4 4 4 4 4 4 4 4 4 1 ...
  ..- attr(*, "label")= chr "Status"
  ..- attr(*, "format.stata")= chr "%10.0g"
```

중간 생략

```
$ TRANS          : num  4.5 4.25 3.88 2.38 3.75 ...
  ..- attr(*, "format.stata")= chr "%9.0g"
$ EXPOSURE       : num  4.4 5.8 3.8 4.6 4 ...
  ..- attr(*, "format.stata")= chr "%9.0g"
$ negaocci_buruma : num  2.5 3.25 1.75 2.5 2.25 3.25 3 1 4 3.25 ...
  ..- attr(*, "format.stata")= chr "%9.0g"
$ POSIOCCI       : num  3.2 3.6 4.2 2.8 5.2 ...
  ..- attr(*, "format.stata")= chr "%9.0g"
$ NEGAOCCI       : num  2.43 3.57 2 1.57 2.57 ...
  ..- attr(*, "format.stata")= chr "%9.0g"
$ nationality2   : num  1 2 2 1 2 2 2 2 2 2 ...
  ..- attr(*, "label")= chr "Nationality2"
  ..- attr(*, "format.stata")= chr "%8.0g"
$ POSIORI        : num  2.4 3.8 4.6 2.8 5 ...
  ..- attr(*, "format.stata")= chr "%9.0g"
$ NEGAORI        : num  2.29 3.57 2 2 1.86 ...
  ..- attr(*, "format.stata")= chr "%9.0g"
```

해석

처리 결과 화면을 보면, 여러 가지 변수명들로 이루어진 데이터 구조를 확인해 주고 있다. 개별 변수별로 구체적인 수치와 양식을 설명하고 있으며, 맨 첫 줄에서 69개 변수로 된 124개 관측치임을 알 수 있다. "중간 생략"은 출력된 자료 화면이 길어 필자가 임의로 중간 내용을 삭제하였다는 의미이다(실제 출력 화면은 매우 긴 내용을 담고 있다).

다음으로 데이터를 요약해 보도록 하자. 명령어는 summary( )이다.

명령어

```
> summary(파일명)
```

```
> summary(final_final)
    Subject        Nationality            Gender
 Min.   :  1.00   Length:124          Min.   :1.0
 1st Qu.: 31.75   Class :character    1st Qu.:1.0
 Median : 62.50   Mode  :character    Median :1.5
 Mean   : 62.50                       Mean   :1.5
 3rd Qu.: 93.25                       3rd Qu.:2.0
 Max.   :124.00                       Max.   :2.0

      Age            Status          Major
 Min.   :17.00   Min.   :1.000   Length:124
 1st Qu.:19.00   1st Qu.:1.000   Class :character
 Median :21.00   Median :2.000   Mode  :character
 Mean   :23.02   Mean   :2.234
 3rd Qu.:24.00   3rd Qu.:4.000
 Max.   :58.00   Max.   :4.000

중간 생략

 negaocci_buruma     POSIOCCI         NEGAOCCI
 Min.   :1.000   Min.   :1.000   Min.   :1.000
 1st Qu.:2.250   1st Qu.:3.400   1st Qu.:2.429
 Median :2.750   Median :4.000   Median :3.000
 Mean   :2.907   Mean   :4.064   Mean   :2.982
 3rd Qu.:3.562   3rd Qu.:4.800   3rd Qu.:3.607
 Max.   :6.000   Max.   :6.800   Max.   :5.000

  nationality2       POSIORI          NEGAORI
 Min.   :1.000   Min.   :1.800   Min.   :1.000
 1st Qu.:1.000   1st Qu.:3.400   1st Qu.:2.143
 Median :1.000   Median :3.800   Median :2.714
```

```
Mean    :1.411   Mean    :3.908   Mean    :2.869
3rd Qu.:2.000   3rd Qu.:4.400   3rd Qu.:3.429
Max.    :2.000   Max.    :6.400   Max.    :6.143
```

해석

처리 결과 화면을 보면, 개별 변수에 해당되는 최저치, 중간값, 평균, 최고치 자료가 도출되어 있다. "중간 생략"은 출력된 자료 화면이 길어 필자가 임의로 중간 내용을 삭제하였다는 의미이다(실제 출력 화면은 매우 긴 내용을 담고 있다).

자 이제 기초 작업이 완성되었으니, 본격적으로 구조방정식 모형 분석으로 들어가 보자. 구조방정식 모형 분석의 첫 단계는 "확인적 요인분석"을 실시하는 것이다. 확인적 요인분석에 필요한 패키지는 "lavaan"이다. 우선 필요한 패키지를 설치하도록 하자. 패키지 "lavaan", "cfa" 등이 설치되어야 한다.

명령어

```
> install.packages("패키지명")
```

```
> install.packages("lavaan")
Installing package into 'C:/Users/User/Documents/R/win-library/3.5'
(as 'lib' is unspecified)
also installing the dependencies 'mnormt', 'pbivnorm', 'numDeriv'

trying URL 'https://cran.rstudio.com/bin/windows/contrib/3.5/mnormt_1.5-
5.zip'
Content type 'application/zip' length 373388 bytes (364 KB)
downloaded 364 KB

trying URL 'https://cran.rstudio.com/bin/windows/contrib/3.5/pbivnorm_0.
6.0.zip'
Content type 'application/zip' length 289101 bytes (282 KB)
downloaded 282 KB

trying URL 'https://cran.rstudio.com/bin/windows/contrib/3.5/numDeriv_20
16.8-1.zip'
```

```
Content type 'application/zip' length 115336 bytes (112 KB)
downloaded 112 KB

trying URL 'https://cran.rstudio.com/bin/windows/contrib/3.5/lavaan_0.6-
2.zip'
Content type 'application/zip' length 2587760 bytes (2.5 MB)
downloaded 2.5 MB

package 'mnormt' successfully unpacked and MD5 sums checked
package 'pbivnorm' successfully unpacked and MD5 sums checked
package 'numDeriv' successfully unpacked and MD5 sums checked
package 'lavaan' successfully unpacked and MD5 sums checked

The downloaded binary packages are in
      C:\Users\User\AppData\Local\Temp\Rtmpkf2VCf\downloaded_packages
```

명령어

```
> install.packages("cfa")
```

```
> install.packages("cfa")
Installing package into 'C:/Users/User/Documents/R/win-library/3.5'
(as 'lib' is unspecified)
trying URL 'https://cran.rstudio.com/bin/windows/contrib/3.5/cfa_0.10-0.
zip'
Content type 'application/zip' length 112013 bytes (109 KB)
downloaded 109 KB

package 'cfa' successfully unpacked and MD5 sums checked

The downloaded binary packages are in
      C:\Users\User\AppData\Local\Temp\Rtmpkf2VCf\downloaded_packages
```

자 이렇게 설치한 패키지를 사용하기 위해 library("패키지명") 함수를 이용하여 패키지 "lavaan", "cfa" 등을 불러온다.

```
> library("cfa")
> library("lavaan")
```

```
> library(cfa)

다음의 패키지를 부착합니다: 'cfa'

The following object is masked from 'package:lavaan':

    cfa

> library("lavaan")
This is lavaan 0.6-2
lavaan is BETA software! Please report any bugs.

다음의 패키지를 부착합니다: 'lavaan'

The following object is masked from 'package:cfa':

    cfa

Warning message:
패키지 'lavaan'는 R 버전 3.5.1에서 작성되었습니다
```

2) 구조방정식 실행 단계

구조방정식 실행단계는 탐색적 요인분석(Exploratory Factor Analysis: EFA) 단계와, 확인적 요인분석(Confirmatory Factor Analysis: CFA) 단계로 이루어진다. 전자에서는 공통분산 요소에 기반 해 변수에 내재된 공분산 구조를 모델링하는 반면, 후자에서는 구조방정식 모형설정, 구조방정식 모형 적합도 확인 및 분석, 구조방정식 이론 모형 그리기 단계로 세분된다.

① 탐색적 요인분석(Exploratory Factor Analysis: EFA): cfa( )

탐색적 요인분석은 관측 변수들이 잠재변수(latent variable)라 부르는 직접 관측이불가능한 변수들에 의해 설명될 수 있다고 가정한다. 잠재변수는 공통분산의 원천으로서 모형화된다. 이제 잠재변수(개념)를 구성하는 개별 설문문항들이 해당 개념에 잘 수렴되는지를 검토하는 탐색적 요인분석을 실시해 보자. 탐색적 요인분석에서는 독립변수와 종속변수가 지정되지 않는다.

#잠재변수와 구성요소 연결하기

작업의 출발점은 각 개념별로 해당 설문문항들을 연결시켜주는 작업이 필요하다. 개념과 설문문항들을 연결시키는 작업은 '개념=~설문문항1+설문문항2+설문문항3' 방식으로 이루어진다. 이 작업에는 cfa( ) 함수식이 필요하다. 함수식 cfa( )는 개념과 구성항목의 수렴도 확인에 사용된다.

※개념(잠재변수)과 설문문항(구성요소) 연결시키기※
'개념=~설문문항1+설문문항2+설문문항3'
주의: 큰 따옴표가 아니라 작은 따옴표를 사용

명령어

```
> 저장할파일명1 <-"개념1=~구성항목1+구성항목2+구성항목3+구성항목4
  개념2=~구성항목5+구성항목6+구성항목7+구성항목8
  개념3=~구성항목9+구성항목10+구성항목11+구성항목12
  개념4=~구성항목13+구성항목14+구성항목15+구성항목16
  개념5=~구성항목17+구성항목18+구성항목19+구성항목20"
> 저장할파일명2 <- cfa(저장할파일명1, data=데이터자료명)
> summary(저장할파일명2, standardized=T, fit.measures=T)
```

```
> cfa1 <-"ORI=~ori1+ori2+ori3+ori4
+ OCCI=~occi1+occi2+occi3+occi4
+ GEO=~geoimag1+geoimag2+geoimag3+geoimag4
+ TRANS=~trans1+trans2+trans3+trans4
+ UKSTEREO=~uk_stereo1+uk_stereo2+uk_stereo3"
> fit <- cfa(cfa1, data = final_final)
Warning messages:
1: In lav_object_post_check(object) :
  lavaan WARNING: some estimated ov variances are negative
2: In lavaan::lavaan(model = cfa1, data = final_final, model.type = "cfa",
:
  lavaan WARNING: not all elements of the gradient are (near) zero;
                  the optimizer may not have found a local solution;
                  use lavInspect(fit, "optim.gradient") to investigate
```

명령어

```
> summary(저장할파일명2, standardized=T, fit.measures=T)
```

```
> summary(fit, fit.measures = TRUE)
lavaan 0.6-3 ended normally after 416 iterations

  Optimization method                           NLMINB
  Number of free parameters                         48

                                                  Used       Total
  Number of observations                           121         124

  Estimator                                         ML
  Model Fit Test Statistic                     333.017
  Degrees of freedom                               142
  P-value (Chi-square)                           0.000

Model test baseline model:

  Minimum Function Test Statistic              922.895
  Degrees of freedom                               171
  P-value                                        0.000

User model versus baseline model:

  Comparative Fit Index (CFI)                    0.746
  Tucker-Lewis Index (TLI)                       0.694

Loglikelihood and Information Criteria:

  Loglikelihood user model (H0)              -4010.805
  Loglikelihood unrestricted model (H1)      -3844.297

  Number of free parameters                         48
  Akaike (AIC)                                8117.610
  Bayesian (BIC)                              8251.808
  Sample-size adjusted Bayesian (BIC)         8100.049
```

```
Root Mean Square Error of Approximation:

  RMSEA                                                  0.105
  90 Percent Confidence Interval                0.091  0.120
  P-value RMSEA <= 0.05                                  0.000

Standardized Root Mean Square Residual:

  SRMR                                                   0.097

Parameter Estimates:

  Information                                         Expected
  Information saturated (h1) model                  Structured
  Standard Errors                                     Standard

Latent Variables:
                   Estimate  Std.Err  z-value  P(>|z|)
  ORI =~
    ori1              1.000
    ori2             -1.743    1.034   -1.686    0.092
    ori3             91.669  359.507    0.255    0.799
    ori4              2.587    1.379    1.876    0.061
  OCCI =~
    occi1             1.000
    occi2            -0.042    0.215   -0.195    0.846
    occi3             2.120    0.476    4.451    0.000
    occi4             1.645    0.389    4.225    0.000
  GEO =~
    geoimag1          1.000
    geoimag2          0.855    0.139    6.138    0.000
    geoimag3          0.998    0.131    7.615    0.000
    geoimag4          1.192    0.135    8.827    0.000
  TRANS =~
    trans1            1.000
    trans2            0.929    0.170    5.461    0.000
    trans3            0.755    0.145    5.191    0.000
    trans4            0.737    0.151    4.871    0.000
  UKSTEREO =~
```

```
    uk_stereo1        1.000
    uk_stereo2        1.967    0.447    4.397    0.000
    uk_stereo3        1.172    0.299    3.916    0.000

Covariances:
                   Estimate  Std.Err  z-value  P(>|z|)
  ORI ~~
    OCCI              0.006    0.024    0.251    0.802
    GEO               0.007    0.029    0.251    0.802
    TRANS             0.007    0.026    0.251    0.802
    UKSTEREO          0.005    0.020    0.251    0.802
  OCCI ~~
    GEO               0.443    0.137    3.243    0.001
    TRANS             0.529    0.158    3.352    0.001
    UKSTEREO          0.239    0.089    2.703    0.007
  GEO ~~
    TRANS             1.133    0.241    4.704    0.000
    UKSTEREO          0.433    0.141    3.074    0.002
  TRANS ~~
    UKSTEREO          0.632    0.183    3.459    0.001

Variances:
                   Estimate  Std.Err  z-value  P(>|z|)
   .ori1              1.305    0.168    7.776    0.000
   .ori2              2.268    0.293    7.750    0.000
   .ori3            -21.726   89.653   -0.242    0.809
   .ori4              2.097    0.278    7.541    0.000
   .occi1             1.877    0.249    7.549    0.000
   .occi2             1.946    0.250    7.778    0.000
   .occi3             0.339    0.162    2.094    0.036
   .occi4             1.254    0.189    6.623    0.000
   .geoimag1          1.052    0.181    5.820    0.000
   .geoimag2          2.221    0.312    7.127    0.000
   .geoimag3          1.501    0.233    6.438    0.000
   .geoimag4          0.935    0.199    4.694    0.000
   .trans1            1.632    0.261    6.263    0.000
   .trans2            2.484    0.355    7.002    0.000
   .trans3            1.930    0.271    7.131    0.000
   .trans4            2.225    0.307    7.253    0.000
```

```
.uk_stereo1     1.817    0.250    7.266    0.000
.uk_stereo2     0.676    0.268    2.519    0.012
.uk_stereo3     1.618    0.233    6.947    0.000
 ORI            0.003    0.012    0.240    0.810
 OCCI           0.395    0.175    2.254    0.024
 GEO            1.552    0.329    4.720    0.000
 TRANS          1.377    0.360    3.827    0.000
 UKSTEREO       0.480    0.202    2.383    0.017
```

#모형그리기: semPaths( )

자 이제 탐색적 요인분석 모형 그리기를 실시해보자. 이 작업에는 패키지 "semPlot"과 semPaths( ) 함수식이 필요하다. 우선 패키지 "semPlot"을 설치하도록 하자.

명령어

```
> install.packages("semPlot")
> library(semPlot)
```

```
> install.packages("semPlot")
Installing package into 'C:/Users/osyan/Documents/R/win-library/4.0'
(as 'lib' is unspecified)
also installing the dependencies 'checkmate', 'coda', 'latticeExtra', 'ace
pack', 'htmlTable', 'rjson', 'arm', 'xtable', 'RUnit', 'RcppParallel', 'tr
uncnorm', 'psych', 'Hmisc', 'jpeg', 'png', 'glasso', 'huge', 'fdrtool', 'd3
Network', 'BDgraph', 'pbapply', 'matrixcalc', 'mi', 'kutils', 'StanHeader
s', 'rpf', 'Rsolnp', 'qgraph', 'sem', 'XML', 'lisrelToR', 'rockchalk', 'cor
pcor', 'OpenMx', 'regsem'

URL 'https://cran.rstudio.com/bin/windows/contrib/4.0/checkmate_2.0.0.zi
p'을 시도합니다
Content type 'application/zip' length 699392 bytes (683 KB)
downloaded 683 KB
(중간 생략)
URL 'https://cran.rstudio.com/bin/windows/contrib/4.0/semPlot_1.1.2.zip'
을 시도합니다
Content type 'application/zip' length 343186 bytes (335 KB)
```

```
downloaded 335 KB

package 'checkmate' successfully unpacked and MD5 sums checked
package 'coda' successfully unpacked and MD5 sums checked
package 'latticeExtra' successfully unpacked and MD5 sums checked
package 'acepack' successfully unpacked and MD5 sums checked
package 'htmlTable' successfully unpacked and MD5 sums checked
package 'rjson' successfully unpacked and MD5 sums checked
package 'arm' successfully unpacked and MD5 sums checked
package 'xtable' successfully unpacked and MD5 sums checked
package 'RUnit' successfully unpacked and MD5 sums checked
package 'RcppParallel' successfully unpacked and MD5 sums checked
package 'truncnorm' successfully unpacked and MD5 sums checked
package 'psych' successfully unpacked and MD5 sums checked
package 'Hmisc' successfully unpacked and MD5 sums checked
package 'jpeg' successfully unpacked and MD5 sums checked
package 'png' successfully unpacked and MD5 sums checked
package 'glasso' successfully unpacked and MD5 sums checked
package 'huge' successfully unpacked and MD5 sums checked
package 'fdrtool' successfully unpacked and MD5 sums checked
package 'd3Network' successfully unpacked and MD5 sums checked
package 'BDgraph' successfully unpacked and MD5 sums checked
package 'pbapply' successfully unpacked and MD5 sums checked
package 'matrixcalc' successfully unpacked and MD5 sums checked
package 'mi' successfully unpacked and MD5 sums checked
package 'kutils' successfully unpacked and MD5 sums checked
package 'StanHeaders' successfully unpacked and MD5 sums checked
package 'rpf' successfully unpacked and MD5 sums checked
package 'Rsolnp' successfully unpacked and MD5 sums checked
package 'qgraph' successfully unpacked and MD5 sums checked
package 'sem' successfully unpacked and MD5 sums checked
package 'XML' successfully unpacked and MD5 sums checked
package 'lisrelToR' successfully unpacked and MD5 sums checked
package 'rockchalk' successfully unpacked and MD5 sums checked
package 'corpcor' successfully unpacked and MD5 sums checked
package 'OpenMx' successfully unpacked and MD5 sums checked
package 'regsem' successfully unpacked and MD5 sums checked
package 'semPlot' successfully unpacked and MD5 sums checked
```

```
The downloaded binary packages are in
      C:\Users\Public\Documents\ESTsoft\CreatorTemp\Rtmp0ge8qq\downloade
d_packages
> library(semPlot)
Registered S3 methods overwritten by 'huge':
  method    from
  plot.sim  BDgraph
  print.sim BDgraph
```

패키지 "semPlot"을 설치한 후 모형 그리기를 완성하도록 하자. 이 작업에는 semPaths( ) 함수식이 사용된다. 대상 파일은 cfa( ) 함수식으로 처리한 파일명이 된다. 또한 다양한 옵션들이 있으니 눈여겨 볼 필요가 있다.

명령어

```
> win.graph()
> semPaths(cfa처리한파일명, whatLabels="std", rotation=수치, style="lisrel",
nDigits=수치, layout="tree", edge.label.cex=수치, sizeMan=수치, sizeLat=수치)
또는
> semPaths(cfa처리한파일명, what="std", edge.label.cex=수치, sizeMan=수치,
sizeLat=수치, curve=수치)
```

```
> win.graph()
> semPaths(fit,
+         what="std",
+         edge.label.cex = 0.6,
+         sizeMan=5,
+         sizeLat=5,
+         curve=0.4)
```

[처리결과화면: win.graph() 화면]

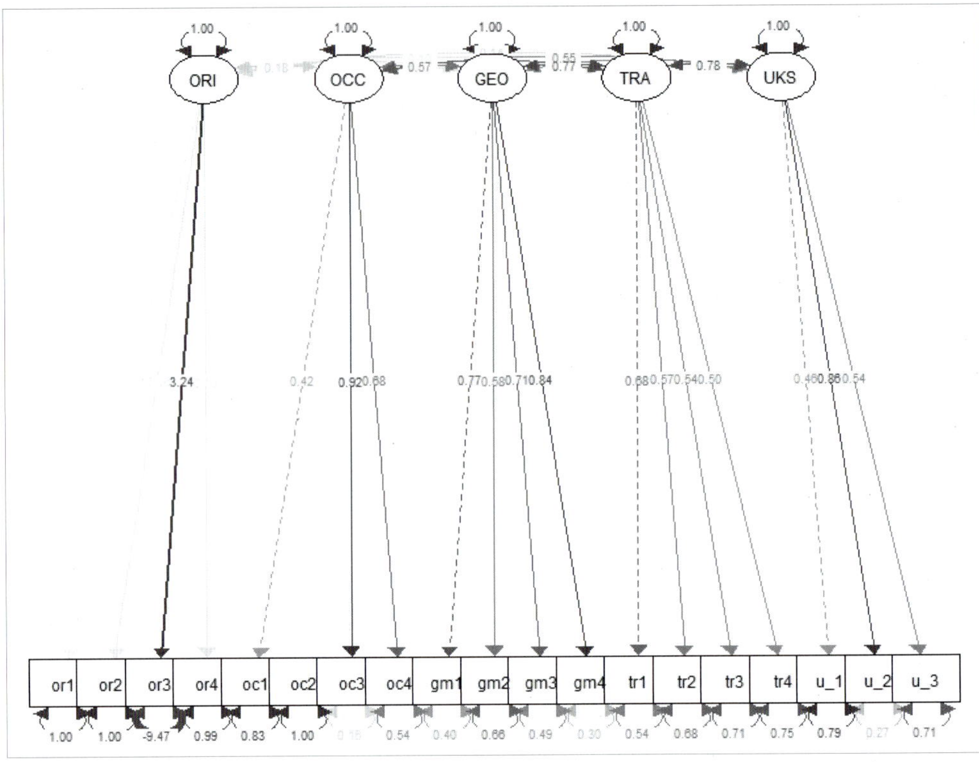

[처리결과화면: RStudio Plots 화면]

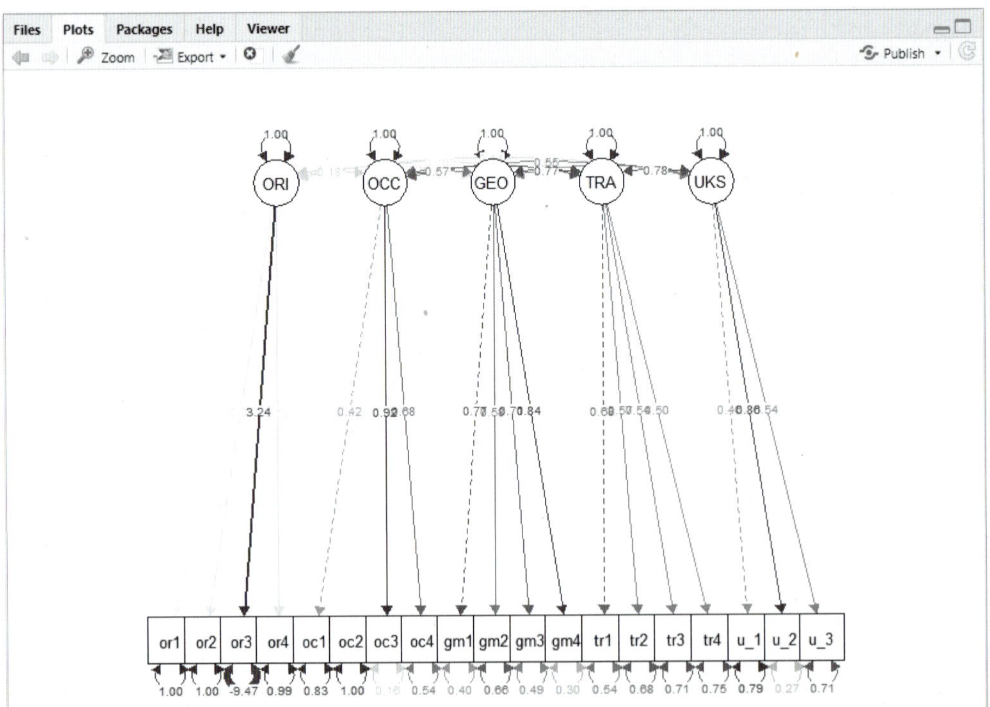

해석

처리 결과 화면을 보면, 구조방정식 모형 분석 결과가 도출되어 있다. 이 그림을 저장하려면 "Export"를 클릭하면 나타나는 창에서 "Copy to Clipboard"를 클릭해서 복사 및 붙여넣기를 하면 된다. 또한 이미지를 저장하려면 "Save as Image" 또는 "Save as PDF"를 사용하면 된다.

② 확인적 요인분석(Confirmatory Factor Analysis: CFA): sem( )

지금까지 탐색적 요인분석을 통해 공통분산 요소에 기반해 공분산 구조를 확인하였다. 이제 구조방정식 모형설정과 모형 적합도 확인 및 분석을 완성해보자. 구조방정식 모형설정에서는 독립변수와 종속변수가 지정된다. 이 작업에는 sem( ) 함수식이 필요하다. 함수식 sem( )은 모형 적합도 확인 및 분석에 사용된다.

명령어

```
> 저장할파일명3 <-"개념1=~구성항목1+구성항목2+구성항목3+구성항목4
  개념2=~구성항목5+구성항목6+구성항목7+구성항목8
  개념3=~구성항목9+구성항목10+구성항목11+구성항목12
  개념4=~구성항목13+구성항목14+구성항목15+구성항목16
  개념5=~구성항목17+구성항목18+구성항목19+구성항목20
  종속변수~독립변수1+독립변수2+독립변수3+독립변수4"
> 저장할파일명4 <- sem(저장할파일명3, data=데이터자료명)
```

```
> sem1 <-"
+  # measurement model
+ ORI=~ori1+ori2+ori3+ori4
+ OCCI=~occi1+occi2+occi3+occi4
+ GEO=~geoimag1+geoimag2+geoimag3+geoimag4
+ TRANS=~trans1+trans2+trans3+trans4
+ UKSTEREO=~uk_stereo1+uk_stereo2+uk_stereo3
+  # regressions
+ UKSTEREO~ORI+OCCI+GEO+TRANS"
> fit1 <- sem(sem1, data = final_final)
Warning messages:
1: In lav_object_post_check(object) :
```

```
  lavaan WARNING: some estimated ov variances are negative
2: In lavaan::lavaan(model = sem1, data = final_final, model.type = "sem",
:
  lavaan WARNING: not all elements of the gradient are (near) zero;
                  the optimizer may not have found a local solution;
                  use lavInspect(fit, "optim.gradient") to investigate
```

명령어

```
> summary(저장할파일명4, standardized=T, fit.measures=T)
```

```
> summary(fit1, standardized = TRUE)
lavaan 0.6-3 ended normally after 413 iterations

  Optimization method                           NLMINB
  Number of free parameters                         48

                                                  Used       Total
  Number of observations                           121         124

  Estimator                                         ML
  Model Fit Test Statistic                     333.017
  Degrees of freedom                               142
  P-value (Chi-square)                           0.000

Parameter Estimates:

  Information                                 Expected
  Information saturated (h1) model          Structured
  Standard Errors                             Standard

Latent Variables:
                 Estimate  Std.Err  z-value  P(>|z|)   Std.lv  Std.all
  ORI =~
    ori1            1.000                               0.053    0.047
    ori2           -1.743    1.034   -1.686    0.092   -0.093   -0.062
    ori3           91.731  359.983    0.255    0.799    4.902    3.237
    ori4            2.587    1.380    1.876    0.061    0.138    0.095
```

```
  OCCI =~
    occi1            1.000                                   0.628    0.417
    occi2           -0.042    0.215   -0.195    0.846   -0.026   -0.019
    occi3            2.120    0.476    4.451    0.000    1.332    0.916
    occi4            1.645    0.389    4.225    0.000    1.034    0.678
  GEO =~
    geoimag1         1.000                                   1.246    0.772
    geoimag2         0.855    0.139    6.138    0.000    1.066    0.582
    geoimag3         0.998    0.131    7.615    0.000    1.244    0.712
    geoimag4         1.192    0.135    8.827    0.000    1.485    0.838
  TRANS =~
    trans1           1.000                                   1.174    0.677
    trans2           0.929    0.170    5.461    0.000    1.090    0.569
    trans3           0.755    0.145    5.191    0.000    0.886    0.538
    trans4           0.737    0.151    4.871    0.000    0.865    0.502
  UKSTEREO =~
    uk_stereo1       1.000                                   0.693    0.457
    uk_stereo2       1.967    0.447    4.397    0.000    1.363    0.856
    uk_stereo3       1.172    0.299    3.916    0.000    0.812    0.538

Regressions:
                   Estimate  Std.Err  z-value  P(>|z|)   Std.lv  Std.all
  UKSTEREO ~
    ORI               0.847    0.542    1.562    0.118    0.065    0.065
    OCCI             -0.027    0.237   -0.116    0.908   -0.025   -0.025
    GEO              -0.141    0.146   -0.967    0.334   -0.254   -0.254
    TRANS             0.581    0.261    2.231    0.026    0.984    0.984

Covariances:
                   Estimate  Std.Err  z-value  P(>|z|)   Std.lv  Std.all
  ORI ~~
    OCCI              0.006    0.024    0.251    0.802    0.180    0.180
    GEO               0.007    0.029    0.251    0.802    0.108    0.108
    TRANS             0.007    0.026    0.251    0.802    0.104    0.104
  OCCI ~~
    GEO               0.443    0.137    3.243    0.001    0.566    0.566
    TRANS             0.529    0.158    3.352    0.001    0.718    0.718
  GEO ~~
    TRANS             1.133    0.241    4.704    0.000    0.775    0.775
```

```
Variances:
                   Estimate  Std.Err  z-value  P(>|z|)   Std.lv  Std.all
   .ori1              1.305    0.168    7.776    0.000    1.305    0.998
   .ori2              2.268    0.293    7.750    0.000    2.268    0.996
   .ori3            -21.741   89.769   -0.242    0.809  -21.741   -9.481
   .ori4              2.097    0.278    7.541    0.000    2.097    0.991
   .occi1             1.877    0.249    7.549    0.000    1.877    0.826
   .occi2             1.946    0.250    7.778    0.000    1.946    1.000
   .occi3             0.339    0.162    2.094    0.036    0.339    0.160
   .occi4             1.254    0.189    6.623    0.000    1.254    0.540
   .geoimag1          1.052    0.181    5.820    0.000    1.052    0.404
   .geoimag2          2.221    0.312    7.127    0.000    2.221    0.662
   .geoimag3          1.501    0.233    6.438    0.000    1.501    0.493
   .geoimag4          0.935    0.199    4.694    0.000    0.935    0.298
   .trans1            1.632    0.261    6.263    0.000    1.632    0.542
   .trans2            2.484    0.355    7.002    0.000    2.484    0.676
   .trans3            1.930    0.271    7.131    0.000    1.930    0.711
   .trans4            2.225    0.307    7.253    0.000    2.225    0.748
   .uk_stereo1        1.817    0.250    7.266    0.000    1.817    0.791
   .uk_stereo2        0.676    0.268    2.519    0.012    0.676    0.267
   .uk_stereo3        1.618    0.233    6.947    0.000    1.618    0.710
    ORI               0.003    0.012    0.240    0.810    1.000    1.000
    OCCI              0.395    0.175    2.254    0.024    1.000    1.000
    GEO               1.552    0.329    4.720    0.000    1.000    1.000
    TRANS             1.377    0.360    3.827    0.000    1.000    1.000
   .UKSTEREO          0.176    0.101    1.747    0.081    0.367    0.367
```

마지막으로 모형 그리기를 완성하도록 하자. 이 작업에는 semPaths( ) 함수식이 사용된다. 대상 파일은 sem( ) 함수식으로 처리한 파일명이 된다.

명령어

```
> semPaths(sem처리한파일명, whatLabels="std", rotation=수치, style="lisrel", nDigits=수치, layout="tree", edge.label.cex=수치, sizeMan=수치, sizeLat=수치, label.cex=수치)
또는
> semPaths(cfa처리한파일명, what="std", edge.label.cex=수치, sizeMan=수치,
```

```
sizeLat=수치, curve=수치)
```

```
> library(semPlot)
> win.graph()
> semPaths(fit1,
+          what="std",
+          edge.label.cex = 0.6,
+          sizeMan=5,
+          sizeLat=5,
+          curve=0.4,
+          edge.color="black")
```

[처리결과화면]

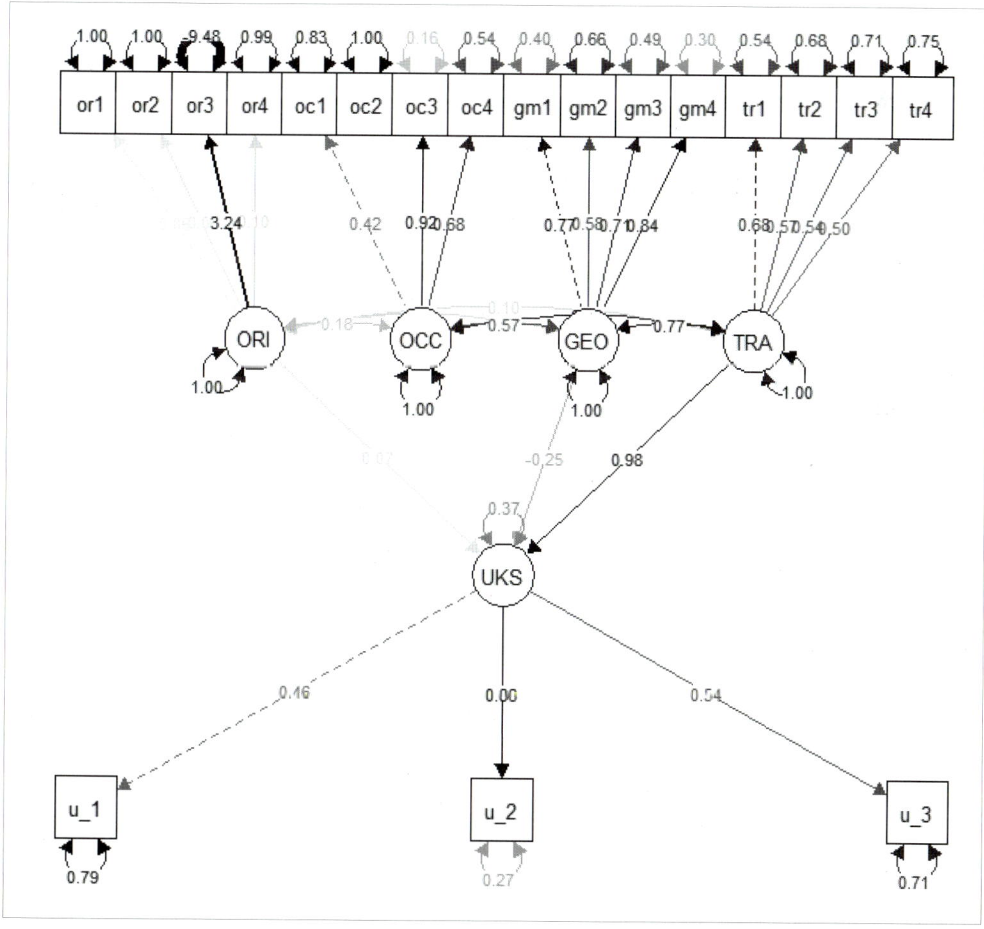

해석

처리 결과 화면을 보면, 구조방정식 모형 분석 결과가 도출되어 있다. 처리 결과를 종합하여 분석 결과를 정리해 보면 다음과 같다. 우선 도출된 분석결과 내용 가운데 "Regressions" 파트에서, 종속변수인 UKSTEREO에 대한 OCCI, GEO, TRANS 등의 독립변수의 영향을 살펴볼 수 있다. Estimate에 제시된 수치는 비표준화계수이고, 오른쪽 맨 끝에 제시된 Std.all에 제시된 수치는 표준화계수이다. 이 그림을 저장하려면 "Export"를 클릭하면 나타나는 창에서 "Copy to Clipboard"를 클릭해서 복사 및 붙여넣기를 하면 된다. 또한 이미지를 저장하려면 "Save as Image" 또는 "Save as PDF"를 사용하면 된다.

[분석결과요약]

변수	비표준화계수	표준오차	표준화계수	Z값	P값	가설 채택 여부
UKSTEREO						
<-ORI	0.847	0.542	0.065	1.562	0.118	기각
<-OCCI	-0.027	0.237	-0.025	-0.116	0.908	기각
<-GEO	-0.141	0.146	-0.254	-0.967	0.334	기각
<-TRANS	**0.581**	**0.261**	**0.984**	**2.231**	**0.026****	**지지**
ORI						
<-OCCI	0.006	0.024	0.180	0.251	0.802	기각
<-GEO	0.007	0.029	0.108	0.251	0.802	기각
<-TRANS	0.007	0.026	0.104	0.251	0.802	기각
OCCI						
<-GEO	**0.443**	**0.137**	**0.566**	**3.242**	**0.001*****	**지지**
<-TRANS	**0.529**	**0.158**	**0.718**	**3.352**	**0.001*****	**지지**
GEO						
<-TRANS	**1.133**	**0.241**	**0.775**	**4.704**	**0.000†**	**지지**

주: *P<0.10, **P<0.05, ***p<0.01, †p<0.001

지금까지 실습한 구조방정식 과제는 다음과 같은 연구모형으로 표현될 수 있다. 이와 같은 연구모형은 연구자의 연구 목적에 따라 통계분석을 실시하기 전에 앞서 제시되어야 한다.

[연구모형]

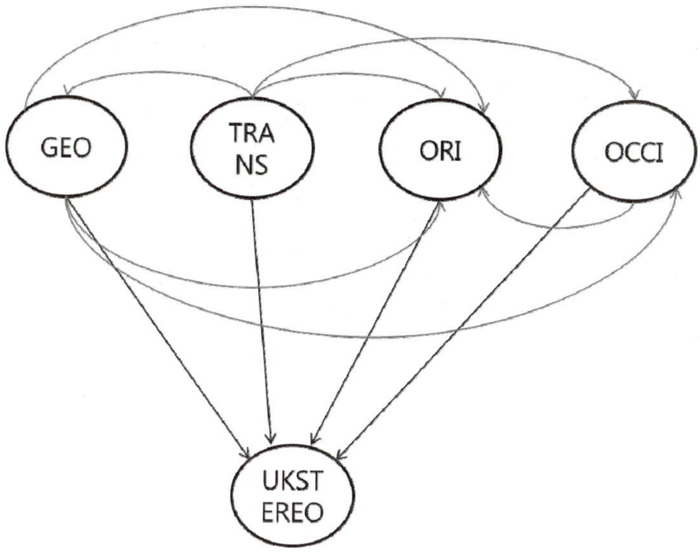

[연구모형분석결과]

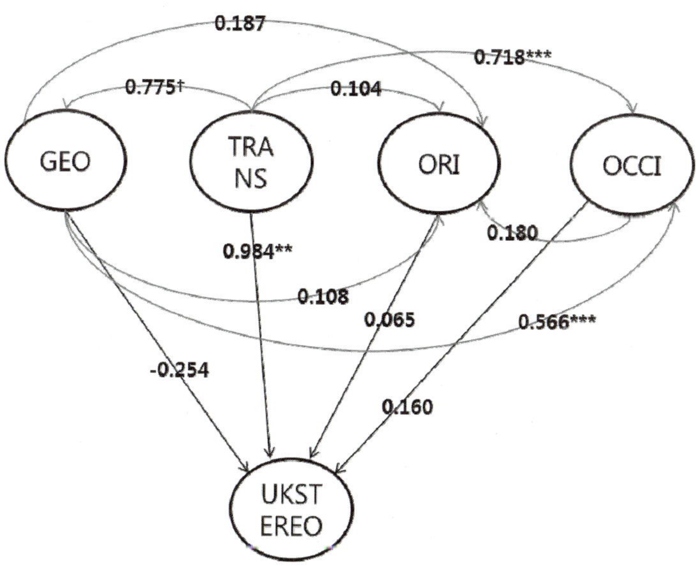

주: 경로 선 위에 표시된 수치는 비표준화계수를 의미; *P〈0.10, **P〈0.05, ***p〈0.01, †p〈0.001

③ 3단계(Three-Stage) 분석

앞서 연습한 구조방정식을 좀 더 아카데믹하게 구성해서 실행해보자. 실제로 구조방정식은 A-B-C 구조를 갖춘 삼단계 분석이 기본형이다. 그러자면 모형 설정에서 "종속변수~독립변수1+독립변수2+독립변수3" 구조를 좀 더 복잡하게 작성해야 한다. 출발점 선행변수로 GEO와 TRANS를 정하고, 중간 종속변수로 ORI와 OCCI를 정하고, 최종 종속변수로

UKSTEREO를 정해서 연구모형을 실습해 보자.

[연구모형]

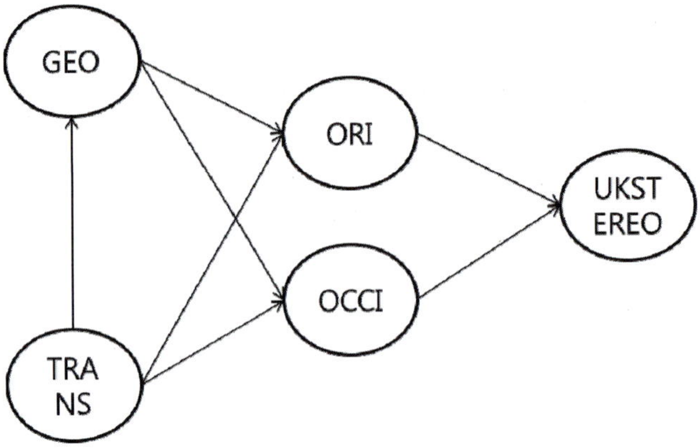

명령어

```
> 저장할파일명3 <-"개념1=~구성항목1+구성항목2+구성항목3+구성항목4
  개념2=~구성항목5+구성항목6+구성항목7+구성항목8
  개념3=~구성항목9+구성항목10+구성항목11+구성항목12
  개념4=~구성항목13+구성항목14+구성항목15+구성항목16
  개념5=~구성항목17+구성항목18+구성항목19+구성항목20
  종속변수~독립변수1+독립변수2+독립변수3+독립변수4
  매개변수1~독립변수5+독립변수6+독립변수7+독립변수8
  매개변수2~독립변수9+독립변수10+독립변수11+독립변수12"
> <- sem(저장할파일명3, data=데이터자료명)
```

```
> sem2 <-"
+ # measurement model
+ ORI=~ori1+ori2+ori3+ori4
+ OCCI=~occi1+occi2+occi3+occi4
+ GEO=~geoimag1+geoimag2+geoimag3+geoimag4
+ TRANS=~trans1+trans2+trans3+trans4
+ UKSTEREO=~uk_stereo1+uk_stereo2+uk_stereo3
+ # regressions
+ GEO~TRANS
+ ORI~GEO+TRANS
+ OCCI~GEO+TRANS
```

```
+ UKSTEREO~ORI+OCCI"
> fit2 <- sem(sem2, data = final_final)
Warning messages:
1: In lav_object_post_check(object) :
  lavaan WARNING: some estimated ov variances are negative
2: In lav_object_post_check(object) :
  lavaan WARNING: some estimated lv variances are negative
```

명령어

```
> summary(저장할파일명4, standardized=T, fit.measures=T)
```

```
> summary(fit2, standardized = TRUE)
lavaan 0.6-3 ended normally after 274 iterations

  Optimization method                           NLMINB
  Number of free parameters                         45

                                                  Used       Total
  Number of observations                           121         124

  Estimator                                         ML
  Model Fit Test Statistic                     355.972
  Degrees of freedom                               145
  P-value (Chi-square)                           0.000

Parameter Estimates:

  Information                                 Expected
  Information saturated (h1) model          Structured
  Standard Errors                             Standard

Latent Variables:
                   Estimate  Std.Err  z-value  P(>|z|)   Std.lv  Std.all
  ORI =~
    ori1              1.000                               0.072    0.063
    ori2             -1.774    1.075   -1.650    0.099   -0.127   -0.084
    ori3             51.836  122.879    0.422    0.673    3.725    2.460
```

```
  ori4          2.453    1.354    1.811    0.070    0.176    0.121
 OCCI =~
  occi1         1.000                               0.611    0.406
  occi2        -0.078    0.225   -0.346    0.729   -0.048   -0.034
  occi3         1.953    0.459    4.252    0.000    1.194    0.821
  occi4         1.757    0.430    4.088    0.000    1.074    0.705
 GEO =~
  geoimag1      1.000                               1.231    0.763
  geoimag2      0.864    0.142    6.102    0.000    1.063    0.580
  geoimag3      1.001    0.134    7.500    0.000    1.232    0.706
  geoimag4      1.207    0.137    8.803    0.000    1.486    0.838
 TRANS =~
  trans1        1.000                               1.100    0.634
  trans2        0.842    0.172    4.903    0.000    0.926    0.484
  trans3        0.644    0.146    4.406    0.000    0.708    0.430
  trans4        0.670    0.153    4.383    0.000    0.737    0.427
 UKSTEREO =~
  uk_stereo1    1.000                               0.740    0.488
  uk_stereo2    1.727    0.383    4.514    0.000    1.278    0.802
  uk_stereo3    1.199    0.288    4.162    0.000    0.887    0.588

Regressions:
              Estimate  Std.Err  z-value  P(>|z|)   Std.lv  Std.all
 GEO ~
  TRANS         1.048    0.164    6.378    0.000    0.936    0.936
 ORI ~
  GEO          -0.018    0.044   -0.406    0.685   -0.304   -0.304
  TRANS         0.031    0.075    0.410    0.682    0.472    0.472
 OCCI ~
  GEO          -0.984    0.689   -1.428    0.153   -1.981   -1.981
  TRANS         1.551    0.829    1.871    0.061    2.790    2.790
 UKSTEREO ~
  ORI           0.184    0.348    0.530    0.596    0.018    0.018
  OCCI          0.870    0.279    3.122    0.002    0.719    0.719

Variances:
              Estimate  Std.Err  z-value  P(>|z|)   Std.lv  Std.all
 .ori1          1.302    0.167    7.783    0.000    1.302    0.996
 .ori2          2.260    0.291    7.754    0.000    2.260    0.993
```

```
.ori3          -11.580   30.159   -0.384    0.701  -11.580   -5.050
.ori4            2.085    0.275    7.580    0.000    2.085    0.985
.occi1           1.899    0.252    7.522    0.000    1.899    0.836
.occi2           1.944    0.250    7.777    0.000    1.944    0.999
.occi3           0.688    0.144    4.769    0.000    0.688    0.325
.occi4           1.168    0.181    6.434    0.000    1.168    0.503
.geoimag1        1.089    0.181    6.002    0.000    1.089    0.418
.geoimag2        2.227    0.311    7.151    0.000    2.227    0.663
.geoimag3        1.529    0.234    6.529    0.000    1.529    0.502
.geoimag4        0.932    0.195    4.785    0.000    0.932    0.297
.trans1          1.800    0.247    7.276    0.000    1.800    0.598
.trans2          2.813    0.370    7.605    0.000    2.813    0.766
.trans3          2.214    0.289    7.658    0.000    2.214    0.815
.trans4          2.430    0.317    7.660    0.000    2.430    0.817
.uk_stereo1      1.751    0.249    7.044    0.000    1.751    0.762
.uk_stereo2      0.904    0.262    3.455    0.001    0.904    0.356
.uk_stereo3      1.491    0.230    6.482    0.000    1.491    0.654
.ORI             0.005    0.013    0.392    0.695    0.954    0.954
.OCCI           -0.134    0.153   -0.876    0.381   -0.358   -0.358
.GEO             0.187    0.125    1.494    0.135    0.123    0.123
 TRANS           1.210    0.322    3.754    0.000    1.000    1.000
.UKSTEREO        0.261    0.116    2.250    0.024    0.477    0.477
```

해석

처리 결과를 종합하여 분석 결과를 정리해 보면 다음과 같다. 우선 도출된 분석결과 내용 가운데 "Regressions" 파트에서, 종속변수인 UKSTEREO에 대한 OCCI, GEO, TRANS 등의 독립변수의 영향을 살펴볼 수 있다. Estimate에 제시된 수치는 비표준화계수이고, 오른쪽 맨 끝에 제시된 Std.all에 제시된 수치는 표준화계수이다.

[분석결과요약]

변수	비표준화계수	표준오차	표준화계수	Z값	P값	가설 채택 여부
UKSTEREO						
〈-ORI	0.184	0.348	0.018	0.530	0.596	기각
〈-OCCI	**0.870**	**0.279**	**0.719**	**3.122**	**0.002******	**지지**
ORI						
〈-GEO	-0.018	0.044	-0.304	-0.406	0.685	기각
〈-TRANS	0.031	0.075	0.472	0.410	0.682	기각
OCCI						
〈-GEO	-0.984	0.689	-1.981	-1.428	0.153	기각
〈-TRANS	**1.551**	**0.829**	**2.789**	**1.872**	**0.061***	**지지**
GEO						
〈-TRANS	**1.267**	**0.253**	**0.936**	**5.011**	**0.000†**	**지지**

주: *P〈0.10, **P〈0.05, ***p〈0.01, †p〈0.001

마지막으로 모형 그리기를 완성하도록 하자. 이 작업에는 semPaths( ) 함수식이 사용된다. 대상 파일은 sem( ) 함수식으로 처리한 파일명이 된다.

명령어

```
> semPaths(sem처리한파일명, whatLabels="std", rotation=수치, style="lisrel",
nDigits=수치, layout="tree", edge.label.cex=수치, sizeMan=수치, sizeLat=수치,
label.cex=수치)
또는
> semPaths(cfa처리한파일명, what="std", edge.label.cex=수치, sizeMan=수치,
sizeLat=수치, curve=수치)
```

```
> library(semPlot)
> win.graph()
> semPaths(fit2,
+          what="std",
+          edge.label.cex = 0.6,
+          sizeMan=5,
+          sizeLat=5,
+          curve=0.4,
+          edge.color="black")
```

[처리결과화면]

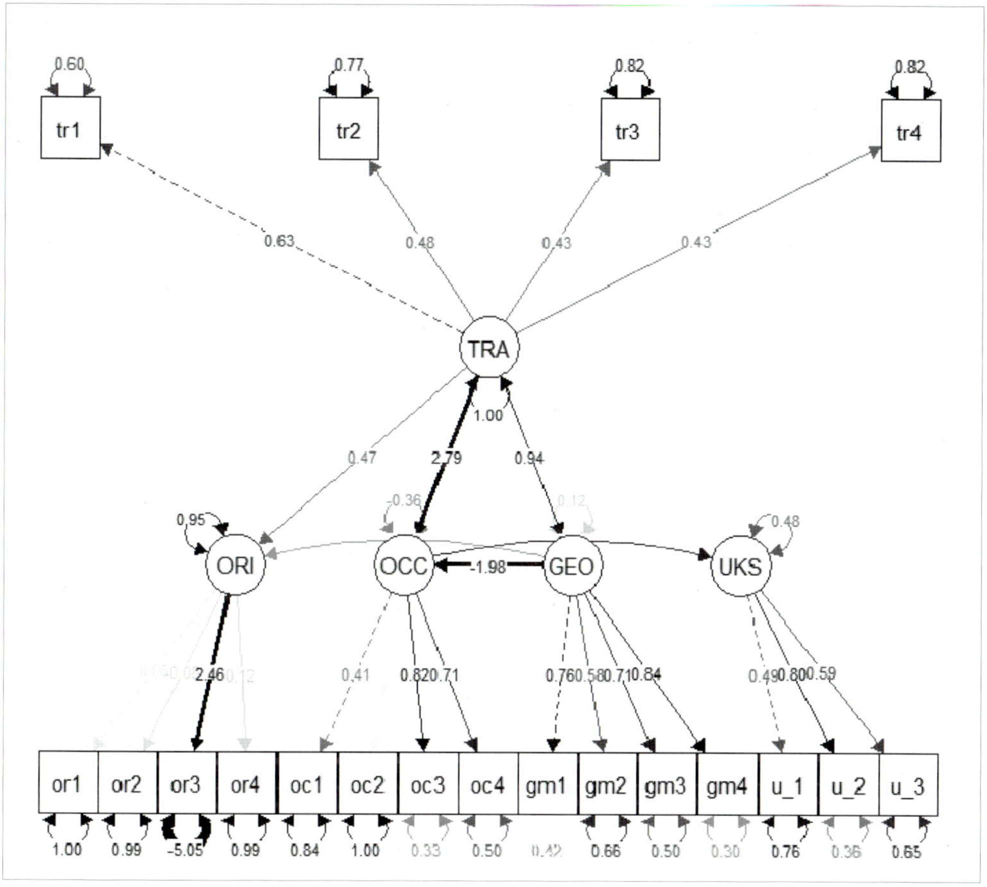

지금까지의 연구 모형 분석 결과를 그림으로 보기 쉽게 정리하자면 다음과 같다.

[연구모형분석결과]

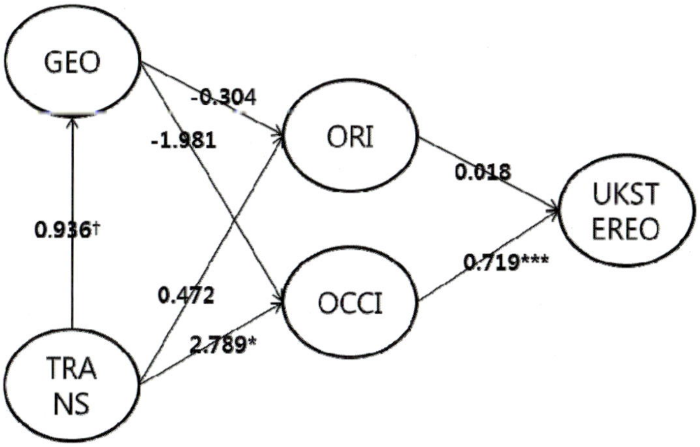

주: 경로 선 위에 표시된 수치는 비표준화계수를 의미; *P<0.10, **P<0.05, ***p<0.01, †p<0.001

찾아보기

국문

[ㄱ]

[ㄴ]

[ㄷ]

[ㄹ]

[ㅁ]

[ㅂ]

영문

[S]

[T]

[U]

[V]

[W]

[X]

[Z]